深圳改革创新丛书

（第六辑）

Urban Agglomeration Spatial Optimization of the Pearl River Delta
— Based on Ecosystem Perspective

珠三角湾区城市群空间优化研究

——基于生态系统的视角

陈美玲 著

中国社会科学出版社

图书在版编目（CIP）数据

珠三角湾区城市群空间优化研究：基于生态系统的视角 / 陈美玲著．—北京：中国社会科学出版社，2019.6

（深圳改革创新丛书．第六辑）

ISBN 978-7-5203-4491-3

Ⅰ.①珠… Ⅱ.①陈… Ⅲ.①珠江三角洲—城市群—城市空间—研究 Ⅳ.①TU984.265

中国版本图书馆 CIP 数据核字（2019）第 095278 号

出 版 人　赵剑英
责任编辑　王　茵　马　明
责任校对　胡新芳
责任印制　王　超

出　　版　中国社会科学出版社
社　　址　北京鼓楼西大街甲 158 号
邮　　编　100720
网　　址　http://www.csspw.cn
发 行 部　010-84083685
门 市 部　010-84029450
经　　销　新华书店及其他书店

印　　刷　北京明恒达印务有限公司
装　　订　廊坊市广阳区广增装订厂
版　　次　2019 年 6 月第 1 版
印　　次　2019 年 6 月第 1 次印刷

开　　本　710×1000　1/16
印　　张　20.5
插　　页　2
字　　数　305 千字
定　　价　86.00 元

凡购买中国社会科学出版社图书，如有质量问题请与本社营销中心联系调换
电话：010-84083683

总序：突出改革创新的时代精神

王京生[*]

在人类历史长河中，改革创新是社会发展和历史前进的一种基本方式，是一个国家和民族兴旺发达的决定性因素。古今中外，国运的兴衰、地域的起落，莫不与改革创新息息相关。无论是中国历史上的商鞅变法、王安石变法，还是西方历史上的文艺复兴、宗教改革，这些改革和创新都对当时的政治、经济、社会甚至人类文明产生了深远的影响。但在实际推进中，世界上各个国家和地区的改革创新都不是一帆风顺的，力量的博弈、利益的冲突、思想的碰撞往往伴随改革创新的始终。就当事者而言，对改革创新的正误判断并不像后人在历史分析中提出的因果关系那样确定无疑。因此，透过复杂的枝蔓，洞察必然的主流，坚定必胜的信念，对一个国家和民族的改革创新来说就显得极其重要和难能可贵。

改革创新，是深圳的城市标识，是深圳的生命动力，是深圳迎接挑战、突破困局、实现飞跃的基本途径。不改革创新就无路可走、就无以召唤。30 多年来，深圳的使命就是作为改革开放的“试验田”，为改革开放探索道路。改革开放以来，历届市委、市政府以挺立潮头、敢为人先的勇气，进行了一系列大胆的探索、改革和创新，使深圳不仅占得了发展先机，而且获得了强大的发展后劲，为今后的发展奠定了坚实的基础。深圳的每一步发展都源于改革创新的推动；改革创新不仅创造了深圳经济社会和文化发展的奇迹，而且使深圳成为引领全国社会主义现代化建设的“排头兵”。

---

* 王京生，现任国务院参事。

从另一个角度来看，改革创新又是深圳矢志不渝、坚定不移的命运抉择。为什么一个最初基本以加工别人产品为生计的特区，变成了一个以高新技术产业安身立命的先锋城市？为什么一个最初大学稀缺、研究院所几乎是零的地方，因自主创新而名扬天下？原因很多，但极为重要的是深圳拥有以移民文化为基础，以制度文化为保障的优良文化生态，拥有崇尚改革创新的城市优良基因。来到这里的很多人，都有对过去的不满和对未来的梦想，他们骨子里流着创新的血液。许多个体汇聚起来，就会形成巨大的创新力量。可以说，深圳是一座以创新为灵魂的城市，正是移民文化造就了这座城市的创新基因。因此，在特区30多年发展历史上，创新无所不在，打破陈规司空见惯。例如，特区初建时缺乏建设资金，就通过改革开放引来了大量外资；发展中遇到瓶颈压力，就向改革创新要空间、要资源、要动力。再比如，深圳作为改革开放的探索者、先行者，在向前迈出的每一步都面临着处于十字路口的选择，不创新不突破就会迷失方向。从特区酝酿时的“建”与“不建”，到特区快速发展中的姓“社”姓“资”，从特区跨越中的“存”与“废”，到新世纪初的“特”与“不特”，每一次挑战都考验着深圳改革开放的成败进退，每一次挑战都把深圳改革创新的招牌擦得更亮。因此，多元包容的现代移民文化和敢闯敢试的城市创新氛围，成就了深圳改革开放以来最为独特的发展优势。

30多年来，深圳正是凭着坚持改革创新的赤胆忠心，在汹涌澎湃的历史潮头上劈波斩浪、勇往直前，经受住了各种风浪的袭扰和摔打，闯过了一个又一个关口，成为锲而不舍地走向社会主义市场经济和中国特色社会主义的“闯将”。从这个意义上说，深圳的价值和生命就是改革创新，改革创新是深圳的根、深圳的魂，铸造了经济特区的品格秉性、价值内涵和运动程式，成为深圳成长和发展的常态。深圳特色的“创新型文化”，让创新成为城市生命力和活力的源泉。

2013年召开的党的十八届三中全会，是我们党在新的历史起点上全面深化改革做出的新的战略决策和重要部署，必将对推动中国特色社会主义事业发展、实现民族伟大复兴的中国梦产生重大而深远的影响。深圳面临着改革创新的新使命和新征程，市委市政府打出全面深化改革组合拳，肩负起全面深化改革的历史重任。

如果说深圳前 30 年的创新，主要立足于“破”，可以视为打破旧规矩、挣脱旧藩篱，以破为先、破多于立，“摸着石头过河”，勇于冲破计划经济体制等束缚；那么今后深圳的改革创新，更应当着眼于“立”，“立”字为先、立法立规、守法守规，弘扬法治理念，发挥制度优势，通过立规矩、建制度，不断完善社会主义市场经济制度，推动全面深化改革，创造新的竞争优势。特别是在党的十八届三中全会后，深圳明确了以实施“三化一平台”（市场化、法治化、国际化和前海合作区战略平台）重点攻坚来牵引和带动全局改革，推动新时期的全面深化改革，实现重点领域和关键环节的率先突破；强调坚持“质量引领、创新驱动”，聚焦湾区经济，加快转型升级，打造好“深圳质量”，推动深圳在新一轮改革开放中继续干在实处、走在前列，加快建设现代化国际化先进城市。

如今，新时期的全面深化改革既展示了我们的理论自信、制度自信、道路自信，又要求我们承担起巨大的改革勇气、智慧和决心。在新的形势下，深圳如何通过改革创新实现更好更快的发展，继续当好全面深化改革的排头兵，为全国提供更多更有意义的示范和借鉴，为中国特色社会主义事业和实现民族伟大复兴的中国梦做出更大贡献，这是深圳当前和今后一段时期面临的重大理论和现实问题，需要各行业、各领域着眼于深圳全面深化改革的探索和实践，加大理论研究，强化改革思考，总结实践经验，作出科学回答，以进一步加强创新文化建设，唤起全社会推进改革的勇气、弘扬创新的精神和实现梦想的激情，形成深圳率先改革、主动改革的强大理论共识。比如，近些年深圳各行业、各领域应有什么重要的战略调整？各区、各单位在改革创新上取得什么样的成就？这些成就如何在理论上加以总结？形成怎样的制度成果？如何为未来提供一个更为明晰的思路和路径指引？等等，这些颇具现实意义的问题都需要在实践基础上进一步梳理和概括。

为了总结和推广深圳当前的重要改革创新探索成果，深圳社科理论界组织出版了《深圳改革创新丛书》，通过汇集深圳市直部门和各区（新区）、社会各行业和领域推动改革创新探索的最新总结成果，希图助力推动深圳全面深化改革事业的新发展。其编撰要求主要包括：

首先，立足于创新实践。丛书的内容主要着眼于新近的改革思维与创新实践，既突出时代色彩，侧重于眼前的实践、当下的总结，同时也兼顾基于实践的推广性以及对未来的展望与构想。那些已经产生重要影响并广为人知的经验，不再作为深入研究的对象。这并不是说那些历史经验不值得再提，而是说那些经验已经沉淀，已经得到文化形态和实践成果的转化。比如说，某些观念已经转化成某种习惯和城市文化常识，成为深圳城市气质的内容，这些内容就可不必重复阐述。因此，这套丛书更注重的是目前行业一线的创新探索，或者过去未被发现、未充分发掘但有价值的创新实践。

其次，专注于前沿探讨。丛书的选题应当来自改革实践最前沿，不是纯粹的学理探讨。作者并不限于从事社科理论研究的专家学者，还包括各行业、各领域的实际工作者。撰文要求以事实为基础，以改革创新成果为主要内容，以平实说理为叙述风格。丛书的视野甚至还包括为改革创新做出了重要贡献的一些个人，集中展示和汇集他们对于前沿探索的思想创新和理念创新成果。

最后，着眼于解决问题。这套丛书虽然以实践为基础，但应当注重经验的总结和理论的提炼。入选的书稿要有基本的学术要求和深入的理论思考，而非一般性的工作总结、经验汇编和材料汇集。学术研究须强调问题意识。这套丛书的选择要求针对当前面临的较为急迫的现实问题，着眼于那些来自于经济社会发展第一线的群众关心关注或深入贯彻落实科学发展观的瓶颈问题的有效解决。

事实上，古今中外有不少来源于实践的著作，为后世提供着持久的思想能量。撰著《旧时代与大革命》的法国思想家托克维尔，正是基于其深入考察美国的民主制度的实践之后，写成名著《论美国的民主》，这可视为从实践到学术的一个范例。托克维尔不是美国民主制度设计的参与者，而是旁观者，但就是这样一位旁观者，为西方政治思想留下了一份经典文献。马克思的《法兰西内战》，也是一部来源于革命实践的作品，它基于巴黎公社革命的经验，既是那个时代的见证，也是马克思主义的重要文献。这些经典著作都是我们总结和提升实践经验的可资参照的榜样。

那些关注实践的大时代的大著作，至少可以给我们这样的启示：哪怕面对的是具体的问题，也不妨拥有大视野，从具体而微的实践探索中展现宏阔远大的社会背景，并形成进一步推进实践发展的真知灼见。《深圳改革创新丛书》虽然主要还是探讨本市的政治、经济、社会、文化、生态文明建设和党的建设各个方面的实际问题，但其所体现的创新性、先进性与理论性，也能够充分反映深圳的主流价值观和城市文化精神，从而促进形成一种创新的时代气质。

序

仇保兴[*]

陈美玲博士的论著《珠三角湾区城市群空间优化研究》有重大的理论与实践意义。该书基于中国城市群的分析研究新思路，将城市群类比为一个生态系统，借鉴生态系统的体系和运行原理，为城市群的空间结构、内部空间相互作用和空间演进过程提供创新性的分析视角；在此基础上，以类生态系统的运行机制为内在逻辑，以空间结构优化、空间内部相互作用优化和空间演进方向优化为出发点，为城市群空间优化提供了新策略。

此书以绿色发展和生态优化为主题，可为近期及以后中国城市群协调发展的决策提供参考性的意见，尤其是对于城市群发展规划编制及实施的原则、重大基础设施的配套、区域统筹、城乡统筹等方面都有借鉴意义。该书属于应用经济学的优秀成果。

---

* 仇保兴，国务院参事。

前　言

全球化[①]发展不仅要求城市以更高的阶段——城市群为单元参与全球竞争，更对全球的社会经济发展方式提出了低碳生态的可持续要求，基于这两点，现阶段城市便有了发展方向，那就是面向城市群的生态化发展。党的十九大报告也明确提出“实施区域协调发展战略。以城市群为主体构建大中小城市和小城镇协调发展的城镇格局”，“像对待生命一样对待生态环境，统筹山水林田湖草系统治理”，更为明确地指明了这一方向。

笔者位处繁华秀丽的南粤之地，躬耕于区域经济和城乡规划领域，一直以来热爱和关注自身所处的珠三角地区。这里的天天高云亮，这里的树叶硕须长，这里的花长年不断，这里的果四季飘香，这里的海波清水湛，这里有祖国的大好河山，这里的生态本底让人惊叹！——这里的发展举世瞩目，这里的城市还在扩展，这里的变化日新月异，我们迫切寻求保护中的发展！因此，本书即以城市群为研究对象，以珠三角湾区城市群的生态化发展为目的，来探求城市群的形成演化机制和未来生态化的发展路径。

城市群是一个巨系统，既包括以原有自然地貌、自然生物、自然演变活动为主体的自然生态系统，也包括经过人工改造后形成的以建成区或城镇空间为主要特征的社会经济系统。与自然生态系统类似，城市群系统整体上也体现了其子系统的很多特性，也存在着形成、发展、生长、演替的过程，集群现象是城镇成长

---

① 全球化目前有诸多定义，通常意义上的全球化是指全球联系不断增强，人类生活在全球规模的基础上发展及全球意识的崛起。国与国之间在政治、经济贸易上互相依存。全球化亦可以解释为世界的压缩和视全球为一个整体。

的真正奥秘。[1] 基于此，城市集群现象可以以一种类比生态系统的研究方式，将城市在其中所处的位置和扮演的角色比拟为城市的“生态位”，将以产业链为基础的物质生态流相互作用比拟为城市群的“食物链功能营养关系”，从而开启城市群研究的新方法和新视角，并探索引导其发展的路径。

现有研究重点关注的是生态城市个体，对于城市群整体层面的生态发展研究还处于起步阶段，因此，本研究对生态城市主题首先进行研究范围上的突破，将基于国家发展战略的城市群单元作为研究对象，其次进行研究方法上的创新，通过类比方法将城市群比拟为一个生态系统，借鉴生态系统的结构体系和运行原理，从一个崭新的视角来研究城市群的空间结构、内部空间相互作用和空间演进过程，相应地，以类生态系统的运行机制为内在逻辑，以空间结构优化，空间内部相互作用优化和空间演进方向优化为出发点，为城市群空间优化提供路径，由此，构建了生态视角下的城市群发展研究体系。

本书属于城市规划学同区域经济学、系统论、生态学等相融合的多学科交叉研究，以系统论中的自组织理论等理论工具为指导，以类比为主要研究方法，采取“提出问题—理论建构—实证分析”的技术路线。类比方法的应用是基于“以人为本”的出发点，因城市群以自然生态系统为载体生长，以人类活动为承载内容，是以人为主体的有机生态系统；人和生物本质上的同一性，以及城市群系统作为人类聚落形式和自然系统作为生物聚落形式的相似性，为“自然生态系统”和“城市群系统”的类比研究提供了可行性。

在生态视角下，城市群空间发展研究的核心思想在于：追求城市群整体空间的平衡与协同，而非少数城市和少数区域的极化；追求多种空间资源的合理利用和优化配置，而非对某些类型空间资源的恣意利用和无度破坏；追求城市群内部各城市的分工协作和共生共荣，而非城市之间的无序攀比和恶性竞争；追求城市群系统的自

① 仇保兴：《笃行借鉴与变革——国内外城市化主要经验教训与中国城市规划变革》，中国建筑工业出版社2012年版，第133页。

组织、自适应和自我调节能力，维持系统的可持续发展，而非“先破坏、后恢复”“先污染、后治理”等得不偿失、急功近利的短视行为。从而在城市群未来的发展引导和政策制定上，体现出“人与自然是生命共同体”这一核心理念。

目　录

第一章 绪论

第一节 研究背景与意义

一 研究背景与问题的提出

作为人类生存和文明的载体，城市的发展一直受到普遍关注。自20世纪后期以来，我国城市化[①]发展迅速，城市成长迅猛，在规模上已逐步形成连片成群之势。在这个过程中存在很多问题需要我们认识和研究。

一方面，城市污染问题和环境破坏已经成为人类生存面临的共同威胁，并且是在认识到这个问题的前提下，各城市主体为追求自身利益最大化而不惜将环境代价“外部化”，让周边城市分担这些污染和破坏，城市间的不协同导致在治污的相互协作上也缺乏有效合作方式。现阶段，由于城市群不是清晰的地域行政单元，城市群层面的生态规划研究与政策投入不足，区域生态网络格局难以落实，管理上缺乏法定依据，城市群化的结果可能导致资源与生态压力区域化，环境变化逐步出现与区域中心城市相近的被破坏的特点，引起城市群生态失衡。[②] 生态退化已成为城市群可持续发展的瓶颈，我国也已经到了一个区域环境共同治理的新阶段。

另一方面，在全球经济一体化、世界气候变化、环境保护、资源约束和可持续发展理念不断深入人心的宏观背景下，作为城镇密集地区发展的趋势和模式，城市群生态转型必将越来越受到国际社会的持续关注。自1990年至今，国际上已经举办了五届生态城市

---

① 也称城镇化，在本书中二者可通用。

② 田嵩、赵树明、刘颖：《我国城市群生态空间管治的“四分模式”》，《城市发展研究》2012年第3期，中彩页第14页。

大会。[①] 党的十七大报告首次将“生态文明”这一理念写进行动纲领，党的十八大把生态文明建设纳入中国特色社会主义事业总体布局，正式拓展为经济建设、政治建设、文化建设、社会建设、生态文明建设“五位一体”[②]，意义深远。党的十九大更是明确提出“建设生态文明是中华民族永续发展的千年大计。必须树立和践行绿水青山就是金山银山的理念，坚持节约资源和保护环境的基本国策，像对待生命一样对待生态环境，统筹山水林田湖草系统治理，实行最严格的生态环境保护制度，形成绿色发展方式和生活方式，坚定走生产发展、生活富裕、生态良好的文明发展道路，建设美丽中国，为人民创造良好生产生活环境，为全球生态安全作出贡献”。[③]

表 1—1　　历届国际生态城市大会

会议届数	会议时间	举办地点	会议简介
第一届	1990 年	美国	与会的 12 个国家的代表介绍了各国生态城市建设的理论和实践，并草拟了今后生态城市建设的 10 条计划
第二届	1992 年	澳大利亚（阿德雷德）	大会就生态城市设计原理、方法、技术和政策进行了深入的探讨，并提供了大量的研究实例
第三届	1996 年	塞内加尔	会议通过了国际生态城市重建计划，提出了针对各国生态城市建设的具体行动计划
第四届	2000 年	巴西	进一步交流了生态城市规划建设研究的实例，其中巴西的库里蒂巴市被公认为世界上最接近生态城市的成功范例
第五届	2002 年	中国（深圳）	大会通过并发布了《生态城市建设的深圳宣言》，提出 21 世纪城市发展的目标、生态城市的建设原则、评价与管理方法，呼吁人们为推动城市生态建设采取切实行动

资料来源：笔者根据收集资料整理。

---

① 见表 1—1。

② 《坚定不移沿着中国特色社会主义道路前进　为全面建成小康社会而奋斗——在中国共产党第十八次全国代表大会上的报告》。

③ 《决胜全面建成小康社会　夺取新时代中国特色社会主义伟大胜利——在中国共产党第十九次全国代表大会上的报告》。

我国城市群发展虽起步较晚，但研究较多，从经济、地理、规划、社会、生态等各学科各角度均有见著，研究者甚众。相同的是大多借鉴或沿用国外已有理论来分析我国具体城市群发展，亦有学者结合我国特点提出颇有见解的观点与对策，例如论及城市群之间的协调发展、城市群的竞争与合作、城市群的形成机理与空间组织形式等，但由于我国城市群处于起步阶段，大多数研究着眼于经济发展、产业合作等方面，基于生态视角的研究目前还相对较少。

笔者认为，对这些问题应从以下几个方面来认识。

（一）城市群是城市发展的大势所趋

城市由最早用于交换的“市”和用于防御的“城”演化而来，是人类创造并不断地改造着的人类聚落形态。作为人类生存和文明的载体，城市的发展一直受到普遍关注。自20世纪后期以来，我国城市化发展迅速，城市成长迅猛，在规模上已逐步形成连片成群之势。城市群就是在这种城市地域空间不断扩展、城市间交流联系不断紧密等共同作用下的结果，为了加强区域间的分工与协作、提高区域整体竞争力而演化出来的一种新的区域空间组织形态，是以相互毗邻的和有关联的几个城市形成的城市组群。城市群伴随工业化诞生，以全球一体化为背景兴起，以经济利益为动力推进，以地理空间为载体演化，以产业协作为导向组织，以地缘条件彰显特色。我国正处在城市化快速发展时期，城市群尚处于起步发展阶段，在经济全球化、区域经济一体化以及快速城市化的发展大背景下，空间已成为一种与工业化时代的石油、矿产等同等重要的资源，引起了城市化过程中各方主体的争夺，空间的位置不可移动性和稀缺性导致其成为各类矛盾聚焦的根源，并且随着环境问题的日益突出，空间的“生态价值”或者说空间的环境品质在社会经济发展中越来越凸显，逐渐与空间的“区位价值”①，即地理位置处于同等重要的地位。

空间利用是城市群发展的基础，但目前来说城市群的空间利用

① 这是空间最大的价值，规划界有句名言叫作“区位，区位，还是区位”（“Location，Location and Location”）。

主要存在两个方面的问题：一方面，社会经济的发展大量占用具有较高生态价值的土地，使其转变为城镇建设用地，直接消解或至少是大大降低了这些地块的生态环保功能，其中产业发展带来的环境问题则不仅影响了产业所在的经济发展区，还由于污染的外部性，将影响转嫁到了周边地区，但还缺乏为此付出应有代价的合理路径，生态退化已成为城市群可持续发展的瓶颈。另一方面，发展落后地区生态环境保育所产生的生态效益，不仅提供给了该地区本身，也为周边区域的发展提供了生态支持，包括提供各种农产品、通过大量山水的自净功能净化了空气水体，甚至提供垃圾填埋焚烧场所等，但因缺乏经济利益而不可持续。由此，各城市不惜以牺牲环境为代价，竞相发展经济，导致了产业同质化、基础设施重复建设等问题，浪费了大量资源。因此，在全球经济一体化、世界气候变化、环境保护、资源约束和可持续发展等理念不断深入人心的宏观背景下，党的十九大报告明确提出我国已进入新时代[①]，立足于全新的历史方位，如何促进城市群区域空间有序协调，走可持续发展道路、使人与自然和谐共处已成为新时代人们关注的焦点。

（二）生态文明背景下我国的城市群发展要选择可持续道路

1. 绿色生态是人类文明发展的终极选择

美国著名的城市历史学家和人文学家刘易斯·芒福德最负盛名的著作是《城市发展史》，而另一本名著就是《乌托邦系谱》，该书从古希腊柏拉图的《理想国》到托马斯·莫尔的《乌托邦》，共列出了24位哲学家、科学家和社会学家对理想城市的描述，可以说囊括了中外历史上所有的科学巨匠和社会活动家对理想社会的描述，他们对理想社会的描述最后都归结于城市。因为城市是人类的创造物，也是人类理想的聚集点，是人类社会发展的方向。纵横上下五千年得出的共同理念："把田园的宽裕带给城市，把城市的活力带给田园。"一直以来，在人们的信念里，城市也应充分拥有农村生

① 《决胜全面建成小康社会 夺取新时代中国特色社会主义伟大胜利——在中国共产党第十九次全国代表大会上的报告》明确，"经过长期努力，中国特色社会主义进入了新时代，这是我国发展新的历史方位"。

态的、悠闲的景观。人类的进化始于农业社会，人类基因对农村的适应性远远高于城市。联合国副秘书长、人居中心主任安娜博士认为：最好的城市就是景观看上去像农村一样的城市，人与自然、城市与自然、社会与自然能实现和谐统一，只有这样的城市才有资格获得联合国人居奖。①

经济增长和发展是人类社会存续的前提和基础。然而自工业革命开始以来，人类社会一面大量地攫取自然资源，一面不加限制地排放了大量各类形态的污染物，使得水质变坏，空气污染，也引发了全球气候变化，人类社会发展的可持续性已经成为一个赤裸裸的现实问题。

从人类城市的发展史来看，工业化之前的城市一直是绿色生态的，当时的城市实际上体现为农村集贸点或政权的中心，规模较小，对自然生态环境造成的压力和产生的影响也较小。但是仅300年的工业化历史就使原来的绿色城市变成了灰色的城市。尽管目前城市容纳的世界人口只有总量的50%，却消耗着全球85%的资源和能源，并排出了85%的废物和二氧化碳。城市本来集中了人类绝大部分梦想和杰作，但是到现在为止却变成了毁灭地球最强有力的武器。人类的文明发展将如何走？解铃仍须系铃人，还必须要从进化了五千年的城市入手，使其因工业化而呈灰色的城市重新变为绿色的城市。②

2. 我国城市化的后发优势要求城市群必须选择生态路径

（1）我国城市化的后发优势

全球已经历过三次城市化浪潮。第一次浪潮发端于以英国为代表的欧洲，伴随着工业革命，1750年英国的城市化率为20%，1850年达到50%，到1950年基本完成城市化，整整历时两百年；第二次浪潮是以美国为代表的北美的城市化。1860年美国的城市化率为20%，到了1950年达到71%，仅用了一百年时间就完成了城

① 仇保兴：《面对全球化的我国城市发展战略》，《城市规划》2003年第12期，第5页。

② 仇保兴：《实施生态城战略三要素（上）》，《住宅产业》2009年第8期，第10页。

市化进程。第三次浪潮发生在拉美及其他发展中国家，南美诸国在1930年的城市化率为20%左右，到2000年也已经基本完成了城市化历程。我国的城镇化发展从1978年的20%开始，目前正处于快速发展进程之中。①

发展中国家在推进城市化的进程中，由于有发达国家城市化取得的成就作为基础，使得后续国家的城市化率从30%提高到70%的时间大大缩短了，但我们不仅需要借鉴发达国家的经验，更应吸取其教训，避免再犯发达国家曾经犯过的错误，选择一条科学合理的发展之路。

（2）我国城市化的特点和要求

目前，我国正处于工业化和城市化并行发展和迅速发展的阶段，重化工业发展为主导的现实以及我国的资源特点形成了以煤为主的高碳能源结构，使得资源能源加剧消耗和生态环境急剧恶化。中国能源研究会2011年2月25日公布，2010年我国一次能源消费量为32.5亿吨标准煤，同比增长了6%，能源消耗强度是美国的3倍、日本的5倍，成为全球第一能源消费大国。② 2009年11月26日中国政府公开承诺了量化减排指标：到2020年单位国内生产总值温室气体排放比2005年下降40%—45%。由此，减排指标的约束与能源消费的严峻形势促使低碳经济转型成为我国可持续发展的必由之路。

从城市化的动力来看：前两次城市化浪潮的动力完全靠工业化推动，第三次浪潮是工业化和全球化，而我国的城镇化同时伴随着工业化、信息化、全球化和市场化，城镇化动力与前两次相比，更为复杂。总结历史经验，我国的城镇化除了工业化推动以外，还可以发挥服务业的推动作用，不仅要成为“世界工厂”，也要着眼于“世界办公”，以减轻能源资源和环境的压力。③

① 仇保兴：《实现我国有序城镇化的难点与对策选择》，《城市规划学刊》2007年第5期，第1—2页。

② 2011年2月28日，中国经营网（http://news.hexun.com/2011-02-28/127606922.html）。

③ 仇保兴：《实现我国有序城镇化的难点与对策选择》，《城市规划学刊》2007年第5期，第2页。

从发展的背景尤其着眼于生态环境的约束角度来看：在第一次城市化浪潮时，全球城市数量少、规模小，对生态环境的冲击也相对较小，环境问题还没有大量暴露，人类也尚未认识到生态环境对城市化的制约，只要能住人就业，城镇就会就地生长。一般来说许多新城镇都建在煤矿、铁矿、棉花产区，被称为蘑菇城，意谓城镇像蘑菇一样快速成长。第二次城镇化浪潮时，对环保的要求就提高了，此阶段应运而生的现代城市规划学基本上基于公共卫生、生态环境保护和城市美化三大运动。第三次城市化浪潮对环保要求进一步提高。1972 年斯德哥尔摩召开“人类与环境”会议通过了《人类环境宣言》，各国开始重视人类和自然环境的协调发展；1987 年联合国世界环境发展委员会的报告《我们共同的未来》第一次正式在国际社会中提出了可持续发展的概念；1992 年在巴西的里约热内卢召开的联合国环境与发展大会正式确立了可持续发展作为当代人类发展的主题。然而到了我国推进城镇化的时候，世界上所有的国家都面临着同一个问题，就是全球气候变化。气候变化正在深刻影响着全人类的命运。最近召开的八国首脑会议①，并不是研究经济问题，而是主要讨论如何应对全球气候变化。②

从环境污染程度来看：目前我国环境污染较为严重。因为我国的城镇化动力主要来自工业化，大部分的污染物也是由工业污染造成的。相比较“过度城市化”的非洲大多数国家，由于大量失地农民直接进入城市造成表面或指标上的城市化水平较高，但实际上工业化基础比较薄弱，城市化发展快于工业化发展，这种城市化被称为“非正规就业”模式③，城市并没有对这些新转入的城市人口进行实质上的接纳和妥善的安置，导致城镇出现了大规模的贫民窟，致使城市的投资环境恶化，国外投资（FDI）和民族工业裹足不前，

---

① 八国集团首脑会议（G8 Summit）由西方七国首脑会议演变而来，与会八国也被称为八国集团。八国是指美国、英国、法国、德国、意大利、加拿大、日本和俄罗斯。

② 仇保兴：《实现我国有序城镇化的难点与对策选择》，《城市规划学刊》2007 年第 5 期，第 2 页。

③ 仇保兴：《集群结构与我国城镇化的协调发展》，《城市规划》2003 年第 6 期，第 5 页。

相应的工业污染比较少，但生活污染比较严重。[1]

总而言之，当前我国正处在城市化持续加速阶段，应采取有效的措施来避免高污染高排放的城市化模式，走一条可持续发展的城市化之路。

（3）生态理念已取得全球共识并体现在我国的施政纲领中

放眼全球，国际上随着城市群在工业化和城市化浪潮中的不断涌现和迅速发展，都伴生了一系列生态环境问题，城市污染和环境破坏已经成为人类生存面临的共同威胁，并且是在认识到这个问题的前提下，各城市主体为追求自身利益最大化而不惜将环境代价“外部化”，让周边城市分担这些污染和破坏，城市间的不协同导致在治污的相互协作上也缺乏有效合作方式。

事实上，城市群的形成发育往往以一定的水系（江河湖海等）为依托，相邻城市具有相似的地形、植被、土壤、水系等自然特征，共享同一片地理支撑，基本属于一个较为完整的自然生态单元。如果不人为割断各种生态要素间的自然联系，这个生态区域将长期保持动态的平衡状态。[2] 正是由于生态区与行政区两者的边界往往不能或难以重合，一个完整的生态单元被多个行政单元所分割，才导致上述问题的出现。因此，节能减排、环境治理本身是一个区域性的问题，需要区域整体推进。

在可持续发展理念越来越得到认同、被越来越多的国家重视并逐步成为全球共识的趋势下，我国城市群发展所面临的一系列形势和要求也绝非偶然，并且越来越得到国际范围的关注。例如为应对气候变化，联合国气候变化大会会通过会议协定要求各国制定减排目标。[3] 此外，我国城市群发展所处的时代背景和基本国情是与西

① 仇保兴：《实现我国有序城镇化的难点与对策选择》，《城市规划学刊》2007年第5期，第3页。

② 毛胜前：《中国城市群政府合作创新研究》，博士学位论文，华中师范大学，2008年，第56页。

③ 例如2015年12月12日在巴黎气候变化大会上通过的《巴黎气候变化协定》指出，各方将加强对气候变化威胁的全球应对，把全球平均气温较工业化前水平升高控制在2摄氏度之内，并为把升温控制在1.5摄氏度之内而努力；全球将尽快实现温室气体排放达峰，21世纪下半叶实现温室气体净零排放。2016年9月3日，全国人大常委会批准中国加入《巴黎气候变化协定》。

方国家大不相同的：我国是以占全球7%的耕地和淡水资源、4%的石油、2%的天然气储量来养活了占全球21%的人口，并支撑了城镇化的快速发展，并且在当时的历史条件下实行的是“关起门”来的城镇化这一策略。[1] 由此可见，我国当前城市群发展资源承载力过重，资源的人均享有量较低，西方发达国家所经历的“先污染、后治理”的城市化发展模式在我国是完全行不通的[2]，只能选择生态化的可持续发展道路。自1990年至今，国际上已经举办了五届生态城市大会。[3] 党的十七大报告首次将“生态文明”这一理念写进行动纲领，党的十八大报告把生态文明建设纳入中国特色社会主义事业总体布局，正式拓展为经济建设、政治建设、文化建设、社会建设、生态文明建设“五位一体”，而这一理念在十九大报告中被提升为“千年大计”[4]，并明确提出要“形成节约资源和保护环境的空间格局”。侧面见证了生态理念很早就引起全球重视，并已逐步融入我国的施政纲领中。

（三）系统理念已成为城市群生态建设的指导思路

城市群承载着人类主要社会经济职能，是凝聚人类智慧和实现人类文明发展的集大成者。我国京津冀、长江三角洲、珠江三角洲三大城市群，以2.8%的国土面积集聚18%的人口，创造了36%的国内生产总值，成为带动我国经济快速增长和参与国际经济合作与竞争的主要平台。[5] 但城市群在创造这些辉煌的同时也给自然生态环境带来极大的破坏，这种破坏是造成城市环境恶化和污染的根源，给人类带来无尽的灾难。从原来有限范围内的水体污染、固体废弃物污染已经发展到让城市人民无处躲藏的大气污染、热岛效

---

① 仇保兴：《实现我国有序城镇化的难点和对策选择》，《城市规划学刊》2007年第5期。

② 仇保兴：《笃行借鉴与变革——国内外城市化主要经验教训与中国城市规划变革》，中国建筑工业出版社2012年版，第19页。

③ 见表1—1。

④ 《决胜全面建成小康社会 夺取新时代中国特色社会主义伟大胜利——在中国共产党第十九次全国代表大会上的报告》提出，“建设生态文明是中华民族永续发展的千年大计”。

⑤ 引自《国家新型城镇化规划（2014—2020）》；蒋霞《我国城镇化发展的历程及变革探索》，《产业与科技论坛》2014年第12期，第21页。

应、暴雨淹城等。“目前，中国有80%的河流和湖泊干涸殆尽，大部分绿色森林正在消退或已经消失，世界银行的一份报告列出了世界上20个污染最严重的城市中，中国就占了16个之多，而在国内吸引外资最多被称为‘世界工厂’的最发达的珠三角地区，虽然在小区域面积里创造了中国对外贸易总额的30%，污染的代价不可谓不重。”从相关调查结果来看，珠三角地区农田和菜地种植土壤中有40%左右都出现了程度不一的重金属污染，其中还有10%属于重金属严重超标，这种情况直接反映在蔬菜类的污染上面，对当地居民造成了严重威胁。[①] 不仅如此，城市群人口急剧增加，建筑密度高，交通拥挤，绿地减少，环境污染极为严重，给居民带来了巨大的心理压迫和精神压力。城市化带来了人类身心面临的双重“城市危机”。因此，城市群的安全，健康和可持续性越来越受到重视，并反映在城市群空间发展的“数量”和“质量”上。在“数量”上着眼于合理分配和使用有限的空间资源，例如我国在《“十一五”规划纲要》中首次提出的主体功能区概念，即是基于此目标的，根据区域的主体功能定位来指引空间开发策略，是优化已有空间还是开发新空间都会有一个大的指导思路[②]；在“质量”上则加强生态环境建设，并且逐步从治理污染、改善环境空间本身转向建立可持续发展的生态体系，变被动为主动，变碎片化解决问题为系统性应对趋势。这种转变源于对城市本身生态性的逐步认识和认同，城市经济社会的运行规律同生态系统之间有着极强的关联性和相似性，首先，城市经济社会系统产生于原自然生态系统，是人工化改造的产物，其次，二者都有类似的集群特性、生命周期现象、自组织功能等，并且都在动态不平衡中实现发展演替，这些现象使城市和城市群逐渐被视为一个“类生态系统”。因此，城市群可持续发展和相关问题的解决，必须立足于对城市群的空间结构、空间组织、内部各区域之间的功能互补、生态建设与环境保护的路径等有着深刻的认识和理解。以便于通过改进和优化城市群区域空间结构，促进城市群内部要素的相互作用，提高城市群空间的运转效率，最终能

① 叶铁桥：《IT业重金属污染爆发》，《中国青年报》2010年5月31日。

② 马凯：《“十一五”规划战略研究》，科学技术出版社2005年版，第7页。

够促进经济社会持续健康发展，实现一定阶段上最佳的社会、经济和生态效益。这也是本书基于系统性思维希望能够做出的研究。

（四）珠三角湾区城市群的空间研究具有示范作用

珠江三角洲湾区城市群（以下简称珠三角湾区城市群）是目前我国城镇化水平最高和城镇连绵度最高的地区①，也是光、热、水、植被等生态资源极度丰富、对国家生态环境水平贡献较大的地区。经过近30年的快速城市化进程，城市人口规模和建设用地快速扩张，城市之间已成连绵成片之势，优质生态空间被不断吞噬和占用，水资源、土地资源不断减少。不仅如此，持续快速的城市化还对未被占用区域的生态环境带来很大的污染和破坏，同时由于行政壁垒、缺乏科学合理的城市群规划等原因，珠三角城市群的各城市之间协同不足还未建立起完善的空间共享利用机制，在区域环境治理方面也缺乏合作，影响了珠三角城市群跨区域的环境治理效果，城市群综合承载力不断降低。作为改革开放和经济发展的前沿地区，珠三角城市群在中国经济"新常态"下也率先面临着全方位的转型要求，应该积极担当国家使命，在探索中国特色社会主义城市群发展道路上需要有更大作为。

二　研究目的与意义

（一）研究目的

通过将城市群系统与自然生态系统进行类比研究，试图从类生态系统的视角发掘并归纳和总结城市群系统的功能结构以及运行规律，从而探寻城市群系统的空间互馈（即相互作用）机制和空间演替规律，并以此为基础研究城市群的空间优化思路，指导城市群规划。具体包括：

（1）从类生态系统的视角对城市群空间进行系统分析，在吸取生态系统理论研究相关成果的基础上，系统分析城市群社会经济空间与自然生态空间的互动关系，以及城市在城市群系统中的生态位体现，深入探讨城市群空间发展演化的生态本质。

（2）在此基础上，探寻城市群系统的空间互馈机制和空间演替

① 2016年末，全国常住人口城镇化率为57.35%，广东省城镇化率达69.2%，省份排名全国第一，其中珠三角地区城镇化率达84.85%。

规律，作为人们用以优化城市群空间运行发展的原理和理论依据。

（3）探讨城市群空间优化的规划路径。在上述原理和理论依据指导下，对城市群类生态系统发展的优化路径进行研究，分析其处于不同生态位城市个体的发展策略，得出处于不同生态位城市的不同发展思路，并探讨其可行性，并融入和回归规划这一公共政策中，为决策者对不同城市实施不同的政策提供参考依据，指导城市群规划。

（二）研究意义

1. 理论意义

（1）为城市群规划路径提供理论依据

本书对于城市群空间的研究，是基于“以人为本”的理念，着眼于人类发展的研究。随着人类活动的基本聚落形态——城市，进入以群体为单位的发展阶段，城市群在地球生态圈中的作用越来越明显，对自然生态环境的影响也越来越大，因此必须充分挖掘其作为有机体自我组织的规律和潜力，提升其自我调节、自我适应、自我循环的功能，使其与自然生态系统协同发展，而不是任由人类盲目地进行改造、扩大，才能保持整个人类地球生态系统的可持续发展。以生态视角对城市（群）研究的生命力在于，致力于建设人居环境状况的和谐统一，形成不仅不会破坏自然环境，而且可以节约土地资源、能源，生态、环保的可持续发展的城市群体系，进而使人民安居乐业，社会和谐稳定，这便是本书对于城市群空间优化与规划路径研究的核心价值内涵。

城市规划在宏观层面是一种针对城市功能区的区域性质的规划，应该打破现有的行政区划，从更大的范围来统筹城乡建设和人口分布、资源开发、环境整治和基础设施布局之间的关系，从而使该区域在整合之后具有更强大的竞争力。由于传统的城市研究和规划实践的操作系统模式已经远远不能满足城市群体协同发展的要求，迫切需要新的以城市群域为出发点的规划加以补充和完善。目前城市群规划已经形成一个较为明晰的顶层设计，即基于问题导向和目标导向的规划方向较为明确，比如需要加强城市之间的紧密联系，促进城市间要素自由流动，提高资源的配置效率，增强基础设施的对接，有效促进公共服务资源的均衡共享，形成规模效应和集群效应，等等。但由于其为有限目标规划且是伴随着城市群的出现才逐渐兴起的，因此规划编制思路、方法、路径等更多是在现有规划体系上的扩展，需要相应的理论依据作为新体系的支撑。城市群空间结构及其演变研究是城市群规划编制与管理的基础，本书通过类生态系统的视角来研究和解析城市群空间发展的结构和演替规律、存在的问题和应对的策略，旨在为城市群空间规划路径提供理论依据。

（2）为城市群研究提供新的研究视角和理论工具

回顾经济史，我们会发现生物学与经济学渊源颇深，马尔萨斯人口理论（1789 年《人口论》中提出）和斯密“看不见的手”（1776 年《国富论》中提出）等经济学上著名的理论对达尔文的进化论（1859 年《物种起源》中提出）产生过启发。[①] 从生物进化的视角看，人类经济行为存在着生物学基础，这也是由人的生物本源性决定的。马歇尔也曾指出，经济学的麦加在于经济生物学，而不是经济力学。因此，将生物演化机制与经济变迁机制进行有效的结合和类比，能够丰富目前演化经济学的重点研究内容，从生物学思想来看待城市群这一社会经济和自然生态复合系统的发展演化并挖掘其自然演化规律，从而实现对其合理的控制和引导，具有非常重要的意义。

2. 实践意义

理论研究的价值在于能够指导实践。本书的实践意义在于：

（1）试图提出城市群空间发展的优化路径

城市群是人类变革自然强度最大的地方，城市群在发展过程中出现了很多问题或者称为“城市病”，包括环境污染、交通拥堵、灾害频发等，城市病的出现反映了城市群生态系统整体功能紊乱或不健全。采取过去的机械的自然观和思维方法来治理城市病不能从根本上解决问题，只有对构成城市群空间生态系统各要素之间的相互关系进行整体性调节，才能不断提高城市群生态系统的自我修复、自我调节功能，扩大其所谓的“环境容量”或“环境承载力”，由此也对城市科学开展综合的、跨学科的研究提

---

① 朱宪辰、黄凯南：《基于生物学基础的行为假设与共同知识演化分析》，《制度经济学研究》2004 年第 10 期，第 15 页。

出了新的要求。正是源于这种客观的需要，赋予了从生态学角度研究并解决城市群问题的根本性意义。在将人类社会经济系统视为生态系统内部运行的特殊生命系统的前提下，研究如何将以城市（群）为载体的人类社会经济系统从线形的、机械的模式转变为循环的系统，从系统的角度对其发展进行分析，为城市群的可持续发展构筑起建立在生态系统平衡基础上的、协同共生的区域生态经济系统指导基础。

（2）为珠三角城市群的生态可持续发展规划提供依据

由于存在地域差异，城市群的情况千差万别，以城市群为单位的生态建设与空间优化路径结合珠三角城市群进行研究，是因为珠江三角洲地区被认为是发展中国家城市化进程最快的地区之一，也是我国最具代表性与影响力的城市群区域之一。珠江三角洲目前面临快速城市化和产业发展带来土地资源被大量占用、环境污染、自然灾害频发等问题，也将是未来很多经济快速发展的城市群都会面临的普遍性问题，国际很多类似案例的出现也可以支撑这一点。[①] 因此珠三角城市群的空间优化研究不仅对于珠三角地区的发展提供指导参考思路，也会对其他区域的社会经济发展和生态环境保护具有重要的借鉴意义。同时以珠三角生态路径的实践为案例有助于增强理论研究的可实施性和政策建议的可操作性，为珠三角城市群的规划及其生态可持续发展提供政策依据。

第二节　研究思路与主要内容

一　研究思路

本研究基于“问题导向”，通过类生态系统的视角，研究城市群的空间结构与演化，并试图将这一理论应用于珠江三角洲城市群

① Lambin, E. F., “Modelling and Monitoring Land-cover Change Processes in Tropical Regions”, *Progress in Physical Geography*, Vol. 21, 1997, pp. 375 – 393; Murdiyarso, D., “Adaptation to Climatic Variability and Change: Asian Perspectives on Agriculture and food Security”, *Environ Monit Assess*, Vol. 61, No. 1, 2000, pp. 123 – 131.

的空间优化上，从而回答以下问题：生态视角下的城市群空间结构是什么样的？生态视角下的城市群具有什么样的空间组织机理？维持其稳定演化或持续自组织功能的优化手段是什么？或者说如何从规划的角度应对这样的空间现象？

具体思路可以分解为：基于将生态系统作为一种独特的系统化视角对城市群空间结构和演化研究的启示，来构建生态视角下的城市群空间分析框架：城市群的空间发展是一个演替过程，必然存在从简单到复杂、从低级到高级、最终形成动态平衡的稳定状态的发展路径；城市群的空间互馈反映的是系统内部空间各组分之间的相互作用，也是空间演替产生的主要动因；而城市生态位是城市个体在城市群中的时空位置及功能关系，所以生态位决定了互馈的内容和形式。在此基础上，提出生态视角下的城市群空间的优化模式以及空间优化的规划路径。简而言之，是在指导城市群系统的发展过程中，为了实现城市群走上低碳生态的可持续发展之路，需要为城市群形成怎样的空间环境以及城市规划如何作为提供系统性思路。以珠三角湾区城市群作为实证研究对象，提供具体的空间结构特征类型，验证分析视角和分析框架的有效性，支撑这个优化思路和规划路径。

二　主要内容

本书基于生态系统的视角对城市群的空间进行研究，着眼于空间优化和相应的规划路径问题。全书共分为八章。具体包括：

第一章：绪论。本章首先提出要研究的问题，即生态视角下的城市群空间演变与规划应对，论述研究的必要性和重要性。然后，详细介绍研究的技术路线、整体思路和内容安排等。

第二章：理论基础与文献综述。首先，介绍本书研究的相关理论方法，重点说明“类比”研究方法的作用与意义，追溯以类生态视角研究城市（群）的思想渊源。其次，梳理国内外关于城市群空间结构及相关规划的各种理论和观点，并整理生态视角下的城市群相关研究。在此基础上，总结生态视角下的城市群空间研究存在的一些局限或不足，作为本研究的意义与价值的出发点，以及本研究创新的落脚点。

第三章：生态视角下的城市群空间组织。即本书的理论构建。首先，对城市群的类生态视角进行了详细的解构和类比，挖掘其结构和演化规律的相似性，提炼生态视角下的城市群空间结构组织的基本范式，作为后续研究将城市群视为类生态系统的基础支撑。其次，研究类生态系统的城市群空间组织，探讨城市群生态系统中的空间演替与互馈的机理，回答城市群中各类城市在各自生态位上应扮演什么角色（是什么）、其动力来源是什么（为什么）、如何优化以维持城市群稳定演化或持续自组织的特性（怎么办）等问题。

第四章：生态视角下的珠三角湾区城市群空间结构。基于珠三角湾区城市群的社会经济系统和自然生态系统两个子系统，从各城市的社会经济生态位和物质流结构分析其社会经济空间，从各城市的自然生态位和生态流结构分析其自然生态空间，从社会经济生态系统和自然生态系统两方面分别研究珠三角湾区城市群的城市生态位与相应的空间结构。

第五章：生态视角下的珠三角湾区城市群空间互馈与演替。本章分为空间互馈与演替两部分，应用生态视角下的城市群空间结构组织的基本范式分析了珠三角湾区城市群的空间演化历程和趋势，梳理总结存在的恶性竞争、破坏环境、空间效率不高、物质流和生态流流动不畅等现象和问题，并从互馈角度分析前述问题的原因，分析评价现有互馈机制的效率。

第六章：生态视角下的珠三角湾区城市群空间优化路径。主要包括：（1）促进社会经济和自然生态两个子系统各自的物质流、生态流通畅；（2）促进社会经济和自然生态两个子系统各自的空间结构优化；（3）促进社会经济和自然生态两个子系统之间的互馈。

第七章：生态视角下的珠三角湾区城市群发展新模式。

第八章：结论。

三　技术路线

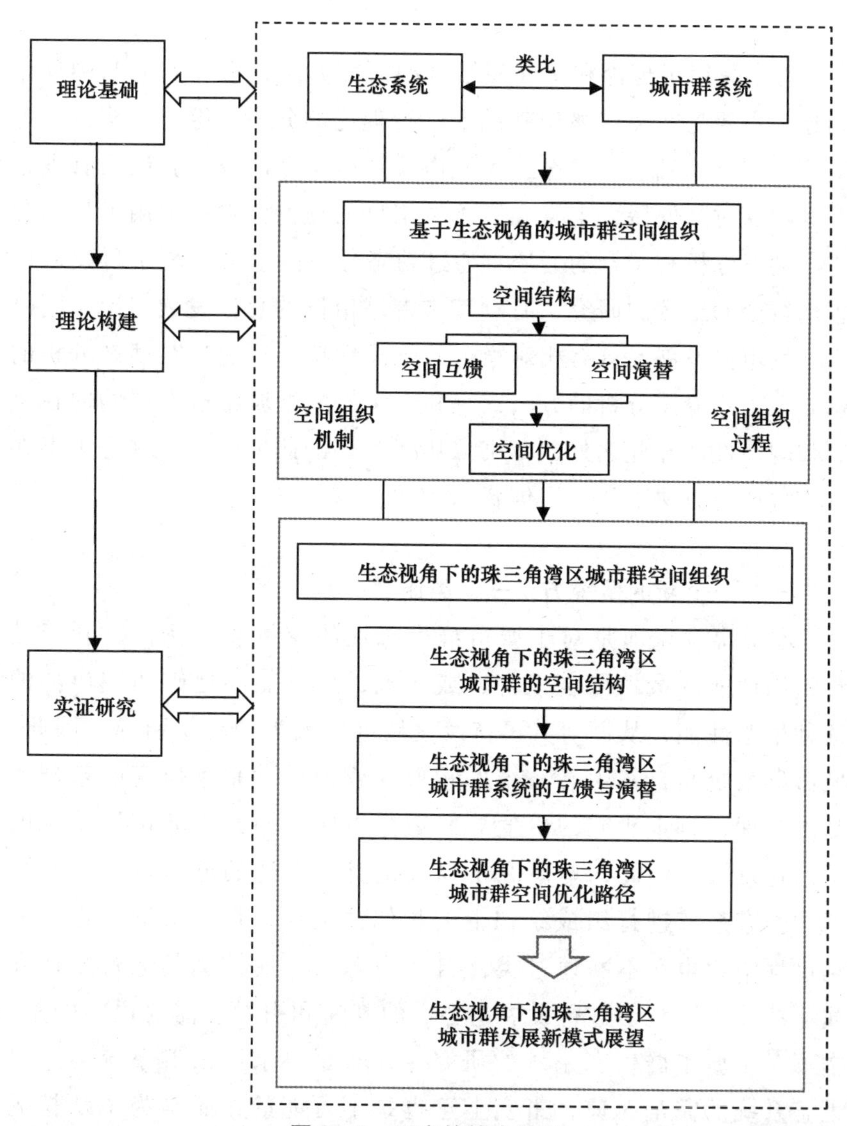

图1—1　研究的技术路线

资料来源：笔者自绘。

第三节 研究方法

本书采用了理论和实证相结合的研究方法，有扎实的基础理论构建，主要是在文献整理基础上进行理论的分析、综合、构建、论证等；在此基础上，对珠三角城市群开展实证研究，验证已有理论并延伸探讨其发展，丰富和完善城市群的理论体系；采用了静态分析与动态分析相结合的方法，通过动态分析的手段对城市群发展历程进行全面细致的研究，有利于掌握城市群的总体发展状况；同时由于城市群发展又具有相对稳定的阶段性特点，通过在动态分析的基础上采用静态分析的方法，有利于深入探索城市群发展的内在机制与规律性。除此之外，本书采用了类比的研究方法，这是本书在城市群研究方法上的一个创新。

一 一个新的研究方法——类比

本书出发点即是对于城市群生态性的挖掘和发扬，以利于其自组织性能的最大限度发挥，或者说，尽可能小地破坏城市群的这种生态性能，从而对其可持续发展进行人为的科学引导，因此，城市群系统与自然生态系统的相似性或同质性是本研究的基础或基本原理，且本研究的价值导向最终指向或回归于城市群系统的生态化发展。因此，本研究不仅仅是对于人造的城市群系统与自然的生态系统进行组成结构上的相似性类比，在城市群的运行演化过程中，也在不断通过类比自然生态系统而挖掘其运行规律和演化特性，以利于进行发展趋势上的判断和引导。需要说明的是，本书对于城市群生态系统的研究，并非要寻求城市群系统与自然生态系统的完全对应，事实上这也是不可能的，而是为了从挖掘事物发展本质的角度来认识城市群本身，从而获取有助于理解城市群社会经济问题中来自生物学的思想，以能够遵循其客观发展规律、实现可持续发展。

二　类比方法的意义与作用

本书所称的类比就是逻辑学的“类比推理”，其基本原理是：在两个（类）对象的某些方面具有类似或相同之处的基础上，推断出它们在其他方面同样可能具有相似或相同之处的一种逻辑思维。[①]即在比较的基础上，分析两个（类）不同的对象，确定它们之间的相似性或相同点，根据这一点，把一个（类）对象相关的知识或结论推及另一对象上，简称为类比或类推。其实质是归纳和演绎的辩证综合[②]，基本原理可以用下面的公式加以描述：

对象 A 具有的属性 a，b，c，d

对象 B 具有属性 a，b，c

所以，对象 B 具有属性 d

式中，A、B 是指不同的对象；A 对象的属性 a、b、c 与 B 对象的属性 a、b、c 可能相同，也可能相似；对于 B 对象的属性推理结果 d，与 A 对象的属性 d 可能相同，也可能相似。[③]

我们知道，客观世界是一个矛盾的统一体，既丰富多元，千变万化，也会有一些共同特点或称共性、相似性，表现为两方面，一是事物本质上的，二是影响事物发展变化的自然规律上的，正是这两种相似性为我们的类比提供客观依据。[④] 类比推理是一种创造性的思维方式。人类思维能力的进化理论将建立相对封闭的区域的能力视为人类智慧的一个标志，可以说，类比的能力突破了这种相对封闭的区域，致使人类文明的思想爆炸。历史上使用类比解决问题而获成功的例子有很多（表 1—2），著名哲学家康德、黑格尔已经给出了类比在解决问题上的重要地位，心理学家经过多年来的不懈研究，也指出类比是一种人类获取知识和解决问题的强大机制，并

---

① 洪花花：《小议类比法在生物教学中的应用》，《中学生物学》2013 年第 5 期，第 10 页。

② 袁希娟、龚耘：《浅谈类比法》，《河北理工学院学报》（社会科学版）2003 年第 1 期，第 84—88 页。

③ 同上。

④ 同上。

在人类的认知过程中起着基础性作用。[1]

表 1—2　　　　　　　类比与近代物理学的发现

年代	提出人	类比种类	产生的结果
1867	牛顿	天体及地上物体运动	万有引力定律
1831	法拉第	电与磁	电磁理论
1868	麦克斯韦	光与电磁	光的电磁理论
1900	普朗克	热与光	黑体理论
1905	爱因斯坦	光量子	复活光的微粒子
1924	德布罗意	物质与辐射	物质液

资料来源：转引自欧阳贵望《论类比及其知识创新作用》，硕士学位论文，燕山大学，2008 年，表 2—3。

在我国，自古以来人们在论辩中就能朴素地运用到“类比”[2]。根据相关学者的研究[3]，我国的“类比”思想萌芽于古代辩风盛行的先秦时期（公元前 21 世纪—公元前 221 年），诸子百家为向统治者宣传自己的思想并战胜对手，运用各种逻辑方法提高辩论口才及辩论技巧，此时类比思想在辩论中萌芽诞生并进入热潮期。国外的类比推理最早要追溯到古希腊（公元前 800—公元前 146 年），比先

① Blanchette I.，Dunbar K. “Representational Change and Analogy: How Analogical Inferences Alter Target Representation”，*Journal of Experimental Psycho-logy: Learning, Memory & Cognition*，Vol. 28，No. 4，2002，pp. 672 – 685；Gentner D.，Markman A. B.，“Structure Mapping in Analogy and Similarity”，*American Psychologist*，No. 52，1997，pp. 45 – 56；Keane M. T.，“What Makes an Analogy Difficult: the Effects of Order and Causal Structure in Analogical Mapping?”，*Journal of Experimental Psychology: Language, Memory & Cognition*，No. 23，1997，pp. 946 – 967.

② 卢芸蓉：《中国“类比”问题研究的发展历程》，《南华大学学报》（社会科学版）2011 年第 2 期，第 19—21 页。

③ 汪奠基：《中国逻辑思想史》，上海人民出版社 1979 年版；刘培育、沈有鼎：《研究先秦名辩学的原则和方法》，《哲学研究》1997 年第 10 期；温公颐、崔清田：《中国逻辑史教程（修订本）》，南开大学出版社 2001 年版，第 166 页。

秦时期晚了一两千年。这是因为，中国哲学思维善于带点玄学和神秘色彩的自觉、顿悟，因此还不用精确地求证而只需笼统地综合、概括和类比，例如对“道”的追求。故学界一般认为古代中国的类比思想要胜于古代西方。但此后相比于演绎、归纳等方法，类比研究日渐言衰。由于类比推理包含有心理的因素，如何能在表面上看来风马牛不相及的对象中做出惊人的类比，如何才能在仅仅掌握对象部分甚至是若干相似之处的基础上，类比出正确的结论，这其中除了逻辑之外，直觉、想象甚至顿悟都是离不开的，现代心理学中也研究类比过程中的心理因素，正因如此，现代逻辑对类比的忽视也不足为怪了。①

直到20世纪类比推理的作用才又被重新挖掘出来。② 学者们不断探索和深入研究类比方法的可靠性，形成了一个基本观点和相应的三项原则。其基本观点是：类比对象应是在结构复杂的系统（模型）之间，而不能基于一个简单的事物；唯如此，类比的作用和威力才能充分显示。而这些原则即是对这一基本观点的解释说明，简而言之：①相似性越多的两个物体间其他属性也类似的可能性更大；②相似的属性之间联系越密切，类比越有效，所推结论也越可靠；③类比所利用的研究方法（例如数学模型）越精确，类比法更具效果。③ 因此，类比方法对于复杂系统可能更为适用。

三　本质同源——本书选取类比方法的可行性

城市群是人类创造和人类独有的一种聚居空间形态，以自然生态系统为载体生长，以人类的活动为承载内容，是以人为中心的有机生态系统。类比方法的可行性表现在城市群系统具有许多生态学特性，它与生态系统在构成要素、运行过程等方面具有许多相似

---

① 20世纪在控制论和仿生学等一些重要学科的带动下，类比推理的作用得到显现，潜力得到挖掘，并被随后建立的一些新型学科，如协同学等进一步证明了其对于科学发现的明显作用。

② 袁希娟、龚耘：《浅谈类比法》，《河北理工学院学报》（社会科学版）2003年第1期，第84—88页。

③ 同上。

性。首先，由各城市组成的城市群呈现出类似生物群落的城市群落结构；其次，城市群的生态学特性显著表现在城市群落结构的形成是组成城市个体间和整体间竞争、捕食、寄生、共生等类生态行为，以及城市群落群体的自然选择、协同进化、演替等类生态功能共同作用的结果。通过梳理总结与对比分析，本书构建了城市群系统与生态系统构成要素（结构、行为、功能等方面）的相似性对比表，见表1—3。

表1—3　城市群系统与生态系统构成要素类比（结构、行为、功能）

生态系统	定义	城市群系统	定义
物种	生物个体	城市	城市个体
种群	同种生物个体的集合	城市种群	功能类似的城市的集合
群落	不同生物种群的集合	城市群落	不同城市种群的集合
食物链	生物间的食物营养联系序列	价值链	城市间的社会经济联系链
食物网	生物间的食物营养联系网	价值网	城市间的社会经济联系网
竞争	生存资源的争夺	竞争	发展资源的抢夺
捕食	营养的获取	捕食	地域发展空间的吞噬
协同进化	物种通过互补而共同进化	协同进化	城市间的协同发展
互利共生	共生单元间的双向利益交流机制	互利共生	城市间的合作共赢
遗传	复制基因	路径依赖	城市发展惯性
生产者	利用无机物制造有机物的生物	生产者	绿色植物、生产企业
消费者	消费生产者制造的有机物的生物	消费者	消费人群、人工环境
分解者	微生物	分解者	微生物、分解型企业或手段
生境	生态环境	城市群生境	自然环境、人工环境
生态系统	群落与环境相互作用的系统	城市群系统	城市群与环境相互作用的系统

资料来源：笔者整理。

城市群系统除了在构成要素上与生态系统具有相似性外，在运行过程中也具有许多相似性（图 1—2）：

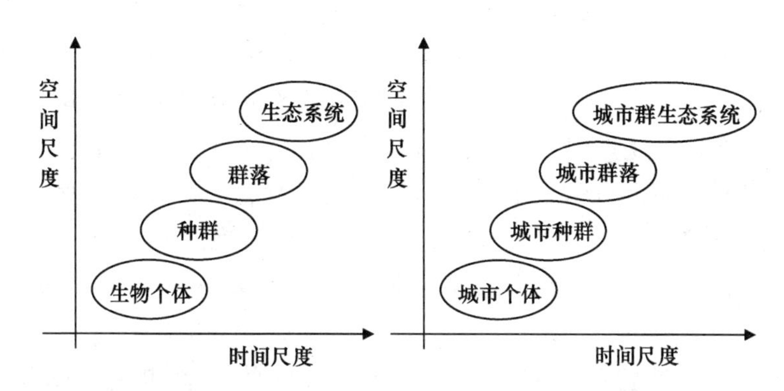

图 1—2　生态系统与城市群系统的形成演化路径

资料来源：笔者自绘。

（1）与自然生物的生命历程类似，城市个体也会有有限的生命和经历成长的不同阶段。

（2）自然生态系统中存在竞争和协同共生的关系。同样地，城市群系统的成员间也存在相互竞争和合作的关系。

（3）生态系统包括占据一定空间的生物种群及其所生存的生态环境，城市群系统是由城市与其生长的自然地理环境组成，本身也包括这些生物种群及其所生存的生态环境，只是人这一物种和人造物质空间在城市群时代显得过于突出。

（4）自然生态系统的正常运转需要利用物质循环和能量循环进行自身的新陈代谢，与自然生态系统类似，城市群系统的发展也伴随着资源、信息、知识等各类要素的流动或循环，以及各类物质的代谢。

与此同时，我们应认识到，城市群系统与自然生态系统还是有很大差别的，主要体现于人的主导作用影响整个城市群系统的组成成分，并贯穿于城市群功能的方方面面，城市群生态系统是自然生态系统在强烈人工干预下的演化体。但本研究重在挖掘其相似性，目的在于使城市群系统尽可能向具有自组织性能的生态系统学习和转化，从而提高其保持可持续发展的能力。

城市群系统与生态系统具有相似特点已基本被普遍接受，但一般认为城市群系统比生态系统更为高级，更具经济属性。实际上生态系统也可以视为一个特殊的具有经济属性的系统，因为生态系统同样存在各类不同的分工，所有食物链或食物网中的物种都可以视为独立的生产经营者，其物质循环或食物链可视为纷繁复杂的物质加工和分解的流水线，并且采取了最为集约的方式利用能源和自然资源，在这些生产经营者之间形成了固有的关系。生态系统从本质上可以看作一个自然经济体，生态学也可以看作一种经济学。恩斯特·海克尔·海因里希在1870年提出了“生态学”的理念，海克尔认为，生态学是一类自然经济学，反过来说，经济学可以被看作研究人类的生态学，其重点是如何管理人类事务。从“生态”的最初的概念也明显看出来，生态学和经济学的概念相关程度较高。Costanza则认为，生态学后续演进在朝着更加生物学和动物行为学的方向发展，反而使经济从生态学中分离出来，导致生态学和经济学从根本上有非常大的区别。

城市群系统和生态系统的相互关系使得比较成为合理。实际上二者的独立是相对的，一直都存在于一个地球范围系统内。从不同的角度来看，二者在本质上是不同的。对于这两个系统之间的类比的基础，除了上述原因，人类自身也是生物是无法回避的事实。人和生物作为有机体的同一性和本质上的一致性，保证了从“自然生态系统”向“城市群系统”进行类比研究的可靠性。洛特卡说过，人在经济生活中出现，也具有生物特征，我们和其他物种没有什么区别。①

基于以上分析，笔者认为，城市群系统可以视为一个特殊的生态系统来进行认识和研究，即生态视角下的研究，或称为类生态视角的研究。

四　以人为本——本书选取类比方法的着眼点

城市群系统是以人为中心的实体，人的社会经济活动对城市群的演变与发展起着决定性作用。人是自然生态系统的一部分，同时人既是城市群系统的生产者，又是消费者，是具有自然与社会双重

① Lotka, A. J., *Elements of Mathematical Biology*, Dover Publications, Inc., New York, 1956.

属性的主体，因此人类活动和创造的聚落形态——城市群也具有自然与社会的双重属性，是以人为中心和统治性物种的有机生态系统。通过类比生态系统来研究城市群，是回归到对于城市群发展应“以人为本”的本质规律的探讨。

在生态视角下的，城市群应当是一个既有利于促进包括人类在内的自然界具体的生物所具有的诸如代谢、繁殖的功能，满足各类生物最基本的生存需求，又具有能够凝聚人类社会宏观历史发展过程中形成的独特文化和精神作用，实现人类社会文明的传承和延续，并且由于后者具有无限的改造世界（包括我们赖以生存的自然生态系统）的能量，因此应在引导城市群的发展中认清其科学合理的空间布局和发展演化规律，使这种人工化的有机生态系统尽可能将人工化痕迹减到最小限度，减轻人类对于大自然的“生态足迹”[①]影响，从而最大限度保持其自我调节、自我适应和自我组织的原生态性，为人类乃至全体有机生命创造更好的生存发展环境。城市群的空间规划应该基于人与自然的统一和不可分割特性，规划不仅是创造一种新的环境和空间，同时也是建立一种新的人与自然的关系。基于此，本书对于城市群系统进行类生态系统的比较，基本着眼点是“以人为本、天人合一”。

城市群系统作为一个类自然生态系统首先应该是健康的，要保持健康就需要使其在结构上保持对原有自然生态系统的较好的完整性，而在功能上则保持对于生态系统的较好的延续性，同时在风貌上保持对于生态系统的较好的传承，符合人们对于自然景观的追求和审美观念。人们希望将城市建设成一个美丽的有机体，“虽为人造，宛若天成”是大到城市群、小到宅院风景园林的各层次城市建设一直以来追求的最高境界。许多欧洲城市之所以为人们向往，不是因为其规模巨大或建筑恢宏，而是因其保留了大量的自然绿地和原生态的景观，人们惊喜于在如此发达现代的国家能享受如此美妙的田园风光，这也是近几年我国特色小镇蓬勃发展的主因。

---

① 也称“生态占用”，是指特定数量人群按照某一种生活方式所消费的，自然生态系统提供的，各种商品和服务功能，以及在这一过程中所产生的废弃物需要环境（生态系统）吸纳，并以生物生产性土地（或水域）面积来表示的一种可操作的定量方法。

将社会比作一个有机体自古有之。早在古希腊时代，古希腊人就以“有机体”或“生物”的观点来解释宇宙。[①] 马克思也提出过社会有机体理论，强调人与自然环境是社会有机体中最基本的前提性要素，认为社会是一个建立在人类实践劳动基础上的、在矛盾中不断变化前进的有机整体，而城市作为人类社会最主要的聚集地，必然具有这种有机整体的特征，并且由于城市本来就是诞生于自然生态系统中、与自然生态系统紧密结合的物质实体，这种有机特征就更为明显。城市群的成长壮大，是人类通过实践劳动不断开发、探索未知世界的结果，但也恰恰是因为人类盲目而无节制的实践活动，导致当今城市越来越缺乏维持正常运转的物质和能量，城市需要从自身以外索取更多，这也是城市群出现的基本原理。如果没有充足的物质和能源供给，一切生命活动将在城市中停止，包括城市中人的生命活动。因此，城市群生态系统应当具备足够的物质和能量，这一方面来自城市对外部地域的索取和人类对资源的节约，另一方面则需要人类通过技术手段来实现各类资源的循环使用，实现类生态系统的物质循环性。城市群有机体的未来命运掌握在人类自己手中，只有健康充满活力的城市群生态系统，才能孕育不断繁衍昌盛的人类社会。

五　以生态视角研究城市（群）的相关思想渊源

（一）古代哲学思想——自然崇尚

中西哲学比较研究发现其主要差异在于（施韦特，1995）：①在思维方式上，中国哲学擅长综合人与自然之间的长期和谐关系，西方哲学专注于细节或部分；②侧重点不同。中国哲学关注各类关系的伦理道德，在天人关系方面崇尚自然，强调“物我一体”，即人属于自然的一部分；而西方哲学关注的是纯自然客体，本质体现了人与自然的对立，强调对客观规律的发现与利用。因此人与自然协调这一生态伦理发源于中国。

天人合一的思想其实包含更复杂的内涵。“天”既是注定、统治的意义，又是一种天然存在的意义。中国古人认为“天”虽然占主导

① 徐大同：《西方政治思想史》，天津人民出版社2006年版，第37页。

地位，但不是绝对的主宰人格的神，不是人们顶礼膜拜的神；虽然有自然意义，但对象不被人类征服和改造，不会与人分离和对抗。在这方面，人与自然的和谐不仅包含人适应自然规律的主动性，也意味着人对占主导地位的命运的被动服从。“天”作为一种自然的意义，不仅是指自然以外的对象，也是人自身的本质存在，古人模糊地意识到自然有外部和内部两方面的意义。虽然“天人合一”的理解存在模糊、歧义和矛盾，但对“天”与“人”的一致性、相通、感应甚至转化都有明确认识。先秦百家，包括主张天人分离的荀子，从不同的角度，肯定了人与自然之间的一致性，肯定了人与自然的统一①。我国天人合一的思想体现在自然观和生命观两方面。

从史料的研究中也可发现，对于从自然生态系统的角度对人类生存环境和生存聚落进行的研究，最早起源于我国。我国古代城市营造中的以自然为本思想，表现在传统风水理论和实践中，起源于人类早期的择址定居。在《诗经·大雅·公刘》篇就记述了周文王之前的十二世祖先公刘，约在公元前15世纪带领周人迁居，“相其阴阳，观其泉流”②③。我国古代在先秦秦汉之际就已形成“天人合一”的思想和整体思维模式，认为天人相类、相同，因而天人相通，因此也就有“象天法地”的选址和营城思想。④ 此后历代的选址和营城活动中这种思想也都有体现⑤⑥，此方面的论著较多，本书

① 孟丹：《走向“天人合一”的城市文化生态观》，《华南理工大学学报》（社会科学版）2001年第1期，第31—34页。

② 《诗经·大雅·公刘》对最为后世风水师所仰慕的公刘迁豳的记载：笃公刘，于胥斯原。……陟则在巘，复降在原。……笃公刘，逝彼百泉，瞻彼溥原。迺陟南冈，迺觏于京。……笃公刘，既溥既长。既景迺冈，相其阴阳，观其流泉。其军三单，度其隰原，彻田为粮。度其夕阳，豳居允荒。笃公刘，于豳斯馆。涉渭为乱，取厉取锻。止基乃理，爰众爰有。夹其皇涧，溯其过涧。止旅迺密，芮鞫之即（人们安居靠水湾）。转引自张慧《先秦生态文化及其建筑思想探析》，博士学位论文，天津大学，2009年，第187页。

③ 转引自赵敏《生态城市思想源流》，《长沙大学学报》2003年第1期，第17—20页。

④ 中国建造城市特别讲究中心和轴线，城市周围则选择或建成象征天上的青龙、白虎、朱雀、玄武四象环绕的模式，其根本目的在于占据通天通神的这个神秘特点，以便与天沟通，达到知天之恋、得天之命、循天之道、邀天之福的目的。

⑤ 金身佳：《中国古代建筑的象天法地意象》，《船山学刊》2007年第2期，第76—78页。

⑥ 王其亨主编：《风水理论研究》，天津大学出版社1992年版，第304页。

不做过多介绍。

在中国早期哲学中，人们认识到传统生命观的一个重要特点就是生命的普遍联系性，反映了当时人们对生命的深刻认识。所谓联系，有多种侧面：同一生命不同生长过程的联系（后生续于前生），不同生命中的交替上升的联系（新生替于旧生）。再者，更为重要的，不同类别生命之间的平行联系（此生联于彼生）。[①] 从本质上说，这些联系均源于博贯万物、无所不在、无所不通、灵慧无比的生命，因而人们认识生命可由低级到高级、由旧生到新生之间，又可从此物延及彼物，发现有机体之间的内在联系。从功能上说，无所不在的生命有无所不在的联系，而无所不在的联系中又表现了生命的巨大滋生化育力。在这种思想系统中，世界如同一个巨大的生命之网，每一种存在都是这网中的一个节点，彼此之间有着千丝万缕的联系。

总之，中国古代哲学博大精深的思想对现代城市向生态和可持续发展的意义，受到国内外学者的一致肯定。其追求人与自然协调统一的生态智慧，正被西方深层生态学和环境设计师、建筑师奉为至宝，他们的理论之中体现着中国天人合一思想的许多观点。例如奥地利哲学家埃里克·詹奇汲取了东方宗教哲学的思想精华，认为东方古代宗教的智慧传统对自然进化的自组织动力学的深刻体验，能激发起人们参与宇宙进化的强烈而深厚的感情，使人能够超越作为生命物种的人类的局限性。[②] 美国环境哲学家霍尔姆斯·罗尔斯顿则发现，东方文化传统中尽管没有作为科学的生态学，但是常常具有词源学意义上的生态学，即居住地的逻辑，从而也具有保护自然的全球伦理学。[③]

（二）近代工业文明——生态危机促使人们进行哲学反思

18 世纪中叶，以蒸汽机的发明为标志所引发的工业革命，极大地促进了人类社会化大生产的水平和社会物质文明水平。这不仅是一场生产力的革命，同时也是一场社会的革命，工业革命直接导致了城市化的发生。相关城市通过工业化生产各阶段的横向、纵向联

① 朱良志：《中国艺术的生命精神》，安徽教育出版社 1995 年版，第 12 页。

② 佘正荣：《生态智慧论》，中国社会科学出版社 1996 年版，第 84 页。

③ 朱新福：《美国生态文学研究》，博士学位论文，苏州大学，2005 年，第 23 页。

系形成错综复杂关系，并成为紧密联系的区域共同体——城市群。[①]

回溯西方工业文明的发展，它给人类带来物质财富以及科技进步的同时，也给一些区域带来了不可忽视的环境问题和生态危机，甚至严重威胁到人类自身的生存。20 世纪七八十年代以来，生态问题已成为举世关注的热点，“环境保护”与“生态保育”如今已是人类整体的共同课题。[②]

生态危机促使人们进行哲学反思。20 世纪特别是其中期以来，西方很多环保人士一直在努力摸索，对以人与自然的主客二元对立为特征的传统哲学世界观进行批判，认为“当代人与自然关系的全球性危机，本质上是由近代以来西方所崇尚的人与自然关系的机械论范式导致的，人类生态环境危机如果要想得到扭转，必须整个放弃这种西方范式，而以东方的传统范式为原则开展一场人与自然关系的伦理革命”[③]。

（三）现代科学发展观——全面协调可持续

对于发展的研究始于第二次世界大战结束后，首先关注的是西方发达国家和大多数发展中国家经济复苏与发展。早期的发展观和传统的经济增长在理解发展上是相一致的。[④] 莫里斯和塔夫脱对 1950—1973 发展中国家的经济发展过程进行了研究，发现发展与传统经济理论的原理存在较大区别，在 43 个国家的研究对象里没有在这一阶段发生涓滴效应，只有核心区域对边境地区的极化作用。[⑤] 因此，发展观开始出现了偏好，相当大的一部分研究认为：发展理所当然应包含经济增长和社会变化两个层面的内容，统筹社会经济发展的理念萌芽迸发。20 世纪 70 年

---

① 陈群元：《城市群协调发展研究》，博士学位论文，东北师范大学，2009 年，第 38 页。

② 张慧：《先秦生态文化及其建筑思想探析》，博士学位论文，天津大学，2009 年，第 2 页。

③ 参见 Karen Gloy，Luzern，Nature im westlichen und östlichen Verständnis（德国学者格罗伊，《东西方理解中的自然》），转引自佘正荣《中国生态伦理传统的阐释与重建》，人民出版社 2002 年版，第 3 页。

④ 即将发展等同于经济增长，认为高经济增长必然带来高消费。“核心边缘理论”“依附理论”“二元经济”发展理论起源于这个时期。

⑤ 敖丽红、王刚、陈群元：《基于哲学思辨的城市群协调发展研究》，《城市发展研究》2013 年第 5 期，第 16 页。

代，罗马俱乐部（Club of Roma）提交的报告《增长的极限》（*Proceeded by Limit to Growth*）中首次提出了可持续发展问题。1987 年格兰特报告明确指出："没有可持续即没有发展"，进一步深化了发展的内涵："发展包含三层意思：最直接层次的经济增长、第二层次的社会变化和进一步层次的可持续。"① 根据发展理念的新思路，全面、协调和可持续发展的动态演化思想是所有事物都必须遵循的。

发展理论的历史演变表明，发展理念的成熟需要多达几十年时间的检验与沉淀。例如，"经济增长"是在战后发达国家的复兴与发展中国家崛起 10 年到 20 年的时间中的主流观点，"社会公平"的概念主导发展理念更是久远，并且影响至今。如今可持续发展则成为共识，我国基于中国 30 年改革开放的经验总结，着眼于当前发展的实际提出了科学发展观思想。② 使发展的概念有了更广泛的内涵，其中以人为本是科学发展观的核心。

现今我国经济社会发展已经进入了一个新的关键时期。环境的全球性恶化已经成为影响人类健康生活和可持续发展的头号问题，因此，城市群的规划正是需要以科学发展观为指引，以人为本，统筹协调城市群社会经济系统和自然生态系统的发展关系。

---

① 敖丽红、王刚、陈群元：《基于哲学思辨的城市群协调发展研究》，《城市发展研究》2013 年第 5 期，第 16 页。

② 内容为"坚持以人为本，树立全面、协调、可持续的发展观，促进经济社会和人的全面发展"，按照"统筹城乡发展，区域发展，经济和社会的发展，人与自然和谐发展，统筹国内发展和对外开放"的要求，促进各项事业的改革与发展。

第二章　理论基础与文献综述

第一节　理论基础

一　区域经济学相关理论

（一）区域经济理论

区域经济理论，是研究生产资源通过在一定区域空间优化配置和组合，获得最大产出的学说。[①] 西方区域经济理论主要分为两部分：微观层面的区位理论、中观和宏观层面的区域经济增长（发展）理论。[②]（1）区位理论包括以农业区位论、工业区位论为代表的古典区位论和以成本—市场学派、行为学派、结构主义学派、新经济地理学派等为代表的现代区位论。这些学派中在当今最有影响力的当推新经济地理学派。该学派形成于20世纪90年代，以克鲁格曼、藤田等学者为代表，该理论仍将经济学作为其分析区域问题模型框架的基础，建立了三个基本命题：收益递增、不完全竞争模型和运输成本，在此基础上设计出区域经济的“中心—外围模型”，增强了经济学的空间性研究，促进了经济学与地理学的融合。区位理论研究对于建立现代地理学区域发展理论以及指导区域发展协调对策都具有重要意义。（2）区域经济增长理论则包括：以均衡增长和不均衡增长为两大阵营的区域经济增长方式理论，以增长极理论、点—轴增长理论、核心—边缘理论、网络开发理论等为代表的

---

① 谢晓波：《区域经济理论十大流派及其评价》，《浙江经济》2003年第23期，第34—36页。

② 王吉人：《国内引进、介绍西方区域经济学研究综述》，2007年8月24日，价值中国网（http：//www. chinavalue. net/Finance/Article/2007 - 8 - 24/78141. html）。

区域空间结构理论，以及以绝对成本优势理论、比较优势理论、要素禀赋理论、偏好相似理论、新贸易理论、国家竞争优势理论等为代表的分工理论。

因此，笔者认为，区位理论其实就是研究资源与空间相结合、相匹配的规律，而区域经济增长理论则是为了解决发展策略的问题。城市群的空间优化协调发展就是要引导各城市利用自身资源潜力，充分发挥各城市的比较优势，选择最有利于自身发展的方式，因此，区域经济理论是城市群空间有序发展的重要理论根据和指导基础。

（二）区域空间结构理论

关于区域空间结构的理论很多，典型的有增长极理论、中心—外围理论、“点—轴”增长理论、网络开发理论、城市圈域经济理论。

增长极理论最早由法国经济学家佩鲁克斯（Francois Perroux）提出，许多区域经济学者将这种理论引入地理空间，用它来解释和预测区域经济的结构和布局。后来法国经济学家布代维尔（J. B. Boudeville）将增长极理论引入区域经济理论中，之后美国经济学家弗里德曼（John Friedman）、瑞典经济学家缪尔达尔（Gunnar Myrdal）、美国经济学家赫希曼（A. O. Hischman）分别在不同程度上进一步丰富和发展了这一理论，使区域增长极理论的发展成为区域开发工作中的流行观点。该理论的主要观点是，区域经济的发展主要依靠条件较好的少数地区和少数产业带动，应把少数区位条件好的地区和少数条件好的产业培育成经济增长极。通过增长极的极化和扩散效应，影响和带动周边地区和其他产业发展。增长极的极化效应主要表现为资金、技术、人才等生产要素向极点聚集；扩散效应主要表现为生产要素向外围转移。在发展的初级阶段，极化效应是主要的，当增长极发展到一定程度后，极化效应削弱，扩散效应加强。

中心—外围理论（核心—边缘理论），首先由劳尔·普雷维什于20世纪40年代提出，主要是阐明发达国家与落后国家间的中心—外围不平等体系及其发展模式与政策主张。20世纪60年代，弗里德曼在其论文《极化发展的一般理论》中将中心—外围理论的概念引入区域经济学，又被译为“核心—边缘理论”。他认为，经济发展是一个不连续但逐步累积的创新过程，而创新起源于区域内少数的变革中心（或核心区），并由这些中心自上而下、由里向外地朝创新潜能较低的地区（外围区）扩散。在核心区与外围区的关系中，前者处于支配地位而后者处于依附地位，核心区通过支配效应、信息效应、心理效应、现代化效应、连锁效应和生产效应等6种反馈机制来巩固和强化自身的支配地位，从而出现了空间二元结构，并随时间推移而不断强化。因此，区域发展过程表现为不平衡发展，核心区的增长会扩大它与外围区之间的经济发展差异。但他同时认为，在核心区把自己的机构扩展到外围区的过程中，核心区有可能在某些方面丧失进一步创新的能力，从而导致新的核心区在外围出现。不过，政府的作用和区际人口的迁移将影响要素的流向，并且随着市场的扩大、交通条件的改善和城市化的加快，中心与外围的界限会逐步消失，即最终区域经济的持续增长，将推动空间经济逐渐向一体化方向发展。这一理论对于促进区域经济协调发展，具有重要指导意义。即政府与市场在促进区域经济协调发展中的作用缺一不可，既要强化市场对资源配置的基础性作用，促进资源优化配置；又要充分发挥政府在弥补市场不足方面的作用，并大力改善交通条件，加快城市化进程，以促进区域经济协调发展。

完整提出“点—轴”开发理论（“点—轴”增长理论）的是我国著名经济地理学家陆大道先生（一说点—轴理论最早由波兰经济家萨伦巴和马利士提出）。[①] 点—轴开发模式是增长极理论的延伸，从区域经济发展的过程看，经济中心总是首先集中在少数条件较好的区位，呈斑点状分布。这种经济中心既可称为区域增长极，也是点—轴开发模式的点。随着经济的发展，经济中心逐渐增加，点与点之间，由于生产要素交换需要交通线路以及动力供应线、水源供

---

① 陆大道以克里斯泰勒（W. Cristaller）的中心地理论、赫格尔斯德兰（T. Haegerstrand）的空间扩散理论、佩鲁（F. Perroux）的增长极理论为理论基础，通过对宏观区域发展战略的深入研究，在1984年首次提出“点—轴系统”理论模型（陆大道，1995）。

应线等，相互连接起来这就是轴线。这种轴线首先是为区域增长极服务的，但轴线一经形成，对人口、产业也具有吸引力，吸引人口、产业向轴线两侧集聚，并产生新的增长点。点轴贯通，就形成点轴系统。因此，点—轴开发可以理解为从发达区域大大小小的经济中心（点）沿交通线路向不发达区域纵深地发展推移。因此，点轴增长理论是增长极理论的延伸，它也是以区域经济发展不平衡规律为出发点的。

在经济布局框架已经形成，点轴系统比较完善的地区，进一步开发就可以构造现代区域的空间结构并形成网络开发系统。网络开发系统应具备下列要素：一是“节点”，即作为增长极的各类中心城镇；二是“域面”，即沿轴线两侧“节点”吸引的范围；三是“网络”，由商品、资金、技术、信息、劳动力等生产要素的流动网及交通、通信网组成。网络开发就是已有点轴系统的延伸，提高区域各节点、各域面之间，特别是节点与域面之间生产要素交流的广度与密度，促进地区经济一体化，特别是城乡一体化；同时，通过网络的外延，加强与区外其他区域经济网络的联系，促进了资源在更大范围的整合。将更多的生产要素进行合理的调度组合，使生产要素的利用更加充分，空间结构与产业结构将更趋合理。从目前情况看，我国的珠江三角洲、长江三角洲和环渤海地区的部分地区已经进入这个阶段。

第二次世界大战后，随着世界范围内工业化与城市化的快速推进，以大城市为中心的圈域经济发展成为各国经济发展中的主流。逐渐引起各国理论界和政府对城市圈域经济发展的重视，并加强对城市圈域经济理论的研究。该理论认为，城市在区域经济发展中起核心作用。区域经济的发展应以城市为中心，以圈域状的空间分布为特点，逐步向外发展。该理论把城市圈域分为三个部分，一是有一个首位度高的城市经济中心；二是有若干腹地或周边城镇；三是中心城市与腹地或周边城镇之间所形成的“极化—扩散”效应的内在经济联系网络。城市圈域经济理论把城市化与工业化有机结合起来，意在推动经济发展在空间上的协调，对发展城市和农村经济、推动区域经济协调发展和城乡协调发展，都具有重要指导意义。

二　生态学相关理论

（一）生态系统服务功能价值理论[①]

随着人类活动强度的不断增大，对生态环境的破坏也在不断加剧，人们对环境的重视和环保意识也在不断增强，并且从意识上的关注走向了行动上的改善。研究生态系统服务或环境服务开始于20世纪70年代，1997年Daily等的《自然的服务——社会对自然生态系统的依赖》（Daily et al.，1997）的出版和Costanza的《世界生态系统服务和自然资本的价值》的发表，标志着生态系统服务的价值评估体系开始建立，为通过经济手段保护生态系统奠定了基础。

所谓生态系统提供的商品和服务，反映的是人类通过生态系统直接或间接获得的收益。Daily认为“生态系统服务是指自然生态中提供的能够满足和维持人类生活需求的条件和过程”。Costanza等将生态系统所提供的商品和服务称为生态系统服务。2005年，联合国《千年生态系统评估报告》提出“生态系统服务是人类从生态系统获得的益处”，生态系统对人类所做的贡献可视作其提供的各种福利，包括供给、调节、文化和支持等功能。[②] 综合来看，生态系统服务可根据其作用分为两大类，提供生态产品和保障人类生活质量。

对生态系统服务功能价值的深入认识和研究，是建立生态补偿机制、反映生态系统市场价值的重要支持。[③] 例如河流具有抗旱、防洪、净化水质、浇灌农田、保护生物多样性等生态系统服务功能价值[④]，从而构成流域生态补偿的基础和依据。但由于生态系统的大部分产品和服务必须依托固定的地理空间载体，无法储存和移动，如森林的供氧、游憩等服务，此外，生态系统本身的动态性使

---

① 接玉梅：《水源地生态补偿机制研究——基于生态用水视角》，博士学位论文，山东农业大学，2012年，第25—26页。

② 中国生态补偿机制与政策研究课题组：《中国生态补偿机制与政策研究》，科学出版社2007年版，第6页。

③ 同上书，第13页。

④ 周雪玲、李耀初：《国内外流域生态补偿研究进展》，《生态经济》（学术版）2010年第5期，第15页。

其价值亦具有动态性，生态产品的外部性使生态系统具有公益性，再加上传统经济体制的束缚，导致至今生态系统价值评估都没有建立起一套规范统一、合理完善的标准。[①]

（二）生态补偿理论

《国务院关于一些环保问题的决定》在1996年首次正式提出了生态补偿机制。[②] 从经济学的角度看，生态补偿机制是土地空间资源利用机会成本的一种体现。土地是空间资源之本，拥有承载、养育、存储和景观价值等多种使用功能，随着全球人口的不断增长和市场经济的加速发展，各地对于土地的需求也越来越大，土地利用的状况改变快速而明显，随着从量变到质变的不断积累，以及整体效应的不断增加，从更大层次上影响了所在区域的生态环境，包括土地耕作质量退化、江河水质污染、气候极端变化等诸多后果。[③] 此外，土地利用对于生境类型与生物多样性变化[④⑤⑥]、水文与水资源及水量供需平衡[⑦⑧]、碳循环[⑨]等多方面的影响也得到学者普遍关

---

① 许延东：《自然保护区生态补偿机制的构建与完善——以主体功能区战略为背景》，《国家林业局管理干部学院学报》2012年第3期，第35—39页。

② 原文内容为“建立和完善有偿使用自然资源和恢复生态环境的经济补偿机制。生态补偿机制不仅有利于促进社会公平，为生态环境建设提供了稳定的资金来源和强有力的政策支持，同时也有助于加强国家生态意识，引导和塑造企业和个人的行为，实现国家生态环境和经济社会的全面协调发展”。

③ 于兴修、杨桂山：《中国土地利用/覆被变化研究的现状与问题》，《地理科学进展》2002年第1期，第51—57页。

④ Reidsamp, Tekelenburgt, et al., “Impacts of Land-use Change on Biodiversity: an Assessment of Agricultural Biodiversity in the European Union”, *Agriculture, Ecosystems and Environmenr*, Vol. 114, 2006, pp. 86 - 102.

⑤ Bohemen H. D., “Habitat Fragmentation, Infrastructure and Ecological Engineering”, *Ecological Engineering*, Vol. 11, 1998, pp. 199 - 207.

⑥ Kline J. D., “Forest and Farmland Conservation Effects of Oregon. (USA) Land-use Planning Program”, *Environmental Management*, Vol. 35, No. 4, 2005, pp. 368 - 380.

⑦ Tong S. T. Y, Chen W., “Modeling the Relationship Between Land-use and Surface Water Quality”, *Journal of Environmental Management*, Vol. 66, 2002, pp. 377 - 393.

⑧ Wegehenkel M., “Estimating of the Impact of Land use Changes Using the Conceptual Hydrological Model THESEUS: a case study”, *Physics and Chemistry of the Earth*, Vol. 27, 2002, pp. 631 - 640.

⑨ Tan Z. X., Lal R., “Carhon Sequestration Potential Estimates with Changes in Land use and Tillage Practice in Ohio, USA”, *Agriculture, Ecosystems and Environment*, Vol. 111, 2005, pp. 14 - 152.

注，他们从生态原理角度分析了土地利用管理[1]，以及对于不同用途的土地利用类型的生态补偿方案[2]，以求建立一个更为合理的生态补偿运行机制，包括对于森林矿产和草地资源、河流湖泊淡水资源等方面的生态补偿。国外相关领域研究学者对于生态补偿的研究主要是从经济层面研究的土地资源开发利用状况，将生态补偿视为一种经济手段来保护资源环境。从国内研究来看，基本理念延续了国外研究，但对于怎么建立适合我国国情的生态补偿制度，仍处于探索阶段，还没有比较行之有效的可推广可复制的模式。

（三）景观生态学理论

德国地理植物学家特罗尔（C. Troll）于1938年首先提出景观生态学（landscape ecology）的概念，是运用生态系统原理和系统方法研究景观结构和功能、景观动态变化以及相互作用机理、空间格局、保护利用等的一门学科。在20世纪70年代资源、环境、人口、粮食问题爆发蔓延并成为全球性的问题后，生态系统思想在世界范围内得以广泛传播，促使了景观生态学理论的快速发展。在自然等级系统中，景观一般被认为是比生态系统高一级的层次，在景观这个层次上，生态学研究可以得到必要的综合和应用。[3] 即景观生态学是生态学的一个新分支，以景观作为特定的研究视角，研究某一地域内不同生态系统之间存在的景观空间结构的特征、相互影响、动态变化以及协调关系等，更多考虑的是人们视觉、美学等方面的感受。

（四）城市生态学理论

城市生态学是以生态学的概念、理论和方法研究城市的结构、功能和动态调控的一门学科，既是一门重要的生态学分支学科，又是城市科学的一个重要分支学科。[4]

---

① Dale V. H., Brown S., Haeuber R. A., et al., "Ecological Principle and Guidelines for Managing the use of Land", *Ecological Applications*, Vol. 10, No. 3, 2000, pp. 639 – 670.

② Cuper us R., Kalsbeek M., Haes H. A., et al., "Preparation and Im-Plementation of Seven Ecological Compensation Plans for Dutch High-ways", *Environmental Management*, Vol. 29, No. 6, 2002, pp. 736 – 749.

③ 宇振荣：《景观生态学》，化学工业出版社2008年版，第5页。

④ 杨小波等：《城市生态学》，科学出版社2010年版，第2页。

国外早在20世纪初就开始了城市生态研究。20世纪70年代初，罗马俱乐部发表的第一篇研究报告——《增长的极限》，对世界工业化、城市化发展前景所做的估计，进一步激起了人们从生态学角度研究城市问题的兴趣。1971年联合国教科文组织（UNESCO）制订人和生物圈（MAB）研究计划，研究日益增长的人类活动对整个生物圈的影响以及世界各地可能发生的环境过程和环境压力，找出人类合理管理生物圈的途径和方法，提出了用人类生态学的理论和观点研究城市环境。此外，国际生态学会（INTECOL）于1974年在海牙召开的第一届国际生态学大会成立了“城市生态学”专业委员会，并组织出版了季刊《城市生态学》杂志。世界气象组织（WMO）、世界卫生组织（WHO）、国际城市环境研究所（IIUE）、国际景观生态学协会（IALE）、欧洲联盟（EU）、经济合作与发展组织（OECD）都开展了相关研究。1984年，联合国在其“人与生物圈”（MAB）报告中首次提出了生态城市规划的五项原则：（1）生态保护战略，包括自然保护、动植物区系保护、资源保护和污染防治；（2）生态基础设施，即自然景观和腹地对城市的持久支持能力；（3）居民的生活标准；（4）文化历史的保护；（5）将自然融入城市。另外在生态城市规划上，还应考虑四个基本问题，即人口问题、资源合理利用问题、经济发展问题和环境污染问题。①

我国城市生态研究相对较晚。1978年将城市生态环境问题研究正式列入我国科技长远发展计划，许多学科开始从不同研究领域研究城市生态环境，并对城市生态学理论进行了有益的探索。1981年我国著名生态学家马世骏教授结合中国实际情况，提出了以人类与环境关系为主导的社会—经济—自然复合生态系统思想，在近20年来已经渗透到各种规划和决策程序中，对城市生态环境研究起了极大的推动作用。王如松进一步在城市生态学领域发展了这种思想，提出城市生态系统的自然、社会、经济结构与生产、生活还原功能的结构体系，用生态系统优化原理、控制论方法和泛目标规划方法

① 郑斌：《中国城市群环境合作机制构建研究》，博士学位论文，中国海洋大学，2008年，第60—61页。

研究城市生态。从自然生态系统到城市复合生态系统的提出标志着我国城市生态学研究已进入蓬勃发展时期。2002年8月在深圳召开的第五届国际生态城市会议通过了《生态城市建设的深圳宣言》，提出了21世纪城市发展的目标、生态城市的建设原则、评价与管理方法，呼吁人们为推动城市生态建设采取切实行动，从而进一步推动了生态城市在全球范围内的建设实践。

到目前为止，城市生态学还没有形成统一的、较为成熟和完善的定义和理论体系，但有很多观点都是相同的，如1997年国家自然科学基金委员会的《生态学》中提出“城市生态学是以人类活动集中的区域——城市作为研究对象，探讨其结构与功能和调节控制的生态学机理和方法，并将其应用到城市规划、管理和建设中去，为城市环境、经济的持续发展和居民的生活质量的提高寻找对策和出路的科学”[①]，该定义较好地表达了学界对于城市生态学的基本观点。

城市生态学基本属于一门应用性学科，通过解释生态系统各成分间的关系来探索一条对人们最有利的城市生态系统的建设道路，最终目的是建设符合生态学原则的、适合人类生活的生态城市。城市生态学的研究可以分为：城市生态系统的结构、城市生态系统的功能、城市的生态规划及城市生态系统与周围农村生态系统间的关系，等等。城市生态学的贡献在于将生物学概念和自然生态系统的宏观思想运用于城市学，使得城市不再仅仅是没有生命的土石世界，或是由人类独享的空间。将自然环境纳为城市研究对象，使人们对城市研究的视野扩展到了整个生态系统之中。与城市生态学一脉相承，代谢理论和共生理论实际上是城市生态学更加具体的应用和实践。

城市生态学对城市群的研究有着重要的借鉴参考意义。首先，在城市生态系统的组成和结构方面，城市群发展应该参考城市生态学复合生态系统的观点，把自然生态系统、经济、社会等各城市组成要素综合起来看成一个有机的整体，并在这个有机整体的基础上

---

① 国家自然科学基金委员会：《生态学》，科学出版社1997年版，第28—34页。

进行低碳城市群的建设。其次，在城市生态系统的动力学机制方面，城市群发展应重视对城市生态系统各子系统之间的物质流动、能量流动和信息流动规律进行深入研究，掌握城市复合生态系统的运行规律，这样有利于城市资源能源的节约，避免资源能源的重复利用和浪费。最后，城市群发展必须注重对城市复合生态系统演变规律的把握，掌握城市复合生态系统发展变化规律和特征，以便对城市未来的发展变化趋势做出较为准确的预测，从而为低碳城市群建设做出长远的、科学的规划。

三　生态经济学相关理论

（一）生态经济学理论

生态经济学（ecological economics）是研究生态和经济复合系统的结构、功能和一般运动规律的一门学科，研究的是生态和经济复合系统的结构及矛盾和发展规律，是生态学和经济学相互结合的一个跨学科的门类。

面对当今世界人口不断膨胀，工业化和城市化快速推进，各类自然资源消耗日益加剧，一些区域生态环境持续恶化的状况，生态系统也改变了以往那种相对静止、平衡的状态而进入一种动态、非平衡的阶段，为解决由人类施加并导致自然环境的不可持续性和其他生态环境与经济发展重大问题，生态经济学应运而生并成为一门跨自然科学和社会科学的交叉学科。该学科的首次提出者是 20 世纪 20 年代美国的科学家麦肯齐，此后，各类研究生态经济问题的著作也相继出现。60 年代后期，两位美国经济学家尼斯和博尔丁正式提出并给出了“生态经济学”明确的概念。60 年代末到 70 年代末，生态经济学对生态平衡以及如何解决“人类困境”进行了重点研究；80 年代和 90 年代逐步转向研究生态经济学和环境容量资源承载力之间的关系；90 年代至今所关注的焦点扩展到生态和经济价值理论研究，这一结果标志着“真正意义”上的生态经济学理论的开端。生态经济学使人类面临日益稀缺的自然资源的刚性约束下，在承担保护自然环境，实现社会和经济良性循环和持续、协调发展的责任方面具有独特的优势。

Costanza 在 1898 年提出“生态经济学是全面科学地研究生态系

统和经济系统之间的关系的一门学科，这些关系表现为当今人类面临的许多重大而迫切问题（如可持续发展、酸雨、全球变暖、物种灭绝等）。生态经济学研究的内容包括经济活动对环境的影响以及生态系统和经济系统之间的联系两个方面”。生态经济学所研究的根本问题是生态与经济两个系统直接的关系，将经济系统与生态系统结合起来进行对比研究。生态经济学理论最为核心的内容是研究人类的各类经济活动如何与其所处自然环境保持一种良好和谐稳定的关系，专注于行为内在价值而不是偏好于制度价值，目的是揭示生态经济活动存在的一系列客观规律，强调学习和应用的经济活动通过生态原理描述不同类型的生态系统服务的经济价值，促使生态环境问题通过经济化的手段予以解决，追求经济活动与生态环境的良性平衡和可持续发展。生态经济学认为，所有人类的经济活动都是在经济系统、社会系统和生态系统三个系统所构成的复合系统中开展的，可以把这个复合系统当作人们经济活动的一个重要承载力量，它既指导了关系到区域发展的宏观战略决策，又引导了区域内微观的生产和消费行为。从本质上看生态经济学是一种以人为本的人本主义经济学，其他的基本范畴涵盖产业、消费、效益、经济制度、生产力、价值及评价方法、生态经济系统、资源配置和调控、运行机制、协调发展理论等。①

（二）可持续发展理论

可持续发展（sustainable development）观点的产生是基于对传统发展模式反思形成的。工业革命以来，科学技术不断发展，人类的能力得到迅速提升，在改造自然方面取得了巨大的成就。如在宏观领域，人类制造的宇宙探测器已经飞出了太阳系；在微观领域，人们对核能的研究不断取得新成果，并把成果应用于解决能源问题。因此人们相信只要按这样的发展道路走下去，我们的生活就会越来越美好，我们的前途就会越来越光明。然而事实并非如此。自20世纪六七十年代以来，各种生态环境问题开始促使人类对自身所取得的进步产生疑虑，并对近代工业文明的发展模式产生怀疑，于

---

① 姜仁良：《低碳经济视域下天津城市生态环境治理路径研究》，博士学位论文，中国地质大学，2012年，第34—36页。

是开始不断对过去走过的发展道路重新进行评价和反思。人类逐渐发现自身选择道路和传统社会发展模式存在的问题，发展经济不再是唯一目的，进而促使我们在世界观、价值观、发展方式和模式等方面进行更广泛、更深刻的变革，寻求一种可持续发展的道路。因此对传统发展模式的评价与反思就成为孕育可持续发展观念和理论的基础。可见，可持续发展理论是基于经济发展对于生态问题的反思，在某种程度上讲属于生态经济学相关的理论。

传统发展模式是一种不可持续的发展道路，原因在于通过这种发展模式所取得的经济增长无一不是以人类生存环境的毁灭为前提和代价的。具体表现为：（1）以自然资源的低效利用实现经济的增长。在传统经济活动中，人们只关注经济效益，不关心资源是否得到合理利用，只追求获取更多的经济价值，却不关心被消耗掉的自然资源的价值。这是因为在传统的发展观念中，自然资源作为一种公共物品，是没有价值的，这就是前面分析的“公有地悲剧”。在这种观念的影响下，传统发展模式不仅没有形成一种鼓励人们节约利用资源的经济机制，反而还不断激励着人们掠夺自然资源的行为。因此必须变革传统发展模式的经济机制才能实现可持续发展。（2）以环境污染为代价实现经济增长。传统的发展观没有认识到环境自我恢复能力的阈值，认为环境具有无限自净能力。因此，在传统的发展模式下也没有形成一种有效的、能够限制污染和破坏环境行为的经济机制，也没有形成一种鼓励人们开发对环境污染少的技术的经济机制。

当代发生的各种危机，追根溯源是由人类自己造成的。传统的西方工业文明已经被证明是一种以自我毁灭为代价换取经济增长的道路。正是在这种背景下，人类选择了可持续发展的道路。可持续发展的目的是使人类和社会具有可持续发展理念能力，使人类在地球上世世代代能够生活下去，人与环境和谐相处。在可持续发展理念的历程上，有三次重要会议及三份重要报告影响着可持续发展理论的成熟与完善。

1. 可持续发展的三次重要国际会议[①]

联合国人类环境会议、联合国环境与发展会议和可持续发展世

① 《可持续发展的研究历程》，2003 年 3 月 19 日，中国网（http://www.china.com.cn/chinese/zhuanti/295930.htm）。

界首脑会议这三次联合国会议被认为是国际可持续发展进程中具有里程碑性质的重要会议（表2—1）。

表2—1　　关于可持续发展的三次重要国际会议

会议名称	召开时间	召开地点	参会国家	会议成果
联合国人类环境会议（United Nations Conference on the Human Environment）	1972年6月5—16日	瑞典斯德哥尔摩	113个国家派团参加	(1)《关于人类环境的斯德哥尔摩宣言》（*The Stockholm Declaration on Human Environment*） (2)《人类环境行动计划》（*Action Plan for Human Environment*）
联合国环境与发展会议（United Nations Conference on Environment and Development）	1992年6月3—14日	巴西里约热内卢	178个国家派团参加了这次会议，其中103个国家元首或政府首脑参加了这次会议	(1)《关于环境与发展的里约热内卢宣言》（*The Rio Declaration on Environment and Development*） (2)《21世纪议程》（*Agenda 21*） (3)《联合国气候变化框架公约》（*The United Nations Framework Convention on Climate Change*） (4)《联合国生物多样性公约》（*The United Nations Convention on Biological Diversity*） (5)《关于所有类型森林的管理、养护和可持续开发的无法律约束力的全球协商一致意见的原则声明》（*Non-legally Binding Authoritative Statement of Principles for a Global Consensus on the Management, Conservation and Sustainable Development of All Types of Forests*）

续表

会议名称	召开时间	召开地点	参会国家	会议成果
可持续发展世界首脑会议 (World Summit on Sustainable Development)	2002年8月26—9月4日	南非约翰内斯堡	191个国家派团参加了这次会议，其中104个国家元首或政府首脑参加了这次会议	(1)《关于可持续发展的约翰内斯堡宣言》(*The Johannesburg Declaration on Sustainable Development*) (2)《可持续发展世界首脑会议实施计划》(*Plan of Implementation of the World Summit on Sustainable development*)

资料来源：笔者根据中国网2003年3月19日《可持续发展的研究历程》(中国科学院可持续发展战略研究组撰写) 整理 (http://www.china.com.cn/chinese/zhuanti/295930.htm)。

(1) 联合国人类环境会议。于1972年在瑞典斯德哥尔摩由联合国主持召开。召开的背景是当时人类面临着环境日益恶化、贫困日益加剧等一系列突出问题，国际社会迫切需要共同采取一些行动来解决这些问题。通过广泛的讨论会议通过了重要文件——《人类环境行动计划》。之后联合国根据需要迅速成立了联合国环境规划署 (United Nations Environment Programme)。

(2) 联合国环境与发展会议。于1992年由联合国在巴西召开。这次会议是根据当时的环境与发展形势需要，同时为了纪念联合国人类环境会议20周年。会议通过了《21世纪议程》等重要文件。在这次会议之后联合国根据形势需要成立了联合国可持续发展委员会 (Commission on Sustainable Development)。

(3) 可持续发展世界首脑会议。于2002年在南非召开。会议的目的在于一方面回顾《21世纪议程》的执行情况、取得的进展和存在的问题，另一方面制订一项新的可持续发展行动计划，同时也是为了纪念联合国环境与发展会议召开10周年。会议通过了《可持续发展世界首脑会议实施计划》这一重要文件。

2. 关于可持续发展的三份重要报告①

《增长的极限》《世界保护策略》和《我们共同的未来》被认为是可持续理念发展历程上最具有影响力的三份报告（表2—2）。

表2—2　　关于可持续发展的三份重要报告

报告名称	发表时间	发表单位	报告意义
《增长的极限》(*The Limits to Growth*)	1972年	罗马俱乐部(The Club of Rome)	该报告唤起了人类对环境与发展问题的极大关注，并引起了国际社会的广泛讨论。这些讨论是围绕着这份报告中提出的观点展开的，即经济的不断增长是否会不可避免地导致全球性的环境退化和社会解体。到20世纪70年代后期，经过进一步广泛的讨论，人们基本上达到了一个比较一致的结论，即经济发展可以不断地持续下去，但必须对发展加以调整，即必须考虑发展对自然资源的最终依赖性
《世界保护策略》副标题：可持续发展的生命资源保护（*Living Resources Conservation for Sustainable Development*）	1980年	国际自然保护联盟(International Union for Conservation of Nature and Natural Resources)牵头，与联合国环境规划署以及世界野生基金会（World Wild life Fund）等国际组织一起	虽然《世界保护策略》以可持续发展为目标，围绕保护与发展做了大量的研究和讨论，且反复用到可持续发展这个概念，但它并没有明确给出可持续发展的定义。尽管如此，人们一般认为可持续发展概念的发端源于此报告，且此报告初步给出了可持续发展概念的轮廓或内涵

① 《可持续发展的研究历程》，2003年3月19日，中国网（http://www.china.com.cn/chinese/zhuanti/295930.htm）。

续表

报告名称	发表时间	发表单位	报告意义
《我们共同的未来》(*Our Common Future*)	1987 年	世界环境与发展委员会（World Commission on Environment and Development）	该报告提出了“从一个地球走向一个世界”的总观点，第一次明确给出了可持续发展的定义。 该报告认为可持续发展涉及两个重要的概念：一个是“需求”的概念，可持续发展应当特别优先考虑世界上穷人的需求；另一个是技术和社会组织水平对人们满足需求的环境能力的制约。该报告同时指出，世界各国的经济和社会发展目标必须根据可持续性原则加以确定，解释可以不一样，但必须有一些共同的特点，必须从可持续发展概念上和实现可持续发展战略上的共同认识出发

资料来源：笔者根据中国网 2003 年 3 月 19 日《可持续发展的研究历程》（中国科学院可持续发展战略研究组撰写）整理，http：//www. china. com. cn/chinese/zhuanti/295930. htm。

（1）1972 年罗马俱乐部（The Club of Rome）发表了《增长的极限》（*the Limit to Growth*）这一重要报告。《增长的极限》是罗马俱乐部于 1968 年成立后提出的第一个研究报告，1972 年这一报告公开发表后迅速传播到世界各地，并引起了国际社会极大关注和广泛讨论。这些讨论是围绕着报告中提出的观点展开的，即经济的不断增长是否会不可避免地导致全球性的环境退化和社会解体。经过不断深入的认识和讨论，人们基本上达成了一个共识，即经济发展可以不断地持续，但必须对发展模式加以调整，即必须考虑发展对自然资源的最终依赖性。

（2）国际自然保护联盟（International Union for the Conservation

of Nature and Natural Resources）与联合国环境规划署以及世界野生基金会（World Wild Life Fund）国际组织于1980年发表了《世界保护策略》这份重要报告，并为这一报告加了一个副标题：可持续发展的生命资源保护（Living Resource Conservation for Sustainable Dvelopment）。该报告有三个明确的目的：一是解释生命资源保护对人类生存与可持续发展的作用；二是确定优先保护的问题及处理这些问题的要求；三是提出达到这些目的的有效方式。该报告分析了资源和环境保护与可持续发展之间的关系，对比了发展和保护的目的，指出前者是为人类提供社会和经济福利，后者是要保证地球具有使发展得以持续和支撑所有生命的能力，二者相互依存。虽然《世界保护策略》以推行可持续发展理念为目标，围绕保护与发展做了大量的研究和讨论，且反复用到可持续发展这个概念，但它并没有明确给出可持续发展的定义。尽管如此，人们一般认为可持续发展概念的发端源于此报告，且此报告初步给出了可持续发展概念的轮廓或内涵。

（3）世界环境与发展委员会（World Commission on Environment and Development）于1987年发表了《我们共同的未来》（*Our Common Future*）这份重要的报告。

1983年12月，联合国秘书长任命GroHarlem Brundtland为主席，成立了包括马世骏先生在内的由22人组成的世界环境与发展委员会。该委员会的任务是要制定一个“全球革新议程”（Global Agenda for Change），这个议程主要包括以下几个方面的内容：一是提出到2000年及以后实现可持续发展的长期环境对策；二是寻找一些可以形成发展中国家以及处于不同社会经济发展阶段的国家间的广泛合作的途径，并取得有关人口、资源、环境和发展相互关系的共同和互相支持的目标；三是探讨一些使国际社会能够更有效地处理环境事物的途径与措施；四是明确大家能一致认同并被大家广泛接受的长期环境问题及相应的保护环境有关措施。经过近四年的时间，该委员会完成了《我们共同的未来》这份重要的报告，该报告第一次明确给出了可持续发展的定义，即“可持续发展是既满足当代人的要求，又不对后代人满足其需求的能力构成危害的发展”。

提出了“从一个地球走向一个世界”的总观点，并从人口、资源、环境、食品安全、生态系统、物种、能源、工业、城市化、机制、法律、和平、安全与发展等方面比较系统地分析和研究了可持续发展问题的各个方面。

在我国，学者们从自身认识或研究的角度出发，对可持续发展提出了不同的理解。有的学者认为可持续发展就是经济的发展，但同时强调这种发展应保持在自然与生态的承载力范围内；有的学者从侧重自然环境和生态保护的角度出发，认为可持续发展就是自然资源及其开发利用之间的平衡；有的学者从减少污染的角度出发，认为可持续发展就是废物排放量的不断减少直到零排放；有的学者从宏观协调的角度出发，认为可持续发展是社会、经济与环境的协调发展等。由此可见，由于关注的角度不同，对可持续发展的理解也各不相同[①]。

总体而言，可持续发展的前提是增长有极限以及资源的有限性，其内涵包括[②]：第一，以人类与自然的和谐关系为前提条件，经济发展必须与资源环境的永续性利用和生态系统的承载力相适应。第二，可持续发展包括经济可持续性、社会可持续性和生态环境可持续性。第三，发展不仅要体现当代人之间的公平协调，也要考虑代际间的公平。

城市群生态发展的一个重要特征就是城市建设和资源环境的整体可持续发展，包含了上述可持续发展内涵，另外国内外的探索和实践表明区域的可持续发展要通过区域生态转型的途径来实现[③]，因此在生态视角下，可持续发展原理也是城市群研究的重要理论基础。

---

① 罗栋燊：《低碳城市建设若干问题研究》，博士学位论文，福建师范大学，2011年，第50页。

② 薛睿：《中国低碳经济发展的政策研究》，博士学位论文，中共中央党校，2011年，第22—23页。

③ 程春满、王如松、翟宝辉：《区域发展生态转型的理论与实践》，《城市发展研究》2006年第4期，第84页。

第二节 城市群空间组织研究综述

一 相关概念界定

（一）城市群与城市群系统

“系统”一词历史久远，其界定在学术领域也是各有侧重。20世纪30年代末，美籍奥地利生物学家贝塔朗菲发表了《一般系统论》，在此之后系统学迅速演变为一门新兴的科学，因此贝塔朗菲被誉为系统科学的创始人，他对系统的定义可以简单概括为“系统是处于相互作用中的要素的复合体”。美国著名系统学家戈登1978年提出系统是“相互作用、相互依靠的所有事物，按照某些规律结合起来的综合”①。我国科学家钱学森则认为是“由相互作用和相互依赖的若干组成部分结合而成的具有特定功能的有机整体”。虽然其定义各不相同，但在一些基本特性方面达成了共识：（1）多元性。系统构成的基本单位是要素，系统的构成必须包含两个或以上的要素，多元性是系统存在的前提条件和基本特性。（2）相关性。构成系统的各要素之间必定存在一定的关联，各个要素通过这种关联关系构成一个整体，决定了系统的要素具有相关性。（3）整体性。系统是由相互作用的要素形成的一个整体，这个整体单元能够与外界交流、自我运行、演化和延续。而且要素所构成的整体能够衍生（涌现）出各要素单独不具有的新的整体功能，这就是整体性产生的涌现性。

自18世纪产业革命以来，随着社会生产力的极大发展，世界范围内的城市化不仅在时间上呈现加速发展的态势，而且在空间上越来越明显地表现出城市区域化和区域城市化的特点。② 特别是“二战”后，发达国家和发展中国家的一些区域先后出现了高度密集而又有着密切联系的、具有一定数量的城市集聚体（Urban Agglomera-

① 钟永光、贾小菁、李旭等：《系统动力学》，科学出版社2009年版，第2页。

② 李学鑫：《基于专业化与多样性分工的城市群经济研究》，博士学位论文，河南大学，2007年，第3—9页。

tions)，国内一些学者称之为城市群。[①] 这些城市群不仅是其所在区域经济发展的重要支撑点，而且也是全球经济体系的重要节点区域，城市群已经成为目前国内外学术界研究的重要对象。[②] 近年来随着中国城市化的发展与实践的不断深入，国内陆续出现了众多与城市群相关的概念，如大城市连绵区、都市连绵区、大都市连绵带、大都市区、都市圈、大都市圈、城镇群体、城镇集聚区、城镇密集区、大城市地区、城市经济区、城市协作区、城市联盟、都会经济区、大城市走廊、巨型城市走廊等，相关概念的使用达到20个左右。[③] 但笔者认为，城市群这一概念不仅可以涵盖不同形态的城市群体，也可以包含区域城市群体的不同成长阶段，因此城市群是一个在时空上具有较大适应性和应用广度的概念[④]（图2—1），本书的研究即基于此种广义的城市群概念。

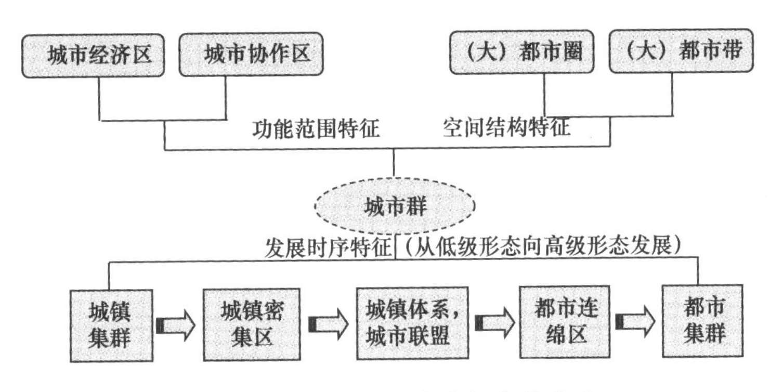

图2—1 城市群与其相关概念的关系

资料来源：笔者自绘。

城市群这个概念包含了以下含义：（1）城市群是城市化发展到一定阶段出现的城市之间联系密切、在地理空间上有连绵成片趋势

---

① 李学鑫：《基于专业化与多样性分工的城市群经济研究》，博士学位论文，河南大学，2007年，第3—9页。

② 同上。

③ 陈美玲：《城市群相关概念的研究探讨》，《城市发展研究》2011年第3期，中彩页第7—8页。

④ 同上。

的城市群体（城镇群体）[①]；（2）城市群具有复杂的构成要素，是一个复杂巨系统；（3）城市群是一个开放系统，需要不断从外界获取物质和能量，自然生态环境是其发展的基本支撑本底；（4）城市群是一个整体系统，组成城市群的各城市之间有着相互密切的联系，不仅在地理空间上有成片连续之状，在社会经济方面更有着密切的相互作用，这些相关性使其作为一个整体发挥作用。因此，城市群具有系统的特征，可以称之为"城市群系统"[②]。

（二）城市群空间结构与城市群空间组织

系统论认为，"结构是指系统内部各个组成要素之间的相对稳定的联系方式、组织秩序及其时空关系的内在表现形式"。城市群空间结构可以理解为城市群的经济结构、社会结构、文化结构与区域自然结构之间相互交织并在空间地域上的投影，是城市群功能组织方式在空间上的具体表现，也是城市群发展程度、阶段与过程的空间反映[③]，更是城市群功能组织关系的体现。可见，城市群空间结构就是城市群内各城市在一定地域范围内的空间组织关系和组织形式。

城市群的空间组织则是指城市群空间结构及其在时间上的演化过程。基于此，以及本书类生态系统的研究视角，本书对城市群的空间组织从两方面着手：在城市群系统的空间组织机制（内部运行机制）上研究城市群子系统构成（在本书主要指城市群的社会经济系统和自然生态系统）之间的相互关系和作用（即系统互馈），在空间组织过程（整体发展机制）上研究城市群整体空间的演替（图2—2）。

二　国外研究综述

在对城市群空间结构和组织的认识和解释中，国外学者经历了一个与城市群空间发展阶段相适应的认识和理论构建过程。学术界一般认为该研究始于1933年德国地理学家克里斯泰勒提出的中心地理论，其中

① 本书"城市群"与"城镇群"概念可通用。

② 陈美玲：《城市群相关概念的研究探讨》，《城市发展研究》2011年第3期，中彩页第7—8页。

③ 薛东前、孙建平：《城市群体结构及其演进》，《人文地理》2003年第8期，第25—27页。

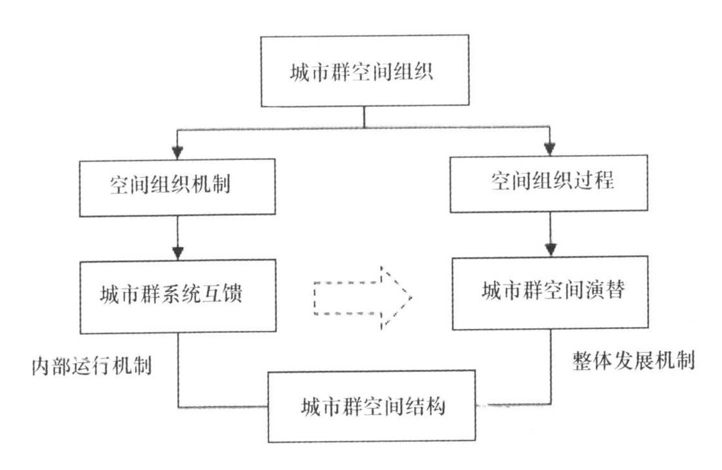

图 2—2 生态视角下的城市群空间组织框架

资料来源：笔者自绘。

提出的著名观点是城市群空间分布是规则的六边形结构，其背后是城市等级和行政、交通、市场等因素的划分原则。在这之后，1950 年邓肯（O. Duncan）首次提出“城市体系”概念[①]，城市群空间理论也逐渐得到发展。1950 年法国佩鲁（F. Perroux）的“增长极理论”，被认为是城市群区域空间优先发展的原理解释。1957 年美国的乌尔曼（E. L. Ullman）提出的空间相互作用理论，在思路和理念上深刻影响了城市群内外空间相互作用机制的研究。1957 年法国地理学者戈特曼（J. Gottmann）经过考察北美城市化后发表了论文《大都市带：东北海岸的城市化》[②]，在此文中提出了一个具有里程碑式的城市群体概念 Megalopolis[③]，因此被认为是城市群研究的开拓者[④]。Megalopolis 在我国一般翻译为“（大）城市带”或“都市带”。他的观点具有广泛的认可度，对城市群空间研究的意义深远。1968 年瑞典学者哈

---

① 在 1950 年邓肯（O. Duncan）的《大都市与区域》一书中。

② 原题为：*Megalopolis: the Urbanization of the Northeastern Seaboard of the United States*。

③ Megalopolis 是具有划时代意义的城市群体概念，它所指的并不是简单的一个城市或者大都市，而是一个地域广泛，存在几个大都市组合的城市化区域整体（以其人口≥25 万和≥230 人/平方公里为标准）。

④ J. Gottmann, “Megalopolis: or the Urbanization of the Northeasters Seaboard”, *Economic Geography*, Vol. 33, 1957, pp. 189 - 200.

格斯特朗（T. Hagerstrand）通过揭示多种形式的空间扩散现象提出了现代空间扩散理论，促进了城市群空间演化的研究。

关于城市群形成演化模式，戈特曼通过分析美国东北海岸城市群形成过程，将其分为四个阶段。英国科学家弗里德曼（J. Friedman）结合罗斯托（W. Rostow）经济发展阶段理论、佩鲁增长极理论，建立了与技术进步关系密切的空间组织演化模型，认为区域经济增长在空间结构演进过程中并存着两类矛盾作用，即极化效应和扩散效应，极化效应是区域经济从孤立的、分散的阶段转向聚集、失衡阶段；扩散效应是集聚逐渐推进到整个区域，这两种效应使得经济不断扩张，产业空间转向多元化和复杂化。他还将城市群的发展过程划分为四个阶段①（图 2—3）。笔者认为这四个阶段与前述

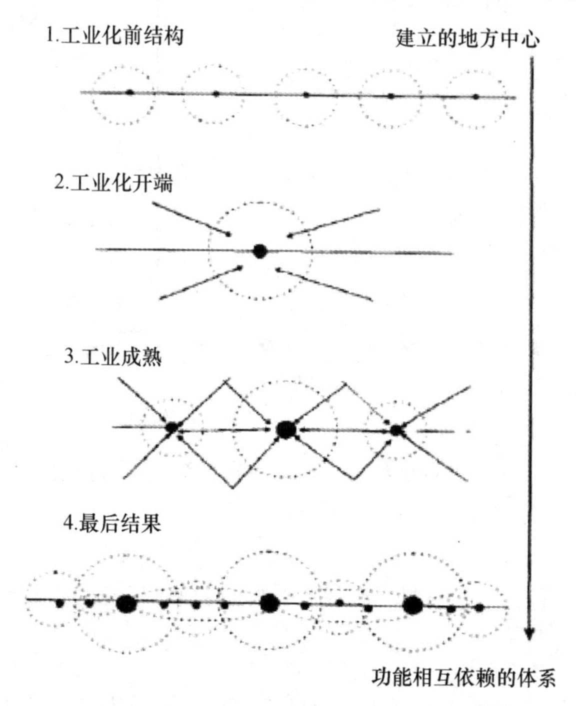

图 2—3　弗里德曼的城市群空间演化模型

资料来源：J. Friedmann，1966。

① J. Friedmann, *Urbanization, Planning and National Development*, London: Sage Publication, 1973.

区域经济空间结构理论的几种模式其实是有对应关系的（图 2—4）。关于城市群演化的动力，国外学者认为是基于集聚与分工基础上的知识溢出和创新，解释的理论包括波特的协调竞争力理论、熊彼特的区域创新系统等。[①] 20 世纪 70 年代后，随着认识的逐渐深入，学界对城市群空间演化的研究走向深化和丰富。[②]

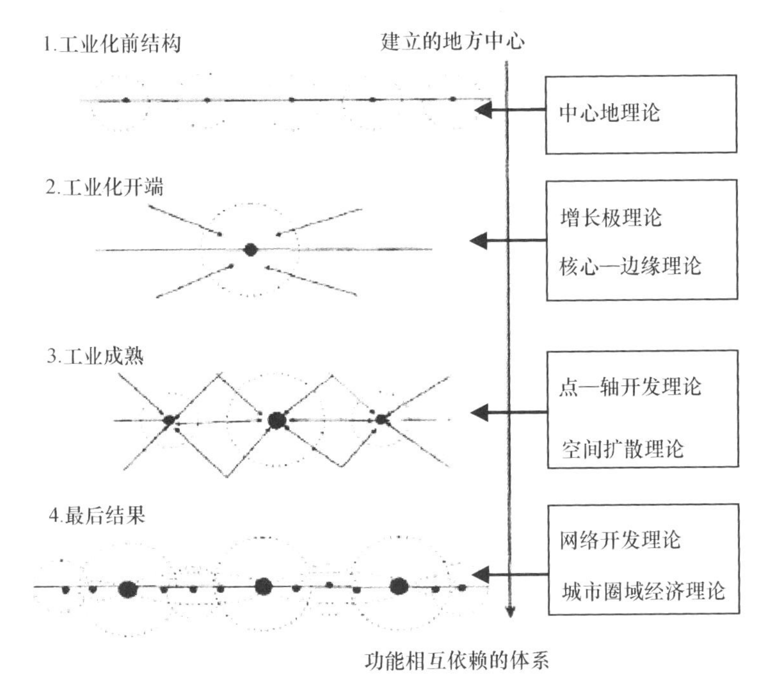

图 2—4　区域空间结构各理论与城市群演化各阶段的对应关系

资料来源：笔者根据 J. Friedmann（1966）修改。

关于城市群的空间规划。结合城市群的发展历程来看，其研究

---

① 马远军、张小林：《城市群竞争与共生的时空机理分析》，《长江流域资源与环境》2008 年第 1 期，第 17—21 页。

② 例如 1971 年库默斯（I. B. F. Kormoss）和霍尔（P. Hall）分别对西北欧城市群和英格兰大都市带进行了实证研究。1977 年哈格特（P. Haggett）和克里夫（A. D. Cliff）提出区域城市群空间演化过程模式，从 6 个维度对城镇群演化的过程进行了论证：相互作用（interaction）、网络（networks）、节点（nodes）、等级（hierarchies）、表面（surfaces）、扩散（diffusion）。

思想源于城市规划学对城市发展空间结构的研究，且主要来源于为防止城市过度扩张带来城市问题而倡导的“分散”发展思想。

从19世纪下半叶至“二战”结束，开辟了早期城市区域研究的视野，提出了“城市区域”的概念，对城市区域的空间形态、城镇空间分布规律进行了开拓性研究，探讨了借助区域规划调控发展的方法和“田园城市”“有机疏散”“卫星城”等区域规划理论。

1898年英国的霍华德针对工业化时代英国城市的贫穷、混乱、污染和疾病流行的现实，满怀着社会责任感，提出了“田园城市”概念并且沿用至今（图2—5）。他认为理想的城乡结构，就是让城市的现代文明及经济活力涌向农村，让农村的田园风光

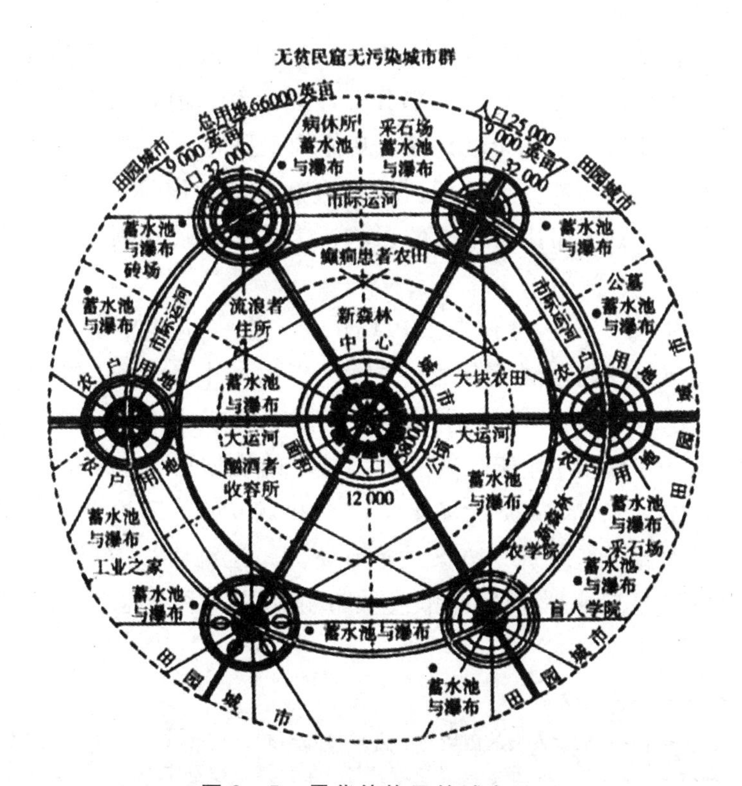

图2—5 霍华德构思的城市组群

资料来源：转引自沈玉麟《外国城市建设史》，中国建筑工业出版社1989年版。

在城市驻足[①]，田园城市应实现以下六大空间目标：（1）城市控制在一定的规模，对建城区用地扩张进行限制。（2）几个田园城市围绕一个中心组成系统，保持整体的有机性。（3）用绿带和其他开敞地将居住区隔开。（4）合理的居住、工作、基础设施功能布局，就近就业。（5）各功能间有良好的交通连接。（6）市民们可以便捷地接触自然景观。由此可见，田园城市思想是城市群生态发展的滥觞。

田园城市对城市规划和区域规划理念的影响十分深远。“二战”以后在霍华德田园城市概念的影响下，英国兴起了新城运动，在全国共建设了38座新城，新城人口从刚开始的5万发展到后来的10万，并经历了三个发展阶段：第一阶段是卧城（Sleeping City），只是那些白天在城市工作者的住宿地，功能十分单一，城市与卫星镇之间的“钟摆式”交通现象十分严重。第二阶段是半独立功能的新区，除了居住活动外，有了一部分工商业活动，但是没有功能完整的混合工商业区。第三阶段是独立功能的卫星城，人口在10万—20万甚至更大规模，能为城市居民提供大部分就业岗位。英国的新城运动给世界规划界带来了巨大的影响，为城市发展拓展空间提供了典型的范例。

20世纪初，英国格迪斯（P. Geddes）在《进化中的城市》一书中开先河地使用区域综合规划方法，提出城市各个阶段的演进形态。[②] 恩文（R. Unwin）将这种集合城市发展成为“卫星城”理论（图2—6）并具体应用于伦敦这种大城市的规划指引中。1918年芬兰的沙里宁（E. Saarinen）提出了“有机疏散”[③] 理论，并以此为指导做了大赫尔辛基规划方案。笔者认为，这种将城市作为有机体的生态思想是后来学者将城市或城市群作为一种生态系统的理论起源。

---

① 仇保兴：《小城镇发展的困境与出路》，《城乡建设》2006年第1期，第8页。

② 即城市地区、集合城市和世界城市。其中集合城市被看作一个大城市有一个卫星城。

③ 沙里宁在《城市：它的发展、衰败和未来》一书中指出，城市是有机体，城市群的发展应从变化无序转向有序疏散。

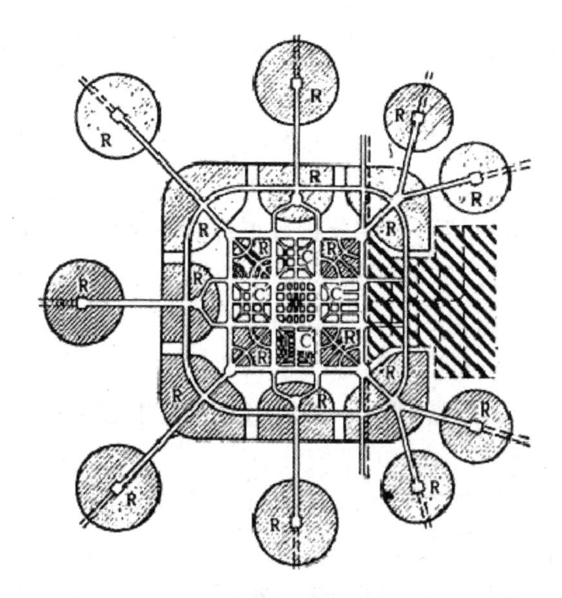

图 2—6　恩文卫星城市示意图

资料来源：转引自沈玉麟《外国城市建设史》，中国建筑工业出版社 1989 年版。

从那时起，城市群体的规划在一些如伦敦和巴黎等发展较快的大城市的规划中得到了很好的运用，城市群研究变得越来越重要。出现了包括前面介绍的克里斯泰勒的中心地理论，还有后来的齐夫法则①。1985 年麦克尔劳林（J. B. Mcloughlin）指出城市群应当通过理性规划的约束达到空间持续平衡发展。1986 年约翰·弗里德曼（J. Friedmann）提出了世界城市理论。② 除了针对西方发达国家城市群的研究外，1991 年加拿大学者麦吉（T. G. McGee）提出了“城乡融合区”（Desakota）的概念。③ 1996 年帕佩约阿鲁（J. G. Papaioannou）通过对全球城市系统网络化发展模式的展示，加深了城市群发展的预期。

近期，在全球化和网络化背景下，国外学者对城市群的研究开始从建成区空间的角度转变为对自然资源最大限度的集约利用，研

① 1939 年杰弗逊（M. Jefferson）和 1942 年齐夫（G. K. Zipf）对城市群规模分布进行了深入探讨，后者将万有引力定律引入城市群空间分析，并建立了著名的齐夫法则。

② World City Theory，或称为全球城市理论（Global City Theory）。

③ McGee，T. G.，*The emergence of desakota regions in Asia*：*Expanding a hypothesis*，Honolulu：University of Hawaii Press，1991.

究范围也逐渐从某个地区、某个国家转变为地区之间、国家之间以及全球视域，学界普遍认为城市群处在全球产业网络之中，城市通过基于全球分工的经济链和产业链相互发生作用和联系，而不再局限于某一区域。在这种背景下，流的空间（space of flow）和城市网络（city networks）成为新的分析城市群空间结构和空间组织的合适视角。[①] 同时，信息、科技技术影响深远，关于城市群体空间分析的技术手段应用明显，GIS 和 RS 技术被广泛用于规划空间扩展分析，多涉及城市空间扩展的过程和驱动机制。这时期理论创新体现为多学科的融合，系统理论、自组织理论、生态学理论等理论逐步被引入对城市群空间组织的系统分析中。

综上，国外学者对于城市群空间组织的理论与实证研究，其研究重点经历了从静态到动态，从城市本身（田园城市、集合城市、都市区）到城市集群（大都市带、都市圈、都市区）的转化，已经形成了一个多视角、多层次、多尺度，理论与实证、定性与定量相结合的研究体系。可以说，国外学者对城市群的研究已相对成熟。这个漫长的研究过程既伴随着城市地域空间的不断扩展，又伴随着城市化水平的不断提高，符合城市发展的一般规律，可以为国内探索新形势下城市群的发展带来有益的启示。

三　国内研究综述

（一）关于城市群的空间组织、结构及其演化等

国内对城市群的研究相比国外要晚一些，始于 20 世纪 80 年代中后期。戈特曼的大都市带理论在 1983 年被我国学者于洪俊、宁越敏以“巨大都市带”的观点首次引入，一般认为国内研究开始于此。此后很多学者开始借鉴国外城市群的发展思想来研究国内区域城市化问题，并提出了一些具有中国特色的城市群概念[②]，国内以

① 刘青：《基于区域创新体系的珠江三角洲区域城镇化空间研究》，博士学位论文，北京大学，2012 年，第 8 页。

② 如周一星提出了都市连绵区（Metropolitan Inter-locking Region，MIR）的概念，崔功豪等根据城市群发展的不同阶段与水平将城市群结构划分为 3 种类型：城市区域（City Region）、城市群组（Metropolitan Complex）和巨大都市带（Metropolis）。

城市群为集大成研究的著作《中国城市群》对城市群（Urban Agglomerations）这一概念做出了明确的界定。[①] 姚士谋侧重研究城市群体之间联系与作用的特征、机制，这也体现在其1998年的著作《中国大都市的空间扩展》中。[②] 20世纪90年代后，随着我国城市群的逐渐发展和雏形初现，关于城市群空间结构的实证研究逐渐多起来，并在研究方法上进行了各种有益的探索，开始引入系统学和数学的研究方法，例如引入动力模型、断裂点模型、网络拓扑法和分形法等，并结合实际案例进行了实证探索。

我国学者认为城市群的形成过程即是城市空间的扩展过程，关于城市群的演替过程，赵永革提出六个演化阶段。[③] 王兴平提出"一般城市—都市区—城市密集区—城市群—大都市区—都市连绵区—都市带"的区域空间演化序列。[④] 刘荣增则建构了城镇密集区发展阶段判定的指标体系，将城镇密集区划分为相对成熟阶段、过渡发展阶段、初级发展阶段，并对我国几个城镇密集区进行了判定。[⑤]

关于城市群形成演化的模式，中国学者邢怀滨等通过研究提出了城市演化的理论可以用点轴开发的网络扩散模型[⑥]，即城市群在位置、

---

① 即在特定的地域范围内具有相当数量的不同性质、类型和等级规模的城市，依托一定的自然环境条件，以一个或两个超大或特大城市作为地区经济的核心，借助于现代化的交通工具和综合运输网的通达性，以及高度发达的信息网络，发生与发展着城市个体之间的内在联系，共同构成一个相对完整的城市"综合体"；姚士谋、朱英明、陈振光：《中国城市群》，中国科学技术大学出版社1992年版。在第二版对城市群发展演变规律进一步进行探索基础上，第三版结合21世纪中国城市和城市群发展的新趋势，对城市群的发展特征和发展模式进行了探讨，指出中国城市群在21世纪后将出现的四种类型的发展模式，分别是：高度集中型、双核心型、适当分散发展型、交通走廊轴线型。

② 陈群元：《城市群协调发展研究》，博士学位论文，东北师范大学，2009年，第8—9页。

③ 张京祥：《城镇群体空间组合》，东南大学出版社2000年版，第71—72页；六个演化阶段即可分为多中心孤立集聚、多中心郊区化扩展和乡村非农化发展、多中心强联系导致MIR形成、MIR扩展、两个或两个以上的大都市带或MIR聚合形成MIR联合体、国际性巨大MIR联合体的形成等。赵永革：《论中国都市连绵区的形成、发展及意义》，《地理学与国土研究》1995年第1期，第15—22页。

④ 王兴平：《都市区化：中国城市化的新阶段》，《城市规划汇刊》2002年第4期，第56—59页。

⑤ 刘荣增：《城镇密集区发展演化机制与整合》，经济科学出版社2003年版。

⑥ 邢怀滨等：《城市群的演进及其特征分析》，《哈尔滨工业大学学报》（社会科学版）2001年第4期。

大小、产业具有先发优势的城市经常成为该区域经济发展的增长极，辐射到整个城市群，一开始总是在一定的方向，特别是沿交通线成为轴形成点轴开发模式，轴线一旦形成，对人口、产业将产生强大的吸引力，聚集到轴线的两侧，点轴联通，形成点轴系统，进一步向网络扩散方向发展，形成现代城市群空间结构。张京祥认为城市群的空间演变为社会、经济和空间结构演变的自组织过程和复合过程，提出了有序竞争优势规律、社会发展规律、城市和农村协调规律和开闭的空间优化组合规律，以及城市群空间发展组织控制模式。[①]

关于城市群演化的动力，马远军等认为城市间竞合作用是城市群发展的原动力。[②] 叶玉瑶将城市空间演化分为三类：自然增长，市场力量和政府力量。[③] 认为经济活动或产业是城市群空间扩展的决定性因素的则有薛东前等、侯晓虹；[④] 认为信息革命是主要动力的有姚士谋、谢守红等；[⑤] 认为影响因素较多的有朱英明，他提出集聚与扩散仍将是中国的城市群区域构造演化的重要动力机制。

总之，对区域空间结构城市群演化的研究，目的在于对城市群空间发展的一些特点进行把握，从而对城市群发展的现状特征进行描述，并对其未来发展前景进行有利于其可持续发展的引导和安排。

（二）关于城市群空间规划

张勤提出应用全球化视野研究城市化过程和城市体系，并指出

---

① 张京祥：《城镇群体空间组合》，东南大学出版社2000年版，第71—72页。

② 马远军、张小林：《城市群竞争与共生的时空机理分析》，《长江流域资源与环境》2008年第1期，第10—15页。

③ 叶玉瑶：《城市群空间演化动力机制初探——以珠江三角洲城市群为例》，《城市规划》2006年第1期，第61—66页。

④ 薛东前、王传胜：《城市群演化的空间过程及土地利用优化配置》，《地理科学进展》2002年第2期，第95—102页；侯晓虹：《福厦城市群体的发展与空间结构》，《经济地理》1992年第3期，第72—77页；文中认为早期造成的城市形态动态演变或加快城市土地扩张过程中的动力来自社会和经济的干扰力，包括基本建设投资区域分布差异和产业发展，后者是城市空间结构演化的基本动力。

⑤ 姚士谋在信息化的角度下研究了城市群发展，指出信息革命在区域城市群扩张中的效应包括：协同效应、替代效应、衍生效应和增强效应，并进一步探讨如何通过信息技术来提高多元化城市群空间的竞争力；谢守红：《大都市区空间组织的形成演变研究》，博士学位论文，华东师范大学，2003年；文中提出在信息技术的作用下城市空间发展是趋于分散的，但不是激进主义者所说的信息网络将取代地理空间而导致城市空间的消亡。

我国的研究重点可以放在揭示国家城市体系是如何通过全球过程而重组、全球化过程对大城市社会结构的影响以及中国城市如何参与全球城市体系重建等几个方面。从城镇体系规划理论方法角度研究全球视角下城市群体发展问题，前瞻性地指出了城市群体发展思路。[①] 谷海洪运用公共政策分析的方法，重点从区域规划多元的政策主体之间关系构建着手，通过国外比较研究，借鉴欧美国家的成熟经验，利用政策分析的工具，力图给出城市区域规划的制定机制、实施路径和评价方式。[②] 仇保兴深刻分析研究了我国城镇化的机遇与挑战，并将发达国家城市化的经验与教训有机地融入了我国相应问题的决策和实践中，提出具有中国特色的城镇化C模式，多角度多层次研究了我国城市群发展现状、问题并提出“城市群规划”的基本思路与系统框架，为我国城市群的理性发展指明了前进的方向。[③] 此外，国家“十一五”规划纲要率先提出的“主体功能区”也是对于城市群空间规划理念和技术的创新。

目前，关于城市群规划的必要性和意义已经形成共识，因为早期传统的城镇体系规划和区域规划都已不能完全应对城市群阶段的空间问题。城市群规划是一种以城市功能区为对象的区域规划，是一种不完全的区域规划。[④] 此外，虽然传统的城镇体系规划也是一种以空间资源分配为主要调控手段的地域空间规划，但是传统的城镇体系研究与规划实践操作范式已远远不能适应当今时代的特征和城市群体协调发展的要求[⑤]，急需新型的城市群规划来予以补充和完善。[⑥] 但

---

① 张勤：《新时期城镇体系规划理论与方法》，《城市规划汇刊》1997年第2期，第14—26页。

② 谷海洪：《基于网络状主体的城市群区域规划政策研究》，博士学位论文，同济大学，2006年。

③ 仇保兴：《应对机遇与挑战——中国城镇化战略研究主要问题与对策》，中国建筑工业出版社2009年版。

④ 仇保兴：《笃行借鉴与变革——国内外城市化主要经验教训与中国城市规划变革》，中国建筑工业出版社2012年版，第212页。

⑤ 王润亮：《经济全球化条件下的生产力空间分布研究》，博士学位论文，复旦大学，2005年，第13页。

⑥ 顾朝林、于涛方、刘志虹、谢宇、唐万杰：《城市群规划的理论与方法》，载《和谐城市规划——2007中国城市规划年会论文集》，2007年。

是，城市群规划还缺少对其体系内容的理论支撑，城市群规划为什么要有整体发展策略以避免恶性竞争、为什么要提供功能互补的空间组织机制、为什么要有区域空间管治、基础设施建设等，都还缺少完整的理论解释。这也是本研究希望探讨的一些问题的出发点。

第三节 生态视角下的城市群空间组织研究综述

城市构成的多样性，以及形成和发展的复杂性，使得研究创新不断转向考虑借鉴和吸收其他学科的理论和方法。在城市生存竞争日益激烈的环境下，在全球产业网络形成的产业链主导空间组织和全球生态文明的号召下，从生物界寻找城市群体持续科学的空间组织的原始规律和法则已逐渐盛行。

一 国外研究综述

首先应用生态学原理对城市结构的形成、演变进行研究的是20世纪初以Park和Wirth为代表的“芝加哥学派”。1916年，发表于《美国社会学杂志》（*American Journal of Sociology*）上的《城市：对于开展城市环境中人类行为研究的几点意见》（“The City：Suggestions for the Investigation of Human Behavior in the Urban Environment”）一文被视作帕克的经典名篇，将生物群落的原理和观点用于城市研究工作，开创了城市社会学研究的新领域。[①] 同时，20世纪20年代至30年代以帕克（Park）、伯吉斯（Burgess）、麦肯齐（Mckenzie）为代表的美国芝加哥学派，借鉴达尔文生态进化论的观点和基本概念、原理（如竞争、共生、侵入、演替等）对城市居住空间演变进行了系统的研究，认为强者占领有利区位，弱者占领较差区位，说明城市的区位布局与空间组织是由各阶层所掌握的资源的不同而决

① Park，R. E.，The city：Suggestions for the investigation of human behavior in the city environment. 转引自［美］R. E. 帕克、E. W. 伯吉斯、R. D. 麦肯齐《城市社会学》，宋俊岭、吴建华译，华夏出版社1987年版，第1—2页。

定的，更进一步，他们指出在不同阶层中也存在类似生物界相互依存、相互联系的“共生”现象。[①] 后来，生态学基本概念发生借用，意义也随之扩展，用来描述城市的形成和发展过程，并在生态规划的生态意识、生态管理的基础上，提出了更高层次的发展战略。McHarg 在区域空间规划中第一个引入生态方法并付诸实践；[②] 美国学者 Gory 和 Nelson 用此方法分析了城市生长，得出分工和专业化在城市生长过程中作用有限的结论。[③]

20 世纪 80 年代经济全球化和信息技术革命后，城市群研究开始重视经济社会特征、资源的有限性以及生态发展的理念，反映了城市群空间和规划研究对于生态环境的应对与融合。在城市群可持续发展研究中，[④] 城市的有机体模式与城市的生态系统模式受到普遍推崇。[⑤] 人与生物圈计划的提出使类生态视角的城市与区域空间和规划理论研究推上了一个新高度，[⑥] 之后出现了“卫星城镇”理论、“广亩城市”理论、“复苏城市”理论、“紧凑城市”理论、“健康城市”理论、“可持续发展城市”理论等。[⑦] 90 年代至今，在全球已举办五届国际生态城市大会。并有学者在华盛顿、法兰克福、东京、汉城（2005 年已改称“首尔”）、罗马和莫斯科等城市进行了实证研究，但各有侧重。[⑧]

---

① 聂娟：《国外城市居住空间的生态学研究历程》，《兰州学刊》2011 年第 11 期，第 80—84 页。

② McHarg L. , *Design with Nature*, NewYork: Natural History Press Company, 1971.

③ Gory M. L. , Nelson J. , “An Ecologica Lanalysis of urban Growth between 1900 and 1940”, *The Sociological Quarterly*, Vol. 19, 1978, pp. 590 - 603.

④ 王慧钧：《中原城市群发展研究》，科学出版社 2009 年版，第 97 页。

⑤ 前者有着悠久的历史，从古代的亚里士多德一直到现代的格迪斯、刘易斯·芒福德、简·雅各布斯等，后者是在 20 世纪 70 年代联合国教科文组织人与生物圈计划研究过程中提出的，一经提出就受到国际社会的广泛关注和讨论。

⑥ 宋言奇：《生态城市理念：系统环境观的阐释》，《城市发展研究》2004 年第 2 期，第 71—73 页。

⑦ 沈玉麟：《外国城市建设史》，中国建筑工业出版社 1989 年版，第 127—129 页。

⑧ 夏宗轩：《城市化进程中城市生态环境问题》，《城乡建设》1999 年第 12 期，第 16—19 页；如澳大利亚对中国香港地区的研究侧重于城市代谢、生活质量；匈牙利对布达佩斯的研究侧重于城市群的生态和开发问题；意大利对罗马的综合研究包括了交通、能源、环境生物、城市规划；日本对东京的研究侧重于城市生物、土地利用、人口；泰国对曼谷的研究侧重于地区环境、土地利用、城郊关系；苏联对莫斯科的研究在于环境保护、城市规划等。

不管是有机体模式还是生态系统模式，都说明学界对于城市或城市群系统具有与自然生态系统类似的生命现象的认同。规划建筑领域对城市的生态性的认识也早已有之。芬兰建筑师伊利尔·沙里宁（Eliel Saarinen）认为城市是一个有机体，他用研究生物和人体的认识方法来研究城市，认为城市内部秩序实际上是与生命体类似的，部分秩序的破坏将导致整体的瘫痪和灭亡。[①] 日本建筑师黑川纪章在其1987年出版的《共生思想》中提出“共生”理论，强调城市、建筑等的设计中应考虑与人、自然等的共生共存思想，并提出新陈代谢型城市概念。[②] 1990年戈特曼在其新著*Since Megalopolis*一书中修正了他早年忽视的社会、文化、生态的观点。1992年魏克纳吉、莱斯（M. Wackernagel）以“生态足迹”（ecological footprint）的理念来告诫人类必须节制使用空间资源。

二 国内研究综述

在空间研究方面，国内对于区域空间联系的研究起步较晚，主要发生在20世纪90年代后，研究内容以地区间的联系为主，并集中在一个城市和地区或国家的联系，强调空间运输联系。[③] 在研究方法上，主要运用重力模型，城市流强度模型[④]。城市群的区域经济空间联系研究不多，生态视角下的研究更为少见。然而在知识经济时代，人民生活水平逐步提高，其对生活和工作环境的要求也越来越高。关于城市群生态空间结构优化重组的研究具有更为重要的价值。在实证研究上，关于珠江三角洲城市群的经济空间联系也比较少，现有的研究主要集中在山东半岛城市群、长江三角

① 沙里宁在1943年出版的巨著《城市：它的发展、衰败与未来》中系统提出了“有机疏散”思想；陈军：《有机形态在空间设计中的运用》，《长沙民政职业技术学院学报》2009年第6期，第6—9页。

② 宋轶：《展览》，《当代艺术与投资》2007年第11期，第17—18页。

③ 李红锦、李胜会：《基于扩展强度模型的城市群经济空间联系研究——珠三角城市群的实证研究》，《企业经济》2011年第11期，第159—162页。

④ 顾朝林、庞海峰：《基于重力模型的中国城市体系空间联系与层域划分》，《地理研究》2008年第1期；朱英明、于念文：《沪宁杭城市密集区城市流研究》，《城市规划汇刊》2002年第1期，第31—33页。

洲城市群。①

城市群生态空间理论国内研究的主要创新在于城市生态位理论。作为生态学的重要理论之一，生态位揭示在生态系统和群落中，每一物种通过“物竞天择”找到一种最合适自己生存的空间位置，即生态位。城市生态位则可以反映城市群各组成单元的功能、状态、性质、作用和资源的优劣势和在区域城市体系的发展趋势。生态学家 Odum 的城市生态位理论等同于扩展生态位理论，此外，国外对城市生态位没有专门的研究。② 1984 我国著名生态学家马世骏、王如松提出复合社会生态系统的概念，扩大了生态位的内涵，使其应用到人工生态系统领域。③ 20 世纪 90 年代，生态位这个概念得到了前所未有的关注。④ 生态位理论强调空间特质，揭示了生态个体、种群和物种生存和竞争的普遍规律，在人类生态学、城市生态学等研究领域具有重要意义。进入第 21 世纪，生态位理论和方法被广泛应用于社会科学，探索较多但还没有形成统一的理论和方法，以昝廷全提出的资源位、王利明等人提出的发展位以及最近的城市生态位为代表。近年来，一些学者已经跳出了早期人居环境的角度，对城市生态位的研究转移到城市间的功能关系上，是城市发展战略的新思路。⑤ 随着经济学、社会学、管理学、城市规划和其他学科各领域研究的发展，生态位概念不断被认可和借用，其内涵也在不断扩大。

第四节　理论基础与文献综述总结

综观国内外学者关于城市群空间的研究，可以看出城市群的空

① 李平华、陆玉麒：《长江三角洲空间运输联系与经济结构的时空演化特征分析》，《中国人口·资源与环境》2005 年第 1 期。

② 赵维良：《城市生态位评价及应用研究》，博士学位论文，大连理工大学，2007 年，第 28 页。

③ 马世骏、王如松：《社会—经济—自然复合生态系统》，《生态学报》1984 年第 1 期，第 1—9 页。

④ Leibold M. A.，“The Niche Concept Revisited：Mechanistic Models and Community Context”，*Ecology*，Vol. 76，No. 5，1995，pp. 1371 – 1382.

⑤ 赵维良：《城市生态位评价及应用研究》，博士学位论文，大连理工大学，2007 年，第 28 页。

间组织一直是有重大意义的研究课题，并且城市群的结构和演化一直是空间组织研究的主题。根据前述对国内外研究现状的梳理，综述总结如下：

一　国内外研究进展与特点

国外研究方面：（1）关于城市群的空间研究。从经济动力出发已经有很多研究成果，但是不能解决工业化带来的诸多城市问题。城市群的生态环境问题、城市群的可持续发展和城市群内部的协调发展成为热点。城市体系和大都市带都是从经济动力出发的研究产物。芝加哥学派人文生态学最早从对植物园的观察，开始生态系统与城市系统相似性的比较研究。（2）关于城市群的空间规划。从人类的生存需求和可持续发展需求出发已经有很多研究成果。从霍华德到盖迪斯等的理论中，生态化的思想一直是城市群空间规划的前沿或追求。

国内研究方面：（1）我国的城市群研究晚于西方。城市群的空间动力和经济内容与西方存在差异，但是同样遇到了生态环境问题、区域协调问题。（2）生态学的视角已经开始被引入城市研究，出现了城市生态位，城市产业生态系统，城市人文生态系统这些零星的概念，但没有以城市群为对象的研究，也没有整体的系统化的研究。（3）城市群空间规划的生态化思想已经涌现，尚没有理论解释和系统途径。因此，生态视角下研究城市群具有重要意义。

二　城市群空间研究趋势与不足

（一）在空间结构方面，现有研究关注城市群的社会经济属性，缺乏对自然生态属性的空间揭示

对城市群空间结构研究的重点经历了从静态到动态，从城市本身（田园城市、集合城市、都市区）到城市群（大都市带、都市圈、都市区）的整体变换，并已形成了多角度、多层次、多尺度，理论与实证，定性与定量相结合的研究系统。这漫长的研究过程是伴随着城市空间的扩展、伴随着城市水平的不断提高而不断出现的，符合城市群发展的一般规律。从国际发展趋势来看，发达国家的一些学者对城市群的研究，从开始的空间结构演化过渡到自然资

源最大化集约利用，研究范围也逐渐从一个地区、一个国家扩大到全球。在对城市群发展由量变向质变的关注过程中，城市群的生态特性和生态目标逐渐得到重视。城市群的空间研究已从着眼于内部结构本身转向更广阔的区域地域空间，从着眼于经济空间结构转向经济生态一体化。但对于城市群结构内部构成系统的相互作用方面，更多是从将城市群的社会经济系统视为中心，自然生态系统是为其提供空间、资源等服务的研究角度，或者研究这两个系统之间对等的重要性，很少研究这两个系统之间的相互作用（互馈）机理，事实上，在全球生态文明的号召下，城市群的可持续发展应同时关注自然生态系统空间和社会经济系统空间的结构机理及其协同发展。

（二）在空间演化方面，现有研究缺乏对城市群社会经济空间和自然生态空间相互影响和共同演进的系统分析

现有的研究已经认识到城市群的空间演化是在人类活动与自然环境的内外相互作用下进行的，研究已将城市群作为一个特殊的有机体来进行认识，城市群的生态性逐步成为研究关注的方向，并且针对生态学理念的研究出现了初步的空间优化分析和调控方法，但更多停留在个体城市层面，关于生态城市的提法和研究较多，还较少涉及城市群层面。生态学和经济学来自希腊词语 oikos，生态学家和经济学家的研究往往是同一课题，但研究人员研究背景不同，课题涉及资源的可用性、供应和需求之间的关系、竞争和获得一些利润和投资成本等。在自然界中，成本是资源和能源；而在人类世界，需要用金钱支付。[①] 在牛津高级英语词典，生态学（ecology）是研究动物和植物的经济科学。经济学是人类生态学，Anderson、Arrow 和数学大师 Smale 借助生物进化理论模型将经济系统视为一个复杂演变的系统，从而开创了演化经济学的新时代。[②] 生态学与社

① 赵维良、纪晓岚、柳中权：《城市生态位原理探析》，《未来与发展》2008 年第 2 期，第 15 页。

② Wells H. G., *The Science of Life. Garden City*: *Doubleday*, Doran & Company, 1934; Anderson P., Arrow, K. J., Pines, D., *The Economy as an Evolving Complex System*, New Mexico: Santa Fe Institute, 1988; Smale S., "Dynamics Retrospective: Great Problem, Attempts that Failed", *Physies D*, No. 51, 1991, pp. 183 – 191.

会和经济领域融合，生态学思想、理论和方法应用于城市群的演化研究已成为前沿课题和研究趋势。

（三）在城市群空间规划方面，现有的协调发展规划、生态规划尝试还缺少理论支撑

城市群规划为什么要实施整体发展战略避免恶性竞争，为什么要进行功能互补的空间组织，为什么要进行区域空间管制、主体功能区划和绿色基础设施建设等空间行为，尚缺乏完整系统的理论支撑。城市群作为社会经济活动的空间载体，由于其复杂性、开放性、系统性、动态成长性等特点，以及如同自然生态系统一样存在着形成、发展、兴衰、演替的过程，已越来越被学界接受为一个特殊的生态系统。我国城市群的空间研究趋势已随着我国步入后工业化阶段逐步对生态予以重视，研究的重点方向之一已经转向响应生态文明的号召；在研究方法上注重创新的规划理念和技术，例如主体功能区划、城市群规划等，但这些规划还没有一个完整扎实的理论体系作为支撑。尤其对于城市群的生态发展和可持续路径还缺乏较为系统的对于城市群系统与生态系统的类比性分析、相似性规律研究等基础内容，对于城市群空间的结构、演替等现象还缺乏从生态视角的系统探讨，相应的城市群规划还缺乏系统的生态学理论支撑。

本书旨在弥补以上的不足，争取构建生态视角下的城市群空间分析框架，提出生态视角下的城市群空间优化策略，希望能为城市群的规划路径理论支撑做出一点贡献。

第三章　生态视角下的城市群空间组织

第一节　生态系统

一　生态系统的概念与特征

生态系统（ecosystem），一般指自然生态系统，是在某一固定的空间内，生物和非生物通过物质循环和能量流动产生互相作用，形成依存而构成的一个生态学功能单位。[①] 生态系统具有以下特殊属性：（1）生态系统是开放系统，生态系统与外部环境发生紧密的互动；（2）生态系统是活力系统，时时刻刻都有物质循环和能量流动；（3）生态系统是复杂系统，系统由各种子系统组成，群落是系统的基本成分。

二　生态系统的结构与功能

（一）生态系统的组成成分

生态系统包括生物成分（生产者、消费者和分解者）和非生物环境两大部分。

1. 非生物环境

非生物环境主要是指光、热、水、土、大气、岩石等无机物质和非生命的有机物质，即由物质和能量两部分构成，非生物环境是生态系统中各种生物赖以存在的基础，主要包括光、温度、水分等。[②]

---

① 尚玉昌：《普通生态学》，北京大学出版社 2010 年版，第 371 页。

② 周大铭、孙冰、姚洪涛：《企业技术创新生态系统的结构研究》，*Proceedings of International Conference on Engineering and Business Management*（*EBM 2012*）2012 年第 3 期，第 26 页。

2. 生产者

生产者是生态系统中的自养生物，主要是绿色植物，也包括进行光合作用和化学能合成的某些细菌。绿色植物和这些细菌被称为生产者，是因为它们生产的有机物质是生态系统中生物最初的能量和食物的来源。

3. 消费者

消费者是生态系统中的异养生物，它们只能直接或间接地利用生产者所制造的有机物质如碳水化合物、脂肪和蛋白质获取能量。

4. 分解者

又称还原者，也是生态系统中的异养生物，主要是微生物，如部分真菌和细菌等微型动物，也包括某些原生动物及腐蚀性动物。分解者分解动植物的残体、粪便和各种复杂的有机化合物，吸收某些分解产物，最终能将有机物分解为简单的无机物，而这些无机物参与物质循环后可被自养生物重新利用。[①] 因此，在分解者的作用下，生态系统内可以形成物质的循环。

（二）生态系统的结构

1. 营养结构

在生态系统中，生物种群的空间配置（水平的和垂直的分布）属于生态系统的形态结构，但真正促使生态系统形成有机系统、产生生态系统独特功能的是营养结构。生态系统中各种成分都是相互联系的，组成生物结构所需的各种成分和能量，是通过相互间密切的营养关系来维持的，这些营养关系构成了生态系统的营养结构。以食物链形式反映的营养结构是生态系统实现基本功能的基础。

生物之间基于取食和被取食关系而形成的链状结构，称为食物链，例如一条典型的食物链可表述为：植物→植食动物→第一级肉食动物→第二级肉食动物→第三级肉食动物。食物链上每一个环节叫作营养级（nutrient level），每条食物链一般不超过5个营养级，越接近食物链末端物质和能量越少，由此形成了金字塔式的营养级（图3—1）。食物网则指生态系统中众多食物链交错连接而成的复杂

① 尚玉昌：《普通生态学》，北京大学出版社2010年版，第373页。

营养关系。

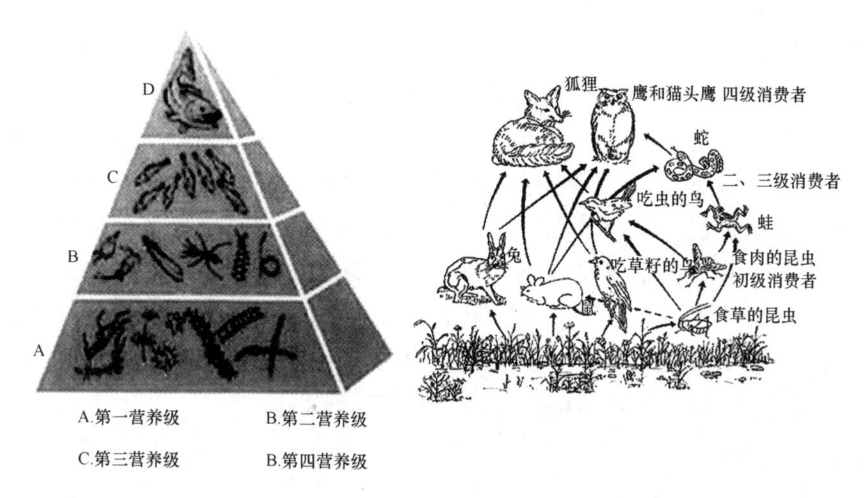

图 3—1　营养级、食物链与食物网示意图

资料来源：网络教材图片。

2. 种间关系和生态位

生态系统围绕食物链联系形成了竞争、捕食、寄生、共生、共栖，原始合作等种间关系，系统的运行依赖共生、对抗关系的平衡与协调。20 世纪 30 年代，俄罗斯生物学家高斯在研究种间竞争的基础上提出了著名的竞争排斥原理（也称高斯假说），该原理说明，生态位越接近的物种之间的竞争就越剧烈。同一种属的物种之间由于亲缘关系较接近，具有较为相似的生态位，也须分布在不同的区域，否则，必然存在竞争，使得生态位逐渐分离，即竞争排斥引起亲缘种的生态分离。生态系统普遍由许多不同生态位的物种组成，由此避免相互之间的竞争，并且因此提供了丰富的能量流动和物质循环途径而有利于保持生态系统的稳定性。

生态位揭示了不同物种在生态系统结构中的等级关系，不同等级的物种按照影响能力的大小可分为优势种、亚优势种和伴生种。优势种是指群落中在数量、大小以及在食物链中的地位强烈影响着其他物种的栖境的一个或几个物种；亚优势种指个体数量与作用都次于优势种，但在群落性质和控制群落环境方面仍起着一定作用的物种；伴生种为群落的常见种类，它与优势种相伴存在，但不起主要作用。[①]

（三）生态系统的功能

生态系统的功能主要有能量流动、物质循环和信息传递三种，其中前两种是基础，本书也只对这两种基础功能进行研究。能量流动可用于分析不同营养级的相互关系，如动物和植物的相互关系（如取食与被食），同时也可对种群和群落进行描述。物质流动则研究物质的输入和输出如何组成一个统一的整体，实现区域性或小系统各种物质的动态平衡，稳定和永续地得到循环利用，是指导人们正确处理经济与生态环境关系的重要内容。能量流动和物质循环功能的发挥是基于营养结构进行的（图3—2）。

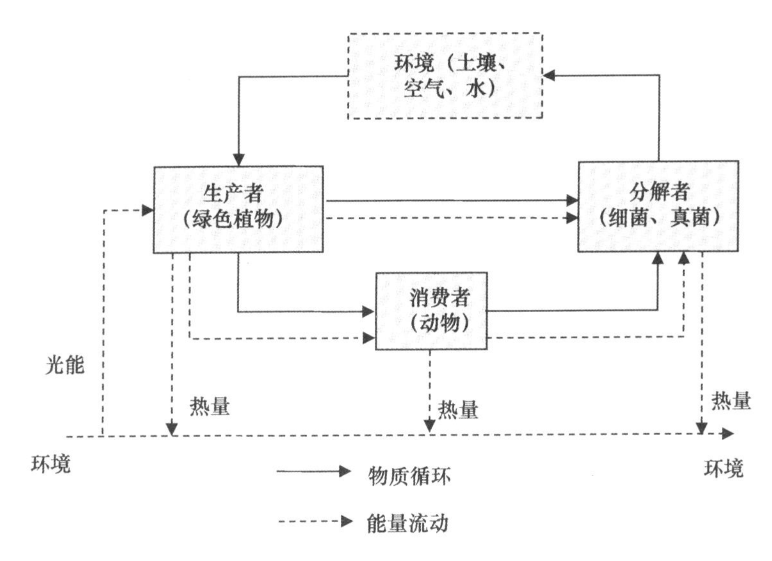

图3—2 自然生态系统的结构与功能

资料来源：笔者自绘。

1. 能量流动

一切生命活动都伴随着能量的变化。[②] 能量能够通过食物链或

① 李振基、陈圣宾：《群落生态学》，气象出版社2011年版，第23页。

② 尚玉昌：《普通生态学》，北京大学出版社2010年版，第431页。

食物网在生态系统内进行传递，并逐步耗散，这一过程就是能量流动的过程。能量流动是生态系统的主要功能之一，能量流动在食物链中表现为不可逆的单向流动并且能量是逐级递减的。生物所利用的最初能量来源基本上都是太阳辐射；植物利用光能合成化学能，一部分供自身生长发育和繁殖，一部分被动物取食；动物之间再通过食物网进行能量的相互传递式流动，以维系各类群动物的生长、发育。因此最初提供能量的是植物，它们是生态系统的基础和支撑。植被丰富了，物种的多样性高，生物量大，动物的种类和生物量也才能大，食物网才越复杂，生态系统才能健康和稳定。

2. 物质循环

在生态系统中，物质和能量都是生物生存发展所必需的。物质是建造生物体的必需材料，也是能量的载体，物质分子中含有能量，能量的流动同时伴随着物质循环。

物质循环和能量流动都是自然生态系统的基本功能，生态系统各个营养级和各种成分（非生物成分和生物成分）正是通过这两个过程相互作用形成一个完整的功能单位。物质循环和能量流动的运行机制不一样，物质的流动方式是循环的，经分解者分解的各类物质都能以可被生产者利用的方式经吸收后重返自然环境，而能量在生态系统中的流动是单向的，并且在各营养级上是逐级递减，最终以热能的方式消散，因此生态系统必须不断通过生产者从外界获取能量。物质循环和能量流动都必须借助于生物之间的取食过程得以进行，但是这两个不同的过程也是密切相关而不可分割，因为生态系统的能量需要储存在生物体有机分子键里面，当这些能量通过生物的呼吸作用做功释放出来的时候，储存能量有机化合物也会同时被分解还原成最简单的物质形式重新回到自然环境中。

三 生态系统运行的基本原理

（一）生态系统互馈机制

生态系统具备的一个重要特征是生态系统可以自我调节，并通过自我调节达到一种稳态或平衡状态。这种自我调节主要是通过反

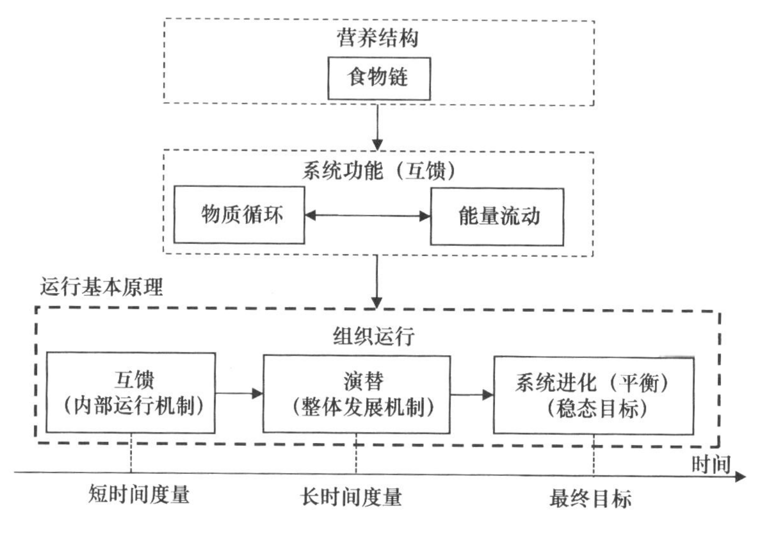

图3—3 自然生态系统运行的基本原理

资料来源：笔者自绘。

馈作用实现的，即当生态系统中某一组分发生变化，必然会导致其他组分发生相应变化（物质能量的正向流），这些变化最终又反过来影响最初发生变化的那一组分（物质能量反向流），这个作用过程就叫作反馈[①]，由于作用是相互的，也可叫互馈。即在本书中，互馈是指生态系统各组分的相互作用。

生态系统的反馈分为正反馈和负反馈。正反馈的作用是使系统偏离平衡位置，系统的稳态将被打破，导致生物的生长，种群数量的增加等都属于正反馈。负反馈的结果则是抑制和减弱最初发生变化的那种成分所发生的变化，通过生态系统自身的功能调节减缓对系统的压力，来维持系统的稳态。如某草原的羊群激增，植物被过度啃食后数量减少，则会反过来抑制羊群数量增加。[②] 要使系统维持稳态，只有通过负反馈机制。

负反馈和正反馈是自然生态系统的自我调节机制，但这种自我调节能力是有限度的。当外界压力过大，导致系统发生的变化超出

① 王健：《浅析生态系统的反馈调节》，《生物学教学》2011年第12期，第8页。

② http：//wenku. baidu. com/view/040bb624192e45361066f536. html.

了自我调节能力的极限（“生态阈值”）时，这种能力会出现下降甚至消失，系统的结构发生破坏，导致功能受到限制，从而引起整个生态系统的破坏甚至崩溃，即一般意义上的生态失调或生态失衡。生态系统的这种反馈通过食物链和食物网为具体承载结构来起作用，使得物种的数量得以调整，系统的平衡得以维持。因此，系统的物种越丰富，其对外来压力的承受能力越强。这对城市群系统的空间结构是具有较强的启示和借鉴意义的。

（二）生态系统演替机制

生态系统的演替是生物群落在各种自然力的作用下，通过生态系统中的生物种群内部和种群之间对各种资源利用过程之中的相互竞争与相互作用，实现对自然资源的最充分利用（即对自然生态环境承载容量的最充分利用）的一种自然生态过程。在各种自然资源条件保持不变的条件下（即环境承载的量值不变），系统演替的结果必定是某一特定群落组成和结构上达到动态稳定。[①] 简而言之，生态系统的演替是生态系统从一种类型或阶段向另一种类型或阶段转化的过程。

生态系统的演替方向可分为正向演替和逆向演替。正向演替是从裸地开始，经过一系列中间阶段，最后形成生物群落与环境相适应的动态平衡的稳定状态，这一最后阶段的生物群落叫作顶级群落，这一阶段的生态系统属于顶极稳定状态生态系统。[②] 正向演替是从低级到高级，最终形成动态平衡的稳定状态。

（三）生态系统的平衡原理

生态系统具有自我调节功能，即使有外界干扰也能实现自动调节回到最初的稳定状态，因此，平衡原理是生态系统的基本原理。

对于一个生态系统而言，总有新的能量、物质和信息进入这个系统，而此系统也总有能量、物质及信息向系统外输出。同时，某个生态系统内，生物个体也在不断地进行更新，因此处于平衡的生态系统物质循环和能量流动会处在一个动态平衡状态，各营养级生物（生产者，消费者，分解者）数量将对应地稳定在一个

① 张雪萍：《生态学原理》，科学出版社 2011 年版，第 15 页。

② 同上书，第 9 页。

水平上。研究表明，生态系统组成成分越多样，结构越复杂，调节能力越强，生态系统的结构也就越稳定。在自然条件下，生态系统总朝着种类多样化、结构复杂化和功能完善化的方向发展，[①]直到达到相对的成熟稳定状态，而一旦外部环境发生改变（这种情况是绝对的和无时无刻不在发生的），系统又进入新的动态调整与循环中。

生态系统的平衡结构主要通过生态位来体现。生态位主要是指物种在群落中在时间、空间和营养关系方面所占的地位；[②]也可理解为生态位是生物在生物群落的位置以及所发挥的功能作用。[③]总体来说，生态位表达的是一种以空间存在性为基础的对资源占用和支配以利于自身生存发展的能力描述。简言之，在生物圈范围内，总会有一定的时间和空间，能够让某种生物通过其特定的适应性能、取食及获取营养的方式，而获得其生长、发育和繁衍所必需的物质、能量等，进而占据这个时空，这个位置就是生态位。在自然界中，同一生态位中不会生活两个及以上物种，对同一空间和食源的相互竞争作用通过自然选择引起物种形态改变，产生生态分离，导致生物物种各就各位，实现有序平衡。[④]

综上，对于生态系统平衡原理的认识为：

（1）系统的动态平衡是较好的状态，可以实现自组织，可以抗干扰，可以正向演替，是生态系统持续发展的保障。

（2）系统实现平衡的基本条件，一是构成要素或组分多样化，生产者、消费者、分解者数量相对稳定；二是保持物质流、能量流的通畅；三是种群处于合适的生态位，保持合适的竞合关系。这三者缺一不可。

---

① 陈辉：《高新技术企业生态系统的运行机制研究》，博士学位论文，西北大学，2006年，第46页。

② 沈青基：《城市生态与城市环境》，同济大学出版社2000年版，第61页。

③ 李博、杨持、林鹏：《生态学》，高等教育出版社2000年版，第11页。

④ 刘在洲、张应强：《多学科视野中的高校特色化理论分析》，《现代大学教育》2004年第6期，第28页。

第二节　生态视角下的城市群空间结构

一　生态视角下的城市群构成

（一）生态视角下的城市群组成成分

1. 城市群中的生产者

从整体功能上看，自然生态系统就是城市群的生产者。从具体的功能配置来看，其核心主要包括四类：（1）农作物、作为食品的动物及其加工副食品，这些组分是人类生存需要的直接食物来源；（2）地下矿物和能源及其转化者，矿物可提供工业原料和能量（化石能源），风能、水能、地热能、太阳能能够转化为城市所需的电能；（3）社会经济系统所需的初级原材料；（4）氧气、水、绿地等自然生态资源。除此之外，人类也是城市群的生产者。[①]

生物通过吸收环境中的物质和能量，并转化为新的物质和能量，实现物质和能量的不断积累，从而保证群体的壮大和生命的延续，整个过程被称为生物的生产。生态系统的生产有初级生产和次级生产两种类型，其中初级生产功能是通过绿色植物的光合作用来实现的[②]，初级生产是生态系统最基本的功能。初级生产量决定了系统的次级生产量，从初级生产者到次级生产者在数量上呈现出一个金字塔形结构。城市群生态系统有别于自然生态系统，在地域空间上以城市为主，生态绿地和原生态的自然空间数量有限，从而决定了由绿色植物进行初级生产产量的有限，并且城市绿地一般不会单纯用于生产，还会用于游憩、美化、防护等。几乎可以说，城市生态系统不具备类似大自然的初级生产功能，在生物链上的生产者只有次级生产者，生产活动的所需物质和能量都需要从系统外部输入。

因此，城市群生产者的显著特征是初级生产功能的丧失。城市

① 黄辞海：《城市生态系统的结构和功能是自然生态系统的翻版吗》，《中国人口·资源与环境》2002 年第 3 期，第 134 页。

② 绿色植物通过光合作用将光能转化为化学能储存在植物细胞中。

群的生产功能主要包括人口的再生产和社会商品的再生产，正如前述，这些再生产活动所需要的物质和能量并非来自系统本身，而是要依靠外部生态系统的物质和能量输入，使得城市群生态系统与外部生态系统产生了依赖关系（图3—4）。

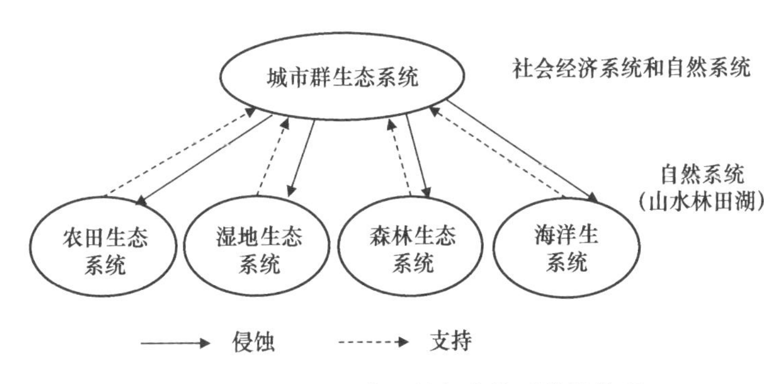

图3—4　城市群生态系统与自然系统的关系

资料来源：笔者自绘。

2. 城市群中的消费者

总体来看，社会经济系统是城市群的主要消费者。城市群系统的消费者，是指消耗生产者提供的物质和能量，并产生各种废物的实体。[①] 除了自然生态系统中的异养生物和人类这一顶级消费者之外，城市群系统的消费者还包括：（1）城市建筑工程。其建设需要耗费大量物资，其运行还需要水、电等能源系统源源不断的支持和维护，这些建筑物、交通设施等建筑工程每天都在不停消耗物质和能量，是城市群系统典型的消费者。（2）城市生产企业。生产企业通过输出产品实现了物质和能量的转移，同时在生产过程中消耗一部分物质和能量，并产生相当数量的废物，如废气、废水、废渣等。（3）城市观赏动物。城市观赏动物一般不参与城市生态系统的物质循环和能量流动，只是消耗物质和能量，是纯粹的消费者。[②]

① 黄辞海：《城市生态系统的结构和功能是自然生态系统的翻版吗》，《中国人口·资源与环境》2002年第3期，第134页。

② 同上。

3. 城市群中的分解者

城市群系统的分解者，是在自然生态系统和社会经济系统中能够将功能运行中产生的废物进行分解和再利用的主体或行为。这些主体中，除了大自然中的微生物以外，最重要的当然也是我们人类。但在高度人工化的城市群系统中，这些主体的作用相当有限。城市群生态系统的显著特征是分解者的缺失与替代。由于高度人工化，自然土壤很大程度被人工铺面分隔，能起到分解者作用的数量很少，城市群产业链上缺少完全的分解者，只有有限的分解型产业（垃圾处理、污水处理、火葬等行业），作用微乎其微。城市群生态系统产业活动的输出一般为可用的产品和不可用的废弃物，物质循环中产生的废物数量巨大，且很多人工合成物质难以分解、还原，由此大量的城市垃圾与废弃物周而复始地循环利用的比例相当小，必须被输出到系统外部依靠自然生态系统的分解者来实现物质的再循环。但是，城市群的社会经济系统中有相当于自然生态系统分解者的、能够对城市系统起到分解作用的分解型产业和分解型处理方式。典型的分解型产业是循环经济和低碳产业，循环经济通过对废弃物的再利用减少城市群系统废弃物的产生，低碳产业则通过技术处理、流程控制、方式选择等手段减少社会经济系统产生的废弃物，二者都提高了城市群系统对于物质的利用率，降低了排放，充当了“分解者”的作用。此外，城市规划中的城市更新方式是对于城市群社会经济系统中效率低下的物质空间的更新替换，消除脏乱差的物质空间环境，并使其发挥更高的空间利用效率，也属于提高城市群物质利用率的一种分解型处理方式，城市更新在此也充当了“分解者”的作用（表3—1）。

表3—1　　城市群系统与生态系统的组成成分类比

主要组成成分类比	生态系统	城市群系统
生产者	绿色植物	（1）绿色植物；（2）郊区农作物及其加工副食品；（3）作为食品的动物及其加工副食品；（4）地下矿物和能源及其转化者；（5）人类

续表

主要组成成分类比	生态系统	城市群系统
消费者	异养生物	（1）异养生物；（2）城市建筑工程；（3）城市生产企业；（4）城市观赏动物；（5）人类
分解者	微生物	（1）微生物；（2）提供了相当于分解作用的经济生产方式或物质空间更新方式；（3）人类

资料来源：笔者整理。

（二）生态视角下的城市群子系统

对于类生态视角下城市群系统构成的分析，有助于对城市群的类生态系统特性的认识，但由于其复杂性和本质上的不完全对应性，对于本书空间结构主体的界定并无太大意义。良好的城市群生态系统是一个社会—经济—自然复合生态系统。[①] 在本书的基础理论研究部分，笔者已经提出本研究的基本着眼点是"以人为本"，因此本书对于空间结构作用主体的界定，也还是基于此论点，以满足人的基本生存和发展需求为目的，将城市群系统的构成分为以人为主体活动的"社会经济系统"（也是一种类生态系统）和以原生态自然（包括农田耕地等植物生长）为主体的"自然生态系统"两个子系统（图3—5）。

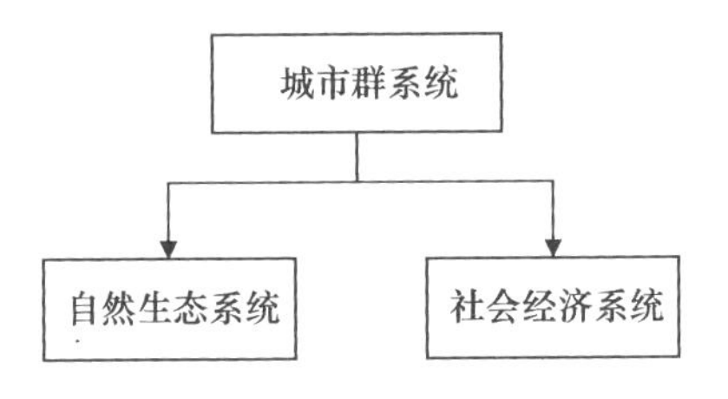

图3—5　城市群系统的构成

资料来源：笔者自绘。

① 赵景柱：《社会—经济—自然复合生态系统可持续发展的概念分析》，中国环境科学出版社1999年版，第33—46页。

1. 城市群的自然生态系统与生态流

城市群的自然生态系统在城市群的系统构成中，是指以占据大片面积的自然生态空间、提供物质循环和能量流动等自然生态基本功能的实体空间系统，构成了城镇空间生存所依托的自然环境，是地球有机体系统（包括人类）赖以生存的基本物质环境。相对于社会经济系统而言，自然生态系统往往具有人口稀少、以自然景观风貌为主等基本特征。

生态系统服务就是生态资本提供的自然产品和服务流，也即生态流。自然生态系统的生态资源作为资产是一种存量的概念，而生态系统服务作为收益流是一种流量的概念。[①] 按照复杂系统的层次分析法，生态系统服务可以分为两个大的类别：一类是直接生态服务，包括生态系统的物质产品供应（生物产品和水资源）和对生活环境的改善（环境净化和气候调节）。另一类是生态系统内部服务，是指生态系统自我维持的服务（养分循环、物种繁衍等）。二者之间是一种涉及各种生态过程的复杂关系。[②]

很多研究将城市视为一个生态系统时，对生态流的定义为包括城市内的物质流、能量流、人口流、资金流和信息流等在内的所有流动；[③] 但本书对于城市群中生态流的界定，相对来讲是一种较为狭义的概念，仅是指城市群的自然生态系统向城市群的社会经济系统提供的自然生态流，包括自然生态系统中的山体、流域、绿色基础设施、农作物供给区等提供的生态因素的流动。这也与本书相对宏观的研究视角和研究对象有关。

2. 城市群的社会经济系统与物质流

城市群的社会经济系统主要体现在城市群的城镇发展空间中，即一系列规模大小不等、性质各异的城镇，其空间表现为以人工建筑环境为主的城市建成区。相对于自然生态系统而言，社会经济系统往往具有如下基本特征：人口规模较大，人口密度和建筑密度较

① 时遇辉、张华玲：《基于复杂系统研究方法的生态经济学探讨》，《现代经济》2008 年第 8 期，第 32—33 页。

② 同上。

③ 例如王祥荣：《城市生态学》，复旦大学出版社 2011 年版，第 150 页。

高；且以从事非农业劳动的人口为主；设施配套齐全，物质、文化水平较高。[①] 社会经济系统是城市群众多人口的居住生活和生产劳作的主要载体，是具有更为复杂结构的人工化空间。

系统的运行功能必须依靠能量流、物质流和信息流的运动来完成。[②] 能量和物质在生态系统中的运动叫作流，Odum 将其称为能量流与物质流[③]，这与本书界定的城市群物质流有所区别。城市是人类改造自然的集大成者，城市群系统可以按照人的需要和意志，源源不断地从外界吸收物质和能量，实现可计算和测度的能量流、物质流和信息流，但同时也输出或排放了各种代谢物。与自然系统不同，这种物质、能量流动的过程都是由人的主观意图控制的，在社会特定发展阶段中的技术发展水平及其运动过程影响下，城市群系统与其外部环境之间通过能量、物质和信息的传递与交换而驱动城市群持续不断地运行和发展。[④]

城市群系统的主体是人，内容核心则是资源，包括能源、物资、信息、资金等，涵盖了城市群的农、工、交通、信息、贸易、金融、科教等各行各业，以物流的运转，能量的集聚，信息的积累为特征。[⑤] 这些物质、能量和信息的交流传递可统称为形成城市群空间互馈的物质流。

二　生态视角下的城市群空间结构与功能组织关系

（一）城市群空间结构组织的基本关系——营养关系

自然生态系统中种群的空间结构称为种群的内分布型，其影响因素在于：资源分布、植物种子传播方式以母株为扩散中心以及动

---

① 胡序威：《对城市化研究中某些城市与区域概念的探讨》，《城市规划》2003 年第 4 期，第 15 页。

② 孟丹：《走向“天人合一”的城市文化生态观》，《华南理工大学学报》（社会科学版）2001 年第 1 期，第 31—34 页。

③ 陈迭云：《从经济学角度试论农业生态系统》，《华南农学院学报》1983 年第 4 期，第 8 页。

④ 孟丹：《走向“天人合一”的城市文化生态观》，《华南理工大学学报》（社会科学版）2001 年第 1 期，第 31—34 页。

⑤ 刘天东：《城际交通引导下的城市群空间组织研究》，博士学位论文，中南大学，2007 年，第 18 页。

物的集群行为。城市群空间结构的影响因素主要集中在三个方面，一是自然资源的分布结构；二是现有社会经济技术水平约束下的城市发展方式；三是人为制定的政策、法规、规划等外部影响要素。但这些影响因素最终通过城市群的营养关系起作用，这是因为，真正促使城市群形成有机系统、产生系统整体运转功能的也是城市之间、城市与环境之间基于营养关系的营养结构，而自然资源分布、生产发展方式、外部影响手段等分布于营养关系的不同环节之中。

不同的是，自然生态系统中的营养关系通过食物链体现，但在城市群生态系统中，营养关系是通过社会经济系统和自然生态系统两个子系统共同实现的，是被扩大化了的营养关系（图3—6）。

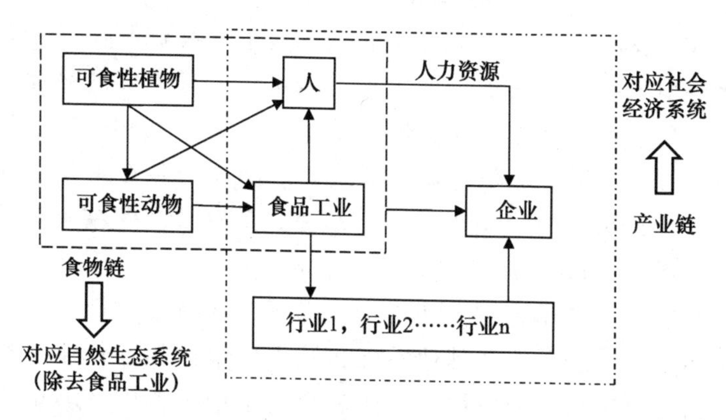

图3—6　城市群生态系统中食物链、产业链并存的营养关系

资料来源：参见刘力《城市与区域的可持续发展——原理、评价与设计》中图2—12“城市生态系统的生产链示意图”，有修改。

城市群系统中的食物链只是将作为消费者的人类和城市动物与城市食品（自然资源、营养物质）联系在一起，城市群中其余大量的物质能量流却没有被体现在食物链中。因此，食物链在城市群生态系统中只是传递了非常小的一部分物质、能量和信息。① 除了作为食物的消费者外，人类还需要穿、住、行等使用消费，以及精神

① 黄辞海：《城市生态系统的结构和功能是自然生态系统的翻版吗》，《中国人口·资源与环境》2002年第3期，第135页。

文化等非物质形态的消费，这些消费需求赋予了人的生产者功能，[1]使人成为社会财富的创造者。为了满足人类的生理需求和社会需求，人类在城市群生态系统中重新设计了一套“食物链”，即城市社会中的产业链。产业链是城市群生态系统物质、能量、信息流动的渠道，城市群里所有的营养关系都可以归结到各类相关联的产业中。在城市群生态系统中，人类的一切活动都围绕着产业进行，原料、产品或服务在各个环节上的流动也都以产业发展为导向，人口流动也是附加在产业的调整之上，包括满足人们社会方面的文化、精神等心理需求也都是通过文化产业、教育产业、培训产业等来实现的（图3—6）。

（二）生态视角下的城市群空间结构体现——城市生态位

在城市发展演化中，任何城市都会基于自身资源禀赋和职能类型的优势引发，然后实现快速发展，城市中主导产业的生命周期现象以及主导产业的变化本身会带来城市内各种要素的改变，从而引起城市与城市之间、城市与城市群整体之间原来存在的特定相互关系发生改变，包括功能关系、相互作用关系以及空间结构关系，引起这种关系产生改变的实质即是城市的“生态位”。因此，与自然生态位类似，“城市生态位”可定义为城市在特定时期特定生态环境里能动地与自然环境、其他城市和城市群整体相互作用过程中所形成的相对地位与功能作用，具体表现则是城市群中各城市之间形成的职能分工现象，反映的是不同城市在城市群系统不同产业链类型或不同的关系中所处的位置和营养级别，是城市在城市群系统中空间结构的体现。城市生态位随着外部环境条件和城市内环境的改变而不断地进行调整。

由于本书将城市群系统分为自然生态系统和社会经济系统两个大类的子系统，因此城市生态位在不同的子系统中，其意义和内涵不同。在城市群自然生态系统中，城市生态位指的是城市的自然生态位；在城市群社会经济系统中，城市生态位指的是城市的社会生态位（或社会经济生态位）（图3—7）。

---

[1] 刘力：《城市与区域的可持续发展——原理、评价与设计》，中山大学出版社2004年版，第56—66页。

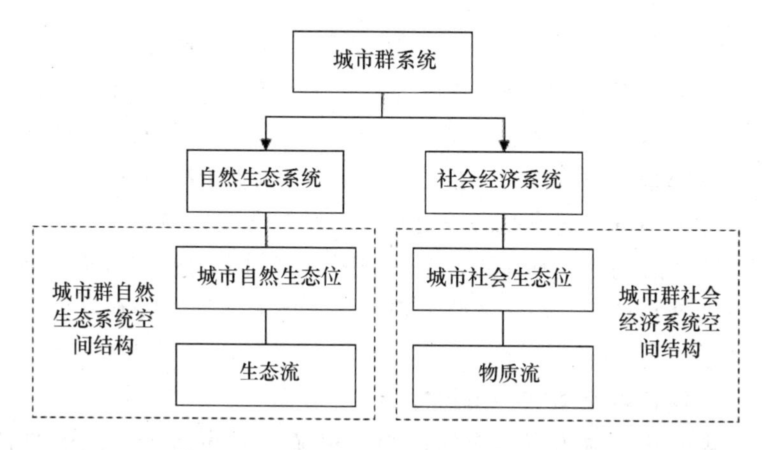

图 3—7　城市群两个子系统的空间结构

资料来源：笔者自绘。

在宏观经济理论中，凯恩斯认为社会生产主要由需求决定，并且需求通常不会受制于供给的约束，但从长远来看一个不断增长的经济社会，其资源供给能够对经济发展产生约束作用，因此从实现可持续发展的角度来讲，城市社会经济必须找到一组可供利用的资源作为长期发展的支撑。[①] 这也是城市生态位的理论立足点，即城市必须找到适合自身发展的资源支撑并占据一定的空间。

一般而言，在社会经济系统中，城市群落在竖向上呈金字塔分布，且呈规模越大、数量越少的规律。城市社会经济生态位较高的城市竞争能力强，可以充分利用资源进行发展；而城市社会经济生态位较低的城市竞争能力弱，发展空间逐步被挤压，甚至被排挤到城市群之外。由此，城市生态位的改变引起城市群空间结构的变化，导致城市群空间演替。

（三）生态视角下的城市群功能

能量流动和物质循环是生态系统的两个基本过程，使生态系统成为一个完整的功能单位。[②] 在城市群系统中也存在这两个基本的

① 赵维良：《城市生态位评价及应用研究》，博士学位论文，大连理工大学，2007年，第31页。

② 郭树东：《研究型大学学科生态系统发展模型及仿真研究》，博士学位论文，北京交通大学，2009年，第36页。

功能，不同的是物质循环这一功能没有得到很好的继承。

城市群中支撑起巨大物质流动的是纵横发达的交通体系和高效运转的物流体系。以公路、铁路、河海以及航空等为代表的交通体系将城市群内部系统联系成一个整体并与外部体系联结起来；源源不断的物流运输将物资运进或输出，使城市群生态系统的物质能量代谢成为可能。而信息的传递则作为一个外因时时刻刻影响着城市群各类功能主体的抉择与行为，最终影响城市群的发展形态和发展方向。

三 城市群空间结构组织框架

一般而言，城市群形成的最初阶段源于作为增长极的优势种城市的形成，因此对于城市个体而言，城市空间形态的内在决定性生长机制是生长点导致的空间集聚与扩散，首先不同类型空间对生态位的竞争与占有决定了生长点的产生，即当一定数量的空间类型群集于城市中的某一位置，并对该位置内某些特定的资源形成共同需求、产生相互依赖时，生长点就产生了。[①] 可以说，城市形态演变的主要动力机制就是城市区域空间相互作用（也即互馈），在城市自然、地理、社会、经济、人文、历史等各类因素的相互影响与综合作用下，城市空间形态会随之发生相应的改变，城市个体形态的演变一定程度上反映了各类功能空间的相互作用过程。对于城市群而言，城市群空间的演变发展是城市个体演变的集合，在区域空间上反映的则是社会经济系统和自然生态系统两个子系统之间的相互作用过程。

从类生态系统的角度来看，城市群的空间发展过程是一个空间群落系统的演替过程，这个空间群落包括自然生态要素和城市个体要素，根据系统发展的一般规律存在从低级到高级、最终形成动态平衡稳定状态的发展路径；城市群系统的空间互馈即是城市群内部空间各组分之间的相互作用，是空间演替产生的主要动因；而生态位是个体城市在城市群中的时空位置及功能关系，所以生态位决定了互馈的内容和形式。或者说互馈体现了城市的生

① 张林峰、范炳全等：《交通影响下的城市中心演化系统动力学模型及仿真研究》，《系统工程》2004 年第 5 期。

态位关系。

因此，结合前述对城市群空间组织的概念界定，生态视角下的城市群的空间分析框架可用图 3—8 来表示，这也是本书研究的基本逻辑关系和重点内容。

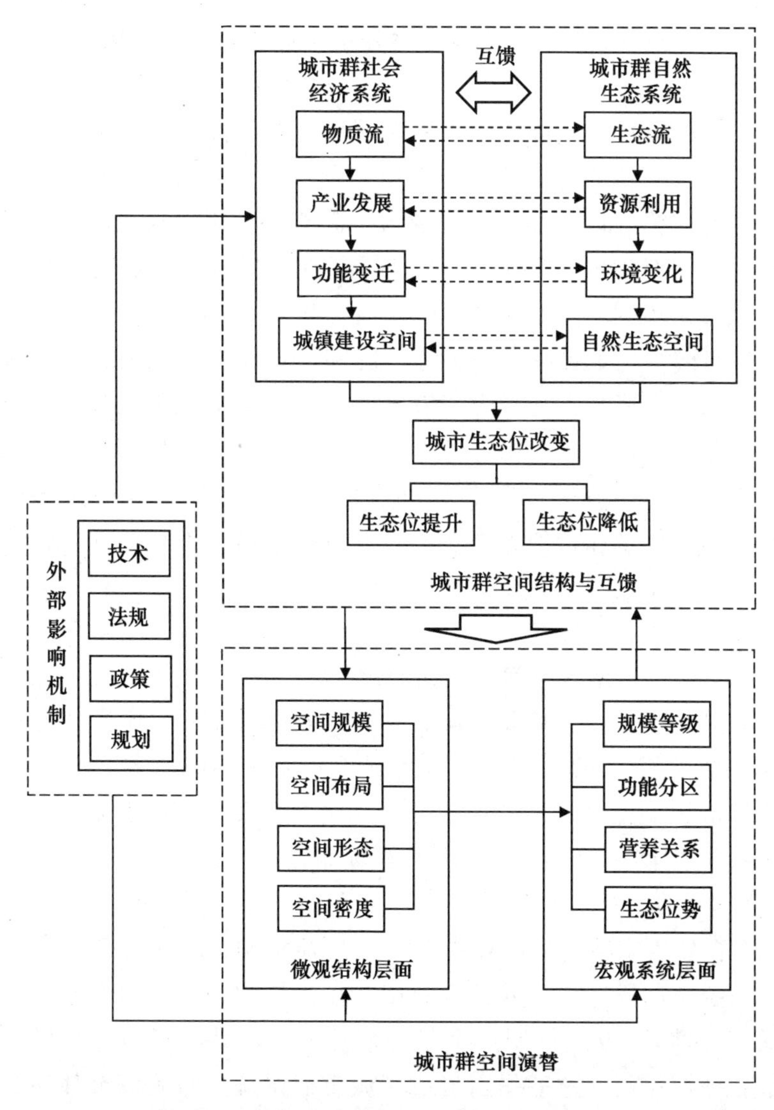

图 3—8　生态视角下的城市群空间组织逻辑框架

资料来源：笔者自绘。

第三节 生态视角下的城市群空间互馈

一 城市群系统空间互馈的本质——功能的相互作用

在城市群系统中，城市间、城市与自然间的空间相互作用，是由于空间之间存在不同的联系强度和性质的结构关系而形成的，其实质是经济、社会功能的相互作用，由于城市群系统的功能都是以一定的空间为载体的，最终体现为空间相互作用。因此，本书对于城市群空间互馈的机理研究，是以探寻空间作用的根源为出发点，研究城市群不同功能主体之间的功能相互作用。

城市群系统主要由自然生态系统和社会经济系统两大子系统组成，这两大子系统在功能上相互作用，在空间上此消彼长、互补共生，空间互馈形式正是由这两个互补的系统之间的作用体现，而其功能主体或影响这种功能作用和空间互馈的作用主体则是各个城市，正是以体现和行使人类意志，并以行政边界为划分的城市承担了作用主体角色。

二 城市群系统空间互馈的原理

根据前述分析，城市群系统的构成分为以人为主体活动的“社会经济系统”（也是一种类生态系统）和以原生态自然（包括农田耕地等植物生长空间）为主体的“自然生态系统”两个子系统。这两个系统之间的相互作用形成了城市群的空间互馈（图3—8）机理。

在自然生态系统内部存在着一个反馈机制，在城市群系统的两个子系统中同样存在，并且不只限于子系统内，而且存在于子系统之间（互馈）。反馈机制产生于纷繁复杂的环境因子与生物因子的调节和平衡作用，这种作用形成了城市群系统的自我调节体系，达到抵抗环境变化、抵御外界因素干扰以及保持系统相对稳定的目的。社会经济系统和自然生态系统的反馈机制也是以相互之间的正负反馈为基础的（图3—9）。

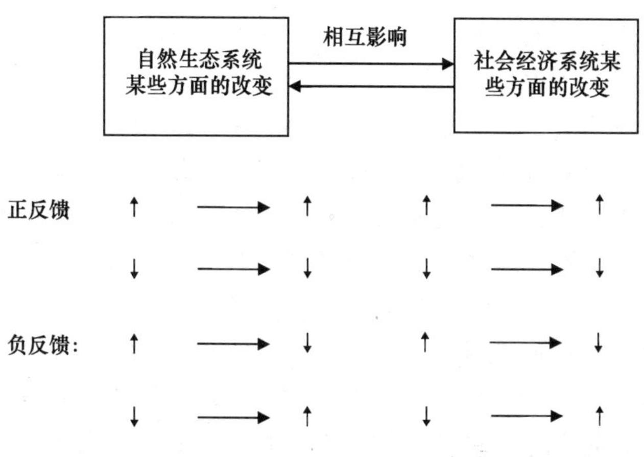

图3—9　城市群自然生态系统和社会经济系统的互馈表现

资料来源：笔者自绘。

在城市群系统自我调节机制中，存在着正负反馈过程，但实际上与自然生态系统一样，是以负反馈为主要作用机制的自我调节。在城市群系统反馈机制的调节过程中，负反馈机制的行为表现为，当城市群系统某一成分低于临界值，出现对整体稳定性产生影响的趋势时，负反馈机制则强制其往回升方向发展；当某成分高于临界值，从另一个方向影响系统整体稳定时，负反馈则迫使其下降。① 反馈调节机制是城市群所有机制发挥作用的基础，城市群系统如果缺少自我反馈机制的调节，其他机制的作用发挥将无法进行。城市群高强度的经济生产活动极大地改变了生态系统的组成成分、结构和特征。相对自然生态系统中的生物与环境关系，城市群生态系统中生物（包括人）与环境的关系已经发生了很大的变化，由于人为干预，城市群系统中原有的自然格局被割

① 王万茂、高波、夏太寿、黄贤金：《论土地生态经济学与土地生态经济系统（下）》，《地域研究与开发》1993年第4期，第1—4页。

裂，导致自然生物种群被控制在极少的范围、群落结构简单，空间分布也变得规则和机械，从而使得自然生物物种数量减少、比例失调，由此引起所有环境要素发生变异。[①] 这两方面的作用都大大破坏了原自然生态系统的属性，导致城市群生态与环境问题的产生。因此，城市群是一个牺牲了自然生态系统原生态性的系统，而人类又需要这种原生态进行系统的补给，自然生态系统对社会经济系统的支持就具有非常重要的意义；同时，自然生态系统的保护也是有机会成本的，是放弃了社会经济系统的经济利益，因此为促进这种保护作用，提供保护的市场动力，必须提供一定的生态补偿。这也是城市群空间互馈的基本原理和经济学解释（图 3—10、图 3—11）。城市群发展中的环境问题、空间问题、资源问题等都是来源于这两个子系统的不协调，或者说，城市群的可持续发展需要从协调好这两个子系统开始。

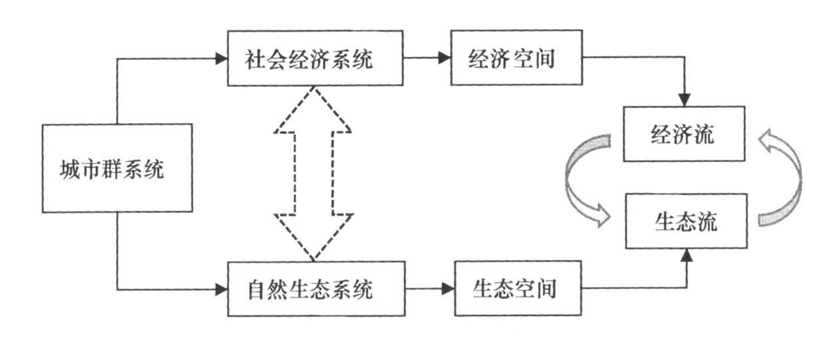

图 3—10　生态视角的城市群空间互馈示意图

资料来源：笔者自绘。

需要说明的是，关于城市群系统构成的分类，主要出于本研究的宏观性，研究这两个子系统的相互作用对空间结构的影响，是一种粗略划分。严格地讲，社会经济系统中同时也包括动植物群落等自然生态系统的内容，自然生态系统中也有部分人类聚居点和设施场所等，两个系统空间之间存在着一定程度的交叉，但对于宏观研

① 杨持：《生态学》，高等教育出版社 2008 年版，第 37 页。

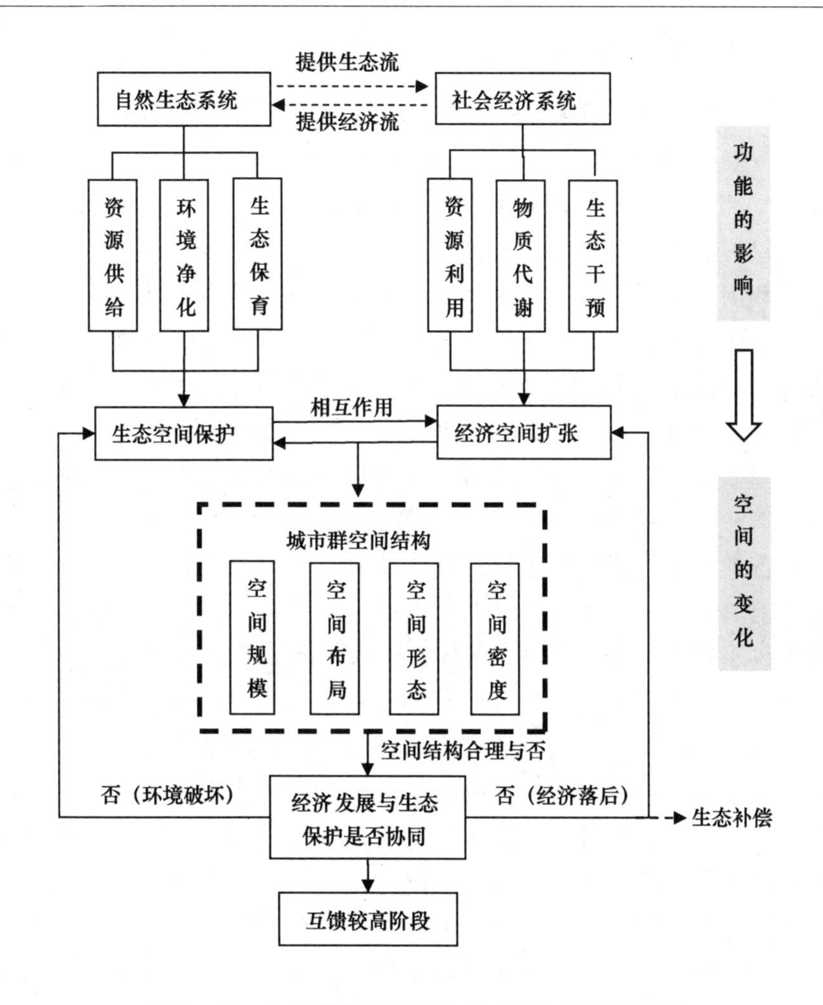

图 3—11　生态视角下的城市群系统空间互馈原理

资料来源：笔者自绘。

究可以忽略不计。[①] 且本书关于自然生态系统和社会经济系统的划分，仅仅出于特定视角下城市群空间结构分析的研究目的和需要，本质上城市群的自然生态系统和社会经济系统是互为环境、相互统一的，是一个耦合的整体系统。

---

① 李浩：《城镇群落自然演化规律初探》，博士学位论文，重庆大学，2008 年，第 32 页。

三　城市群自然生态系统对社会经济系统的空间作用

（一）城市群自然生态系统对社会经济系统的作用机理

1. 自然生态系统的资源供给作用对社会经济系统的影响

（1）生物产品提供。自然生态系统提供的生物产品主要由各类食物和用于进行再生产的原材料两大类构成，是生态系统为人类生产可用生物产品的一种服务性能。自然生态系统提供生物产品的能力取决于其生产力，这种生产力体现在生物量生产上，自然生态系统的生产力状况可以通过其所提供的生物产品的数量来体现。

（2）水资源供应。城市群系统赖以生存的资源之一就是水，这也是自然生态系统对城市群整体系统最大的贡献之一。一般而言，由于各个城市水资源的供给总量主要取决于河川径流量，因此一般意义上的水资源主要是指可以利用的河川径流，实际上自然生态系统提供水资源的能力取决于气候、降水、地形等许多因素。

2. 自然生态系统的环境净化作用对社会经济系统的影响

（1）环境净化。自然生态系统的环境净化功能在于，系统的各种组分能够吸收或降解工农业生产所排放的各类废弃物，如水体的自净功能对废水的吸纳，绿色植物对废气、二氧化碳、固体废弃物等的吸收，主要体现在对环境状况的改善上，是指自然生态系统为人类环境改善和维持良好生活环境的一种能力。

（2）气候调节。自然生态系统的气候调节功能主要是指，当气候向着不利于人类的方向发生变化时，生态系统可以阻止这种变化并进行逆转，这也是生态系统具有的负反馈的具体表现。例如水体、绿色植被、森林等对于热量的吞吐吸纳可以降低城市的热岛效应。这种气候调节服务表现为极端气候发生频率的降低。

3. 自然生态系统的生态保育作用对社会经济系统的影响

保育是自然生态系统维持系统自身存在和自我正常运行的功能和服务，包括系统物种的自我繁衍遗传、系统中能量和养分的自我循环传递等。生态系统的生态保育最基础的体现在植物通过光合作用，使光能固定在绿色植物上，从而进入食物链，为所有物种的生命维持提供食物。

（二）城市群自然生态系统对社会经济系统的空间作用机理

1. 自然生态空间的适建性影响城镇发展规模

生态空间的适建性决定了其提供给经济区域发展空间规模的有限性。尽管随着科学技术手段不断进步，人类对自然的改造能力也随之不断增长，但难以大规模实现沧海桑田之巨变，还不能从根本上改变现存的自然地理空间格局。以我们国家为例，自古以来，我国东西部地区的地理差异便决定了人类活动的地域分布以及城市的规模。东中部区域地形地质、气候、植被等自然条件相对适宜人类居住，人们在此营城造寨、繁衍生息的概率更大，这些人类活动密集的地域自然就成了我国当前城市群成长的基础。加上我国自古就有“象天法地”的营城理念，即使在城市尺度层面亦不提倡“愚公移山”“精卫填海”等通过较大工程改造自然地形地貌以扩大城市发展空间规模的做法，而是顺应自然“择址而居”“择址而建”，这也是我国自古以来营城选址的思想精髓，关于这点前面已有详论。

2. 自然生态空间的地貌基底影响城市群布局与形态

生态空间的地貌基底引导城市人口以及产业的空间分布，虽然人类社会的进步已经在很大程度上降低了自然条件对于经济活动的限制，但其仍是城市群社会经济的决定性因素，是发展的载体、基石和重要前提，并直接影响社会生产分布、产业布局以及交通运输线路选定等，从而进一步影响地区的经济密度、人口密度、城市体系和产业集聚规模，最终会影响到所处城市群体系的空间结构、形态与布局。

城市群空间形态的演变实质上是城市生长过程的外在表现和涌现性特征。城市个体方面的空间扩展，即城市用地规模扩大，首先是与生态空间接壤的城市边缘区发生变化，如果生态空间地形较为平坦，适宜建设，城市或城镇空间便有扩张可能性和依赖性，如果有山体、河流或是其他自然地貌因素阻碍其空间扩张，可能会导致周边新城的出现。例如在社会经济系统产业空间成长的过程中，如果区域存在丘陵或山区或河流等自然分割因素，单个城市的发展空间受限，不能无限扩张，只能在其所在区域周边逐步形成新的独立的城市空间，促使城市空间结构由单中心向双中心或多中心演变[1]，从而影响城镇布局与形态。同时，在个体城市对外扩展的过程中，有各种因素影响其与周边城镇发生联系，与地貌基底有关的有河流的天然通道，交通用地的方向等，将影响和决定城市之间形成的组合发展关系，即影响城市群组的空间布局与形态。

3. 自然生态系统的资源禀赋影响城镇性质职能

城镇性质职能是由其各种产业比例的大小决定的，城市尤其是城市群初始阶段的优势种城市产业的选择与区域的资源息息相关，因此我国城市的性质职能带有明显的资源禀赋[2]导向的烙印。

某种程度上，资源禀赋决定了生产力布局，城市兴起和城市群体系形成的重要因素和前提条件就是区域具备丰富的资源。人类发展史上的工业化进程就是资源和劳动力不断被资本、技术所整合、利用甚至替代的过程。而且非常明显的是，后起发展的新兴城市和国家在城市化的加速发展阶段，所走路径一般都是通过发展资源密集型和劳动密集型产业来达到对原始资本的迅速积累。这点在我国也尤为明显，新中国成立初期，我国受落后技术条件的限制，只能依赖资源进行发展，可以认为区域的资源禀赋是当时经济发展的决定性因素，因而国内城市的选址一般也都在地质可行的条件下，紧邻资源密集区。即使到现在我国众多区域城市发展到城市群阶段，资源开发仍是城市群的经济支柱之一。

四 城市群社会经济系统对自然生态系统的空间作用

（一）城市群的社会经济系统对自然生态系统的作用机理

1. 社会经济系统的资源利用对自然生态系统的影响

社会经济系统的资源利用主要体现在产业发展上。维持社会经

① 张小平、师安隆、张志斌：《开发区建设及其对兰州城市空间结构的影响》，《干旱区地理》2010 年第 3 期，第 21 页。

② 资源禀赋是指区域资源（包括动植物资源、矿物资源、水资源等）存量、开采难度或可获得性、品质品位以及与社会生产力水平、现有经济资源的组合状况等，某一区域资源配置情况不仅会影响自身发展，而且也会对其他区域的资源配置产生明显的外部性，该外部性效能正负取决于区域结构的现状及回波效应和扩散效应相对影响力的大小。

济系统运转的产业都对自然生态系统有较大的影响。在第一产业中，由于化肥和农药的大量使用，自然生态循环被改变，物种减少，生态系统的环境净化能力减弱，对大气和气候的调节作用减弱，妨碍有害生物的自然控制、生物多样性维持能力下降，最后导致氮沉降、地下水污染、富营养化、气候变化、旱涝灾害增加、虫害加剧、物种减少或灭绝。二、三产业更是使得生境破碎、排放污染物、改变水循环生物多样性维持能力下降，影响了生态系统对大气和气候的调节过程，损害了生态系统净化环境的能力，导致物种减少、温室效应频发、气候恶劣、环境污染。

由于自然生态系统提供资源能力是有限度的，在社会经济系统中过度开发或不合理的利用都将对生态系统的功能造成破坏，引起生态系统的恶化，由于该过程的不可逆性，并对人类和城市群系统造成重大损失。例如兴建拦河大坝将导致下游湖泊干涸、气候变化、物种减少等。所以，经济系统的发展需要避开将导致生态系统突变的经济发展路径，保持生态系统的自我恢复能力。

2. 社会经济系统的物质（能量）代谢对自然生态系统的影响

城市群的物质代谢是指城市群系统中物质输入、转化、储存以及废弃物排放等代谢过程，在这个过程中伴随着能量的流动，能量利用必须依附物质代谢，因此其对自然生态系统的影响不独立论述（图3—12）。1857年Jarob Moleschott的著作最早出现关于代谢的论述[①]，且社会科学领域很快借鉴了这种思想。马克思在描述人类劳动与自然环境之间的关系时，最早将代谢概念使用到社会学和文化人类学方面，他认为劳动过程就是社会与自然之间的物质交换过程。[②] 1988年Robert U. Ayres[③]提出产业代谢（也可翻译

---

① Jarob认为生命就是一种代谢现象，是能量、物质与周围环境的交换过程。

② Schandl H., Schulz N., "Changes in the United Kingdom's Natural Relations in Terms of Society's Metabolism and Land-use from 1850 to the Present Day", *Ecological Economics*, Vol. 41, No. 2, 2002, pp. 203 - 221.

③ 罗伯特（Robert）认为产业代谢是原料、能源和劳动在一起转化为产品和废弃物的物理过程的集合。

为工业代谢）的概念[1]，标志着物质代谢研究范畴正式确立并得到广泛认可。[2] 因此，从代谢的角度研究城市群系统以资源为支撑的物质输入与以污染排放为重点的物质输出，是系统解析城市群物质循环运转效率和环境问题的切入点。

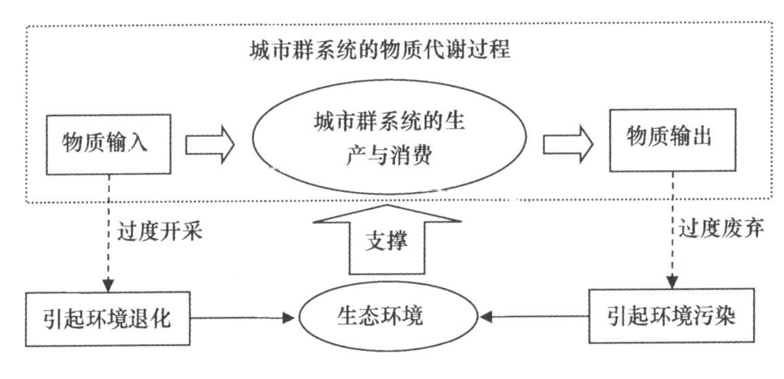

图3—12 城市群系统的物质代谢

资料来源：笔者自绘。

3. 社会经济系统的生态干预对自然生态系统的影响

社会经济系统的生态干预主要表现在环境治理方面。随着城市化步伐的加快，区域经济圈逐渐形成，发达地区技术相对落后的产业会逐步向农村进行转移，农村大量土地资源和廉价劳动力资源可以大大降低生产成本，当地政府希望通过发展工业来改变地区的落后面貌，积极鼓励外商来本地投资，大力扶植本地乡镇企业承接转移的产业。但是由于这类企业大多生产技术含量较低，企业产生的废水直接就近排入江河往往一个企业排放的废水就足以污染一条河流，给当地水环境造成极大的破坏，同时也对当地农业经济带来巨大冲击，并严重破坏当地的自然生态环境。环境治理能够有效降低由于社会生产生活而产生的污染，减轻对自然生态系统的破坏，是

① Ayres R. U. , *Industrial metabolism*: *Theory and policy* // Ayres R. U. , Simonis U. K. , *Industrial Metabolism*: *Restructuring for Sustainable Development*, United Nations University Press, 1994, pp. 3 - 20.

② 张力小、胡秋红：《城市物质能量代谢相关研究述评——兼论资源代谢的内涵与研究方法》，《自然资源学报》2011年第10期，第11页。

社会经济系统对于自然生态系统的一种“修正”式作用。

（二）城市群社会经济系统对自然生态系统的空间作用机理

1. 社会经济空间对自然生态空间的寄生

城市群系统的社会经济空间（也可简称经济空间）对（自然）生态空间有明显的寄生性，表现为[①]：

①生态空间中丰富的地表水和地下水，为城镇社会经济空间提供饮用水源；

②生态空间中的农田、菜地、鱼塘、果园、经济林地等，为城市群提供了粮蔬瓜果食品和副食品等，是城市群系统的“生产者”；

③生态空间中的绿色植被是城市群氧气的生产者，对经济空间的氧气供应和废弃吸收进行调节和平衡；

④生态空间中的土壤、植被、水域等自然要素，对经济空间的各项建设活动具有容纳作用，提供了这些建设活动的载体，并对其产生的影响具有缓冲、净化、还原等生态调控功能；

⑤生态空间环境是城市群系统重要的景观资源，自然界的江河山川、花草树木等自然环境能够给人们带来惬意的感官享受和无穷的乐趣，是人们户外娱乐休憩的功能空间；

⑥生态空间环境也是城市群重要的文化资源，人类自古崇尚“天人合一”，自然空间可以缓解城镇居民的疲劳，消除工作紧张情绪和精神压力，调节人们的负面情绪，甚至提高人们的思考境界和审美情趣，从而有效促进了城市群的社会生态和人文生态发展……

总而言之，自然生态空间的服务功能不仅包括各类生态系统为人类的生存提供原料物资，包括食物、医药及其他工农业生产，更重要的是支撑与维持了地球的生命支持系统或者说这种自身运转系统，具体而言，使生命物质的生物地化循环与水文循环能力、生物物种保持多样性与遗传能力、净化环境的能力、大气化学的平衡与稳定能力等得以维持。[②]

① 李浩：《城镇群落自然演化规律初探》，博士学位论文，重庆大学，2008 年，第 201 页。

② 肖寒、欧阳志云、赵景柱、王效科：《森林生态系统服务功能及其生态经济价值评估初探——以海南岛尖峰岭热带森林为例》，《应用生态学报》2000 年第 8 期，第 18 页。

正是由于这样一系列的原因，生态空间在根本上支撑着经济空间的存在和发展。它与经济区形成相互包容、共生互补的图—底关系，形成阴阳相济、虚实相生的对立而平衡的统一体。在本质上，生态空间协调了经济空间与自然的演进，促进城市群发展与自然的共生。正是在这个意义上，生态空间的存在地位和形态格局最能反映城市群的生态环境质量和可持续发展能力，是城市群生态安全格局的重要标志。[①]

2. 社会经济系统的空间占用程度影响生态格局

首先，社会经济系统产业空间成长导致城市群用地规模的扩大。经济空间由人工建筑物、道路和物质输送系统、活动开敞空间等组成，经济空间在组织建设的过程中，基础设施的建设、工业企业的集聚、生活设施的配套以及生产性服务业的完善都产生用地需求，必然导致用地规模的扩大，挤占生态空间。其次，经济空间本身的空间特性改变了原生态空间的生态性。经济空间一旦侵入生态空间，便使得生态空间的物理环境结构发生了迅速的变化，如挖山填湖等地形的改造、自然土壤的地面改为人工建设的不透水地面等，生态空间原有的肌理和整体性格局遭到破坏，变成完全人工化的空间或碎片化的生态空间。

3. 社会经济系统的空间布局形态影响生态质量

经济空间的占据和分割能够改变原自然生态系统各级营养的比例关系，破坏其稳定的食物链结构，使其自身具有的自组织、自适应功能大为降低，而且提供生态流的质和量的能力都大大降低。我们知道，与碎片化的绿地空间相比，相互连通、形成系统的绿色空间能发挥群体的更大的生态效应，而经济空间的空间布局与生态区的空间是互补镶嵌的“图—底”关系，因此经济空间的空间布局形态是否有利于生态空间的空间连通性，将严重影响生态空间的生态服务功能和生态质量。密度过高的城市群或城市个体空间都不仅影响了生态区的系统结构，还严重降低了其提供生态流的功能。

---

① 李浩：《城镇群落自然演化规律初探》，博士学位论文，重庆大学，2008 年，第 203 页。

4. 社会经济系统的功能定位影响资源价值

虽然城市群更多的是跨地区吸收有利于自身发展的资源并进行优化组合，但这也是到后期有整体竞争力的阶段才具有的能量，在刚开始发展阶段，尤其对于其中的个体城市来讲，必须立足于对周边的资源利用。这就涉及一个问题，即城市的功能定位与所处生态空间资源的结合与协调程度。一种情况是经济空间属于外向型经济结构，或者说属于城市群中心城市的寄生城市，其经济发展主要依托对中心城市的服务，而较少考虑所处生态空间的资源利用，在这种模式下，生态空间的资源价值得不到最大化的体现，伴随的结果可能是生态空间的环境保护也得不到重视而遭到任意破坏。另一种情况是经济空间的发展紧密结合所处生态空间的资源，尤其对于旅游度假为代表的第三产业，出于经济利益考虑，人们会兼顾生态资源的开发与保护，此时需要平衡的是长期利益和短期利益的问题，避免对生态资源的过度利用。

第四节　生态视角下的城市群空间演替

基于生态系统的视角，城市群生态系统的演替为在各城市对各种资源利用过程之中的竞争、捕食、寄生和共生机制作用下产生空间互馈，实现城市群的形成、发展、兴盛、衰亡的整个过程，在空间演替上表现为城市群系统空间的形成、城市群系统空间的演替，以及在此基础上各城市生态位的形成。

这里需要界定一下“空间演替”和“空间演变”的区别，“空间演替”虽也是一种演变过程，但强调城市群体功能性转换与提升的状态改变的一种结果，如果将城市个体的空间扩展视为量变过程，城市群的空间演替则是集合所有个体城市空间变化的质变过程。“空间演变”则是指空间的整个发展过程，无论有没有达到一种结果或变换为另一种状态。空间演变的结果一定导致空间演替。

一 生态视角下的城市群空间演替表现与方向

（一）演替的表现

1. 城市群空间演替的直观表现

城市群空间演替呈现出的结果，表现为宏观和微观两个层面。在微观上表现为群内各城市个体空间规模的变化，对于处于生长阶段的城市群而言，一般是指空间规模的扩大（正向演替），以及由此导致的城市群整体空间布局与形态的变化、城市密度（包括城市个体本身的开发强度以及城市群内城市个体的数量）的变化，等等。在宏观上则表现为基于微观表现基础的城市规模等级的形成、功能分区（主导产业）和营养关系（产业链关系）的确定，以及在此基础上各城市生态位的最终形成（图3—13）。

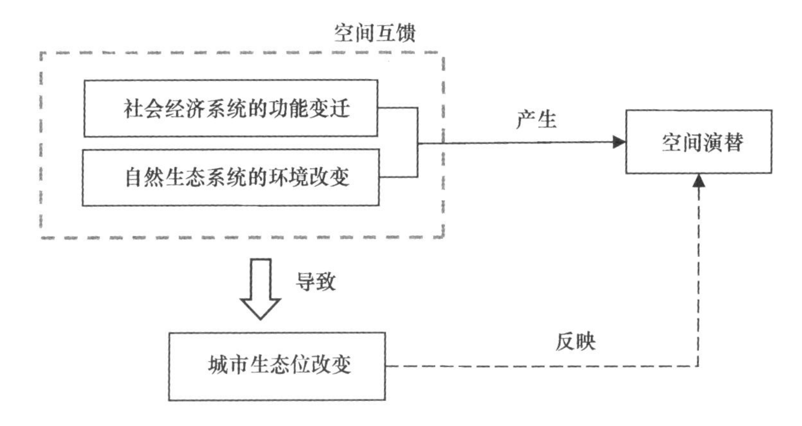

图3—13 生态视角下的城市群空间演替本质

资料来源：笔者自绘。

城市群的空间演替直观上来看，就是城市群内部各实体空间的改变。在一般意义上，城市群的实体空间主要包括三大类：城市建筑空间、城市开敞空间（无建筑或少数建筑区域，例如公园绿地、广场等）、农林区等未建设区域。前两类主要位于城市群的社会经济系统中，后一类则主要代表了城市群的自然生态系统。

这三大类实体空间在演替方面，在生态性的引导方面，具体的实现机理为：对于城市建筑空间，通过建筑设计施工的绿色标准和产业化流程保证其建造过程和成果的生态性，一方面建筑体内空间生态宜人，另一方面建筑不对外部空间产生光污染、颜色污染、体量污染等负面影响。对于城市开敞空间，通过尽量布置立体绿化的方式增加环境的生态性。对于农林区，生态农业和符合当地环境的绿色传统民居可以实现农区的生态性。由此，三大实体空间的生态化实现了整体城市群空间发展向着生态的方向演替（图 3—14）。

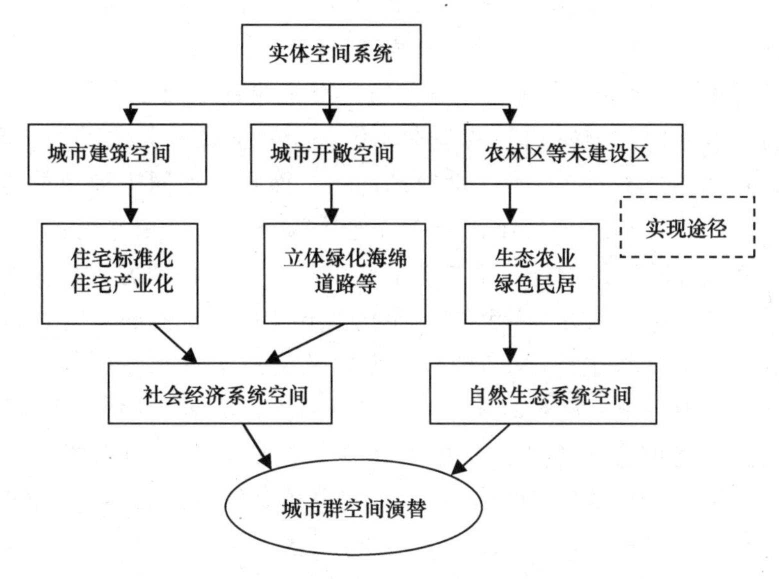

图 3—14　不同实体空间反映出来的城市群空间演替

资料来源：笔者自绘。

2. 城市群演替的三阶段

在城市群的整体演替上，经典的弗里德曼城市发展阶段论，是将城市的形成到城市群的形成这个过程结合工业化的进程划分为四个阶段（图 2—4 左）。笔者认为，可根据城市发展的形态及城市间的相互作用方式将城市群的发展演化划分为以下三个阶段，即城市群发展的三阶段论。

（1）单个城市发展阶段——城市间相互作用较少

城市化的快速发展是伴随着工业化出现的。在工业化之前，城市化一直都存在，只是城市化水平一直比较低，城市发展较为缓慢，且是以单个的城市个体作为发展单元，没有形成连绵成片的城市群区域。城市一般选址于一片区域中区位或资源相对优越的地区；城市的规模和范围都比较小，基本都是以单个城市作为基本的发展单元存在的，城市之间的联系和相互作用也相对较少。

（2）都市圈形成阶段——中心城市的经济辐射作用为主

①都市圈形成的经济学解释

都市圈的形成来源于中心城市的经济辐射能力，中心城市之所以能够产生经济辐射，源于分工和规模经济的存在。

斯密（A. Smith）在《国富论》中对企业分工做了充分的论述，并将它看作国民财富增长的基本原因。斯密强调，分工无处不在，不仅存在各个不同的生产活动或部门中，而且在不同工种乃至同一个工作中，也都存在专业化分工。他认为分工有三个好处：第一，劳动者熟练程度的增进；第二，节约了从一个工种到另一个工种的转移时间；第三，分工导致的专业化创造（例如机器的发明）帮助工人简化了劳动并节省了时间。[①] 斯密认为技术进步源自劳动分工的发展。他在第一章开篇就指出，“劳动生产力最大的改进，以及劳动在任何地方运作或应用中所体现的技能、熟练和判断的大部分，似乎都是劳动分工的结果”，紧接着用制针业的故事加以说明。斯密认为分工直接导致了城镇的形成：“农民常常需要锻工、木匠、轮匠、砖匠、皮革匠、鞋匠和裁缝匠的服务。这类工匠，一方面因为要互相帮助，另一方面又因为不必要像农民那样有固定地址，所以自然而然地聚居一地，结果就形成了一种小市镇。”

将斯密的企业分工扩展到城市分工领域，道理也是一样。由于所有的大规模生产经营活动都以城市为载体，城市发展到一定阶段后，不同的生产活动或部门以不同的城市为载体，导致了一定区域内城市之间的分工。城市间分工的具体表现是：由于产业和人口的

① ［英］亚当·斯密：《国民财富的性质和原因的研究》，商务印书馆1975年版。

聚集引起了土地及原材料价格上涨、交通拥挤和环境质量下降等问题带来的聚集不经济大于产业聚集给企业带来的正的外部性时，就会出现产业扩散。产业扩散可以分为两类，一类是企业整体迁移，另一类是企业将内部具体运营组织机构（总部、研发、管理、采购、生产和销售机构）进行分设，在地区和空间上进行重新分布。一般来说，企业将知识密集型环节例如总部、研发和销售部门布局在城市中心，因为知识密集型生产环节对土地的需求量较小，受土地等要素价格的影响不大，且从城市产业聚集产生的知识和技术外溢中的受益较大。而企业的生产环节需要建立大型的工厂，使用大量的土地，城市内土地价格的上涨将大量增加企业的生产成本，这种市场产生的价格机制将指引企业将生产环节布局到城市以外的地区。①

对规模经济来说，不仅存在着“报酬递增”现象，也存在着“报酬递减”现象。规模报酬递减的主要特征是当生产要素按相同比例同时增加时，产量增加的比例反而小于投入要素的增加比例。造成规模报酬递减的主要原因有两个，其一是有限的生产要素可得性。随着企业生产规模的逐渐扩大，由于地理位置、原材料供应、劳动力市场等多种因素的限制，可能会使企业在生产中需要的要素投入不能得到满足。其二是生产规模较大的企业在管理上效率会下降，如内部的监督控制机制、信息传递等，容易错过有利的决策时机，使生产效率下降。“规模报酬递减”问题不仅存在于企业内部，同样存在于企业外部。多个企业在某一区域集聚会由于技术外溢、劳动力市场和共享基础设施等原因，使该区域内每个企业的生产经营成本都趋于下降，从而出现外部“规模报酬递增”，而多个相关行业在某一城市集聚则会由于同样原因出现城市层面的规模经济。但是早有学者研究证明，城市规模以人口衡量，在100万—700万人口规模之间会出现显著的“规模报酬递增”；但超过了700万人口，城市建设的投入产出比率虽然还是正值，可已经开始下降了。所以对单个企业也好，对整个行业也好，乃至对一个城市来说，都

① 李国平、杨洋：《分工演进与城市群形成的机理研究》，《商业研究》2009年第3期，第118—119页。

不是可以大到没有边际。[1]

规模经济一方面使得城市自身在不断扩大，另一方面促使城市之间的分工协作，从而使得不同分工的城市具备规模经济。这种在域内城市的分工协作过程中，通过分工带来的生产要素的地域流动，推动城市之间产业协作的地域过程就是都市圈的形成过程。

②都市圈的边界界定

科斯的交易理论说明，人们之所以要通过市场进行交易，是因为通过交易可以降低成本；但交易本身也是有成本的，也要支付交易费用，如果交易费用大于企业内生产，则企业就会放弃市场采购而采用企业内生产方式，只有当企业内生产的成本大于交易费用时，企业才会放弃内部生产而选择外部采购。

从科斯的交易理论出发我们可以看出，并不是市场的空间范围越大越好，而是应看采取什么样的市场空间结构更有利于降低生产和交易成本。由于土地资源稀缺导致运费高昂，促使区域间贸易转向区域内贸易，这种区域内的贸易便形成了都市（经济）圈。都市圈内居民由于差异化需求也会购买其他都市圈的产品，都市圈经济只是缩小了都市圈外部的交易规模，各都市圈之间同样存在着市场竞争关系，如果某一都市圈的某种产品价格高于其他都市圈，其他都市圈的同类产品还是会进入该都市圈的市场。由此看，运费对都市圈的形成有着巨大作用，各都市圈之间的理论边界，应当是在各都市圈产品生产成本相等的前提下，由运费所决定的空间距离。[2]

③都市圈的特点

根据都市圈的形成原因和边界界定可以看出，都市圈最大的特点在于都市圈具备一个相对完整的产业体系。在都市圈的城市中，最大的城市往往成为都市圈的中心，负担着金融、贸易、技术开发和地区行政中心的功能，其他城市则是产业功能型城市，即某类或多类相关的产业在这些城市中集聚（图3—15）。

---

① 王建：《到2030年中国空间结构问题研究》，2004年9月8日，国家发改委"十一五"前期重点研究课题（http://www.china-review.com/sao.asp?id=4949）。

② 同上。

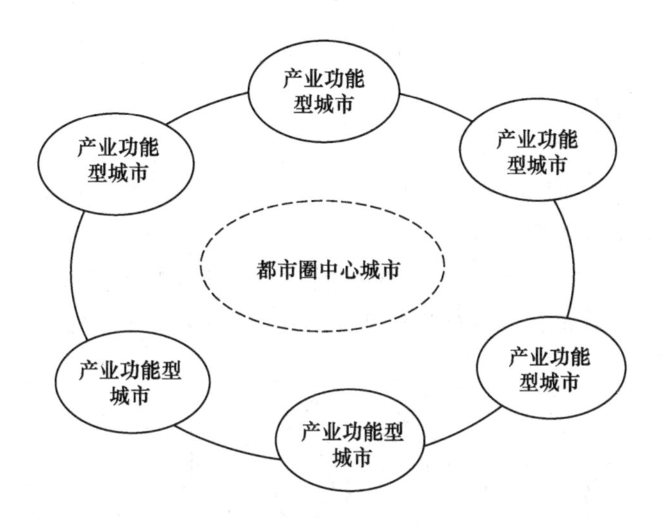

图 3—15　都市圈城市空间结构

资料来源：笔者自绘。

（3）城市群形成阶段——城市间的作用网络化

城市群是一个在时空上具有较大适应性和应用广度的概念，一般来说适用于城市发展超出单个个体而以群聚状发展的各个阶段，但是真正意义上的城市群，即能够真正产生群聚效应具有整体影响力的城市群，应是都市圈发展到已经超越了单个核心城市发挥经济辐射功能带动周边小城市发展，转而为众多城市形成相互整合的整体发展单元，城市之间相互产生影响，能够在社会经济发展上发挥群域整体效应的城市群体。而都市圈强调了城市之间刚刚发生联系和作用时核心城市对周边城市的辐射带动作用，是城市群形成的初始特征。

学者徐晓霞也有类似的观点，在分析城镇体系与城市群的关系时，她认为“城镇体系更多地考虑的是城镇间等级、规模和职能关系，是城镇的有机结合体，它不一定要求达到一定的城镇密集度。①而城市群虽然也注重联系性、层次性和动态性，但它更强调了一定范围内高密度、高城市化水平的区域，这是城市群的本质，也是二

---

①　徐晓霞：《中原城市群城市生态系统分析、评价与城乡一体化调控》，博士学位论文，河南大学，2004 年，第 14 页。

者的主要区别”。另外，国外专家把城市化历程划分为三步，第一步为农村城镇化，第二步为大都市圈，第三步为城市群。[①] 这些对笔者的观点也是一个较好的支撑和佐证。

城市群内部可能有一个或几个核心城市，并有不同层级的中心城市以及各自相应的影响范围，低一级的中心城市影响范围较小，每个中心城市都可视为具有经济辐射功能的都市圈核心，城市群相应由若干个不同层级的都市圈组成（图3—16）。

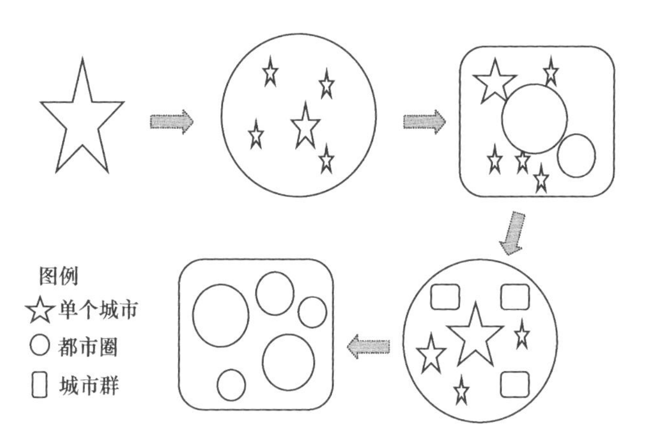

图3—16　城市群的发展演化图

资料来源：笔者自绘。

另外，对于城市群发展演化划分的三个阶段：单个城市发展阶段、都市圈形成阶段和城市群形成阶段，根据城市群规模和范围的大小不同，后两个阶段可能重复出现（图3—16），即小的都市圈形成阶段→小的城市群形成阶段→大的都市圈形成阶段→大的城市群形成阶段。图2—3左（弗里德曼的城市群空间演化模型图）的第四阶段所显示的最后结果状态也可以印证这一点。例如珠三角城市群里面就包含了较为公认的广佛肇、深莞惠、珠中江三大都市圈。

3. 基于三阶段论的城市群演替特点

根据城市群发展的三阶段论，城市群的发展演化相应地有不同

① 张熏华：《生产力与经济规律》，复旦大学出版社1989年版，第5页。

的特点（表3—2）。

表3—2　城市群发展的三阶段

	单个城市发展阶段	都市圈形成阶段	城市群形成阶段
城市发展特点	城市间距离较远，联系较少	中心城市体现出对周边城市的经济辐射功能	有不同层级的中心城市，城市间的相互联系呈网络化
城市间产业联系特点	没有明显分工	垂直分工圈	垂直分工圈和水平分工圈并存

资料来源：笔者整理。

（1）单个城市发展阶段

在单个城市发展阶段，城市之间的相互联系较少，相互影响也比较小，各城市的发展较为独立。在生态发展上，可以说这个阶段的各个城市都享有较好的生态发展环境。首先，处于这个阶段时期，城市数量较为有限，城市本身规模较小，对自然空间的占有较少；其次，经济发展较为滞后，尤其是工业发展还未形成规模，对环境的破坏和污染也较小。因此，各城市周边自然系统体系较为强大，自组织功能和自身演化能力较强；此时的社会系统处于初步发展阶段，还没有形成足够的活力来影响各城市的生态化发展，但正是这种“相对落后”没有出现对城市空间环境的深刻影响和彻底改造，在一定程度上保护了城市的原始状态或生态性。由于城市群还未形成以及缺乏城市间整体发展的活力，只能看作广大地域上自然系统方面的“城市群体”。

（2）都市圈阶段

都市圈阶段是城市群形成的初始阶段，因此是城市群形成的重要阶段。

在都市圈阶段城市群的空间演化特点为：自然系统逐步被城市廊道分割成斑块状，自组织能力相对减弱，但能在一定程度上自行消解城市空间扩张和经济发展带来的污染等负面影响，由此也导致自我演化能力变弱。相反，社会系统由于处于快速发展中，自组织能力增强，有利于从社会因素促进城市群空间的形成。

此时，城市间的相互联系开始密切，产业组织和空间组织相互推动，关联发展。各种资源、经济要素与经济主体有机地组合在一起形成产业的自组织过程，这个过程本身会引起城市空间的组织变化，空间组织过程即是在尊重产业组织基础上，通过优化产业经济空间结构和构建一个有序的空间秩序来达到城市群经济与空间的整体持续发展。空间组织过程的本质是对城市群内部的环境、资源、人力、物质、信息等要素进行空间优化配置的过程，相对产业组织过程而言，空间组织过程更多依赖于他组织的作用，例如制度政策、城市规划等。

（3）城市群阶段

这个阶段城市群演化的特点为：以社会系统的演化为主，自然系统自组织功能变小甚至丧失，逐步退化为“被保护和治理”的他组织系统。社会系统中起核心作用的是产业集群系统和实体空间系统，一方面源于城市群发展必需的经济动力，另一方面源于人们对生活品质的不断追求。

此时城市群的演化类似于一种“补救”机理，即是在对原始生态环境的大肆侵占和破坏之后，通过产业集群系统（产业的转型升级）、基础设施系统（清洁无污染）、实体空间系统（低碳化、绿色化）、历史文化系统（保护理念）、社会创新系统（技术支持）等全方位地高质量发展，以及对环境的保护和治理等方式来全面推进城市群的生态发展。

（二）演替的方向

城市群生态系统空间的演替方向取决于城市生态位发展格局的方向。城市形态由简单到复杂、功能由低级到高级发展，城市在城市群产业链中的地位和作用不断改变，形成城市群不同的等级结构和空间结构，城市生态位也在城市群中不断进行调整。

根据前述分析，一个稳定的城市群生态系统必须有完善的结构和功能的城市群落，其中城市处于相对稳定的生态位上，表现为位于社会经济方面的物质产业链（流）和自然生态方面的生态链（流）的合理位置并相互形成合理结构，即在两个子系统中不同的城市生态位。城市在城市群中扮演的角色和承担的功能各不相同。

城市对其发展空间的选择过程正是创造相应生态位的过程。[①]

城市群是动态开放系统，其内外条件存在着相互联系和彼此制约，经济单元与产业作为城市群系统的组成部分，在竞争与市场驱动下必须选择最佳发展区位，这种区位也可以理解为经济产业单元的生态位的一种表现。其在成长过程中便由于功能的联系组合形成了城市群系统的空间结构，表现之一就是产业的升级换代；而在空间上则表现为各产业空间规模等级的形成与变化。对于一个合理稳定的城市群系统，根据各城市对于城市群社会经济和生态发展的主要作用，以及社会经济系统和自然生态系统的互补性，可将其在城市群中的复合城市生态位类型大致分为三种类型：（1）综合型：位于社会经济系统中最高位、自然生态系统中最低位或较低位；（2）专业型或均衡型：在社会经济系统和自然生态系统中均位于中间位；（3）原生型：位于社会经济系统中最低位、自然生态系统中最高位。

1. 综合型

位于综合型的生态位特点上的城市，一般是城市群的优势种城市，即中心城市。这类城市以第三产业为主，在城市群的社会经济发展中位于生态位的最高态势，具有区域范围内最强的集聚能力、辐射能力和流通能力，可以以自身优势为基础来主导区域内的产业分工和产业协作，并能参与到更高层面的产业分工中，在国家乃至全球层面具有独特的竞争力。

在城市群系统中，综合型城市具有最完善的物质流结构，能够集聚城市群最优质的物质产品并对外提供最强的物质流供应，包括对城市群自身在社会经济方面能够做出最大贡献；同时，由于集聚效应和级差地租的存在，这些城市的土地利用也最为集约和趋于最大化，在生态空间的保证和生态流的提供方面做出的贡献最为有限，需要周边城市地区对其提供生态产品和生态服务以平衡城市群整体的经济与生态。

2. 专业型或均衡型

位于专业型或均衡型的生态位特点上的城市，是产业专业化较强的城市或是经济生态两个子系统能自身平衡较好的区域次中心城

① 赵维良：《城市生态位评价及应用研究》，博士学位论文，大连理工大学，2007年，第22页。

市，即城市群落物种中的亚优势种城市。这类城市或可依据自身独特的区位优势形成较为均衡的社会经济和生态环境兼顾的局面，或可依托某方面的资源优势形成具有独特竞争力的优势产业。其区位条件相对较好，一般紧邻中心城市。

3. 原生型

位于原生型的生态位特点上的城市，属于城市群中位置较为边缘、开发程度较低、经济发展相对落后的城市，在区域发展战略中属于“不被重视”，或由于要素、政策等的稀缺性而照顾不到，缺乏资金支持的地区。经济相对落后、位置较为偏远和缺乏促进发展的外部动力，造成发展条件的先天不足和后天缺陷。这类城市定位于城市群中的服务类型，依托自然生态的天然优势形成生态型城市区域，提供休闲旅游、度假、培训、农业或生态观光等生态产品，通过市场方式集聚经济要素补充物质流。另外，在城市群区域发展整体协调层面，通过规划的手段将这类城市所在空间定位于限制发展地区或禁止开发区以确保其生态性，基于其对城市群整体生态流的贡献，应制定城市群层面的生态补偿机制，确保相对落后区域提供生态服务的动力。

二　生态视角下的城市群空间演替实质

城市空间的演替是城市群空间演替的基础，是城市内外关系中各种自然因子和社会因子综合作用的结果。城市空间演替会出现，是因为当城市演化到一定的阶段后，由于既有生产方式逐渐相对落后、资源日渐枯竭、生态破坏和环境污染日益严重等现象出现，导致经济发展停滞、人民生活和就业困难等社会、环境乃至政治体制问题，因此，转型发展的形势出现了，由此，城市功能转型导致了城市空间演替。

因此，城市群演替在本质上具有城市群整体进化和城市个体进化的双重特征，且整体进化是个体进化的涌现特征，城市空间的演替是基础。城市群空间演替的过程从本质上反映了各城市产业聚散和功能变迁的过程，也即城市群各功能空间的互相作用或称互馈过程。而城市生态位反映的是个体城市在城市群中的时空位置及功能关系，所以生态位决定了互馈的内容和形式，也就决定了空间演替。即城市群生态系统空间演替的实质是以城市生态位调整反映出来的互馈结果。

三　生态视角下的城市群空间演替特征

同生物系统一样，城市群也处于动态的发展演替过程之中。城市群的发展既符合生物系统演替的一些基本规律，也有一些独有的特征。

（一）城市群生态系统空间演替总体表现为一个线性过程

在生态系统中，可以根据具体形式将演替划分为循环演替和线性演替两种类型。循环演替（cyclic succession）是指群落内部种类组成的循环变化。由于组成群落的生物有其出生、发展、成熟和衰亡的生命周期，当老年生物死亡后，在群落内留下的空间为其他物种的定居创造了条件，但当其发展到一定时期时，生境的改变又为原来的物种的重新生长提供了可能，如此反复交替，构成了循环演替（图3—17）。

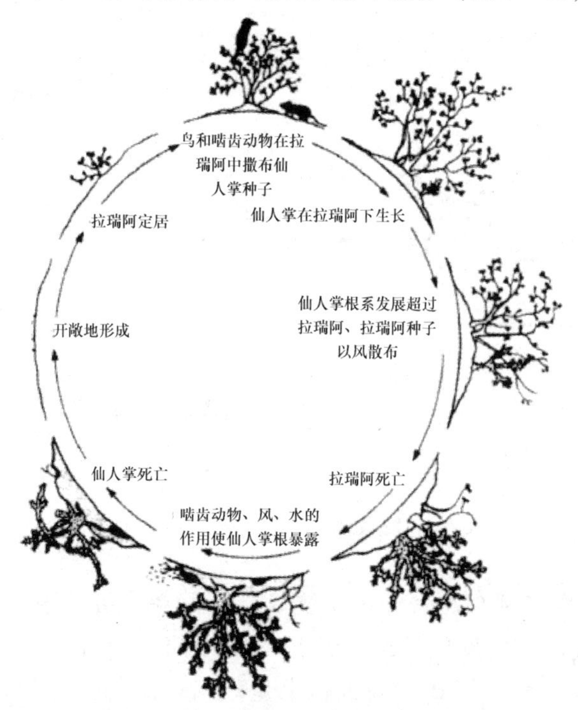

图3—17　荒漠灌丛的循环演替

注：发生演替的两种主要物种分别是珊瑚仙人掌（Opuntia leptocaulis），和三齿拉雷亚（Larrea tridentata）。

资料来源：转引自宋水吕《植被生态学》，华东师范大学出版社2001年版，第257页。

与周期性的循环演替所不同，城镇群落空间结构的发展演化呈现出一种以循环演替和线性演替交叉体现，但更多以线性演替为系统总体表现特征的过程。所谓线性演替（linear succession），又称定向演替（directional succession），是指在一个地段上，一个群落被另一个群落代替的有规律地向一定方向发展的过程（图3—18）。其主要原因还是在于人类的干涉作用。人类具有的主观能动性和创造性，使其能够提前进行判断和预测，从而采取经济、技术、政策等多种手段对其进行影响和调控，可以避免城市群系统走向周期性的灭亡，并不断进入新的发展阶段，即线性演替。然而这种线性特征并非没有限度，如果人类对自然界的干扰过度，或者由于战争等人为因素，以致有可能破坏地球系统的生态平衡，或对系统产生摧毁性的破坏，使其失去线性演替特征，导致系统灭亡。[①]

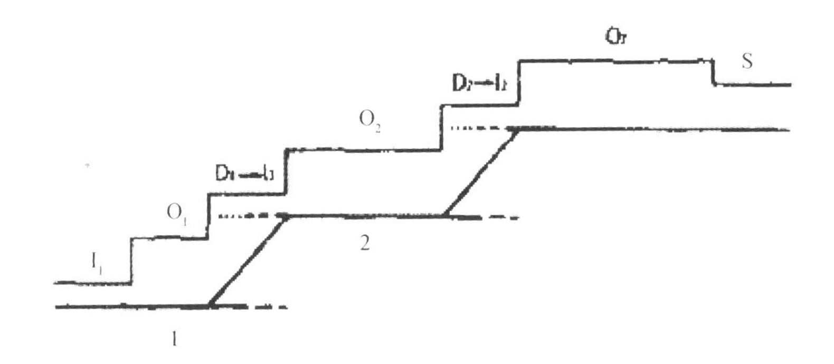

图3—18　具有三个演替阶段的线性演替

注：3个阶段分别为1、2、3，每个阶段再划分为起始（I）、最适（O）和衰退（D）。

资料来源：转引自宋永吕《植被生态学》，华东师范大学出版社2001年版，第257页。

（二）城市群生态系统空间演替具有生命周期规律

尽管城市群的发展呈现出较强的线性演替特征，但是就某一类型的城镇群落而言，其发展过程也呈现出一定的生命周期规律，即从城市群的成长、繁荣直到某些衰退迹象的出现。以美国东北海岸

① 李浩：《城镇群落自然演化规律初探》，博士学位论文，重庆大学，2008年，第53页。

城市群为例，尽管它被公认为是世界上规模最大、发育最成熟、世界影响力最显著的城市群，但是，美国东北海岸城市群的发展过程也并非一直处于一种直线形的上升趋势，例如，自 1950 年至 2000 年的 50 年间，尽管东北海岸城市群的人口绝对量从 3200 万增加至 4900 万，但其占全国人口的比重却从 21% 下降到 17%；近 20 年来，该区域在全国就业和 GDP 总量中所占的分量也呈现下降的趋势，1990 年到 2000 年，东北部 GDP 占全国比重从 20.16% 下降到 19.48%，与此同时，美国所有大都市区的 GDP 占全国比重从 84.3% 增加到 84.7%，特别是在加州南部（Southern California）墨西哥湾区（Bay Area）等地区，经济增长速度比东北部要快得多①，这表明，美国经济和人口分布的重心已逐渐从东北部和中西部的"冰雪地带"向西部和南部的"阳光地带"转移；尽管仍是全美规模最大、最发达的人口集聚地，但是东北海岸城镇群落在美国的国家社会经济体系中的地位，显然已有所下降。

这种情况充分说明，尽管一般来讲，城市群不会像生物个体那样遭遇"死亡"的命运，但是，在其发展过程，也呈现出一定的盛衰演替规律。当然，在人为因素控制下，城市群生命周期发展的趋向是朝着一种更高级的、更稳定的顶级城镇群落进化，从而保持系统的持续稳定发展。认识城市群发展生命周期规律的意义在于，对于某一地区的城市群发展而言，我们应该对其发展阶段进行科学的识别，在城市群的空间规划工作中，应该有针对性地对其发展所面临的问题进行诊断，区分轻重缓急，辨别主要矛盾，以便制定出适应于不同发展阶段需要的城市群空间发展引导与规划策略。

四　生态视角下的城市群空间演替动力机制

生态视角下，城市群演替的动力一般来自城市群之间或各城市之间的竞争、捕食、寄生、共生等。其中共生是各类种间（各城市之间）关系的最高境界，促进城市群空间正向演替动力的根本在于

---

① 陈熳莎：《当前美国大都市连绵区规划研究的新动向》，《国际城市规划》2007 年第 5 期，第 24—26 页。

促进各城市之间的共生。

（一）竞争

竞争是指具有相似需求的物种生活在一起时，为了抢夺生存的空间和资源，所产生一种直接或间接抑制对方的现象。[①] 作为一种具有生态智慧的特殊生命体，城市群的生存和生长同样需要多方面的资源，有人力、物力、空间等的有形资源，也有资金、知识、科技等的无形资源。由于资源的有限性，必然发生两个或多个城市群争夺同一类资源的情形，城市群之间也就出现了竞争。竞争一方面使系统远离平衡态进行自组织演化，另一方面推动了系统向产生更为有序结构的方向进行演替。从城市群系统内部来看，各级资源分布不均导致了竞争，一方面使得生态位形成分化，促使不同空间类型得以共存的同时并减少资源的浪费，另一方面也使空间发生了等级变化，各种城乡空间使得城市群系统产生了金字塔形等级分型镶嵌结构，即城市生态位的形成。

在竞争机制下，城市间对资源的争夺，其实质是生态位重叠情况下的分离过程。

1. 城市群内部的竞争

城市群内部的竞争体现为群内城市之间的竞争，其竞争目标更多来源于对城市发展空间的争取。同一个城市群内的城市，由于位置上毗邻，一个城市空间的扩大可能对相邻城市产生空间上的挤压和侵占，导致各城市之间在发展空间方面形成对自身实际利益的争夺。城市在群内发展空间上形成优势后，进一步，将会形成城市群内的相对区位优势，能够首先对群内的人力、物力等其他优质资源产生吸引力和凝聚力，从而进一步强化自身空间优势带来的整体优势。

2. 城市群间的竞争

事实上，城市群间的同质化竞争似乎更为明显。这是因为，作为参与全球分工的功能单元，已非一个城市的能力所能承担，需要区域整体的综合实力与协同作用，在这方面城市群已经取代了城

① 陈辉：《高新技术企业生态系统的运行机制研究》，博士学位论文，西北大学，2006年，第35页。

市。城市群广阔的发展腹地为其提供了整合资源的足够的负载力，又具有易于整合且相对完备的同时能够整合资源的经济架构和组织架构，为其参与更高层面的竞争创造了先天的条件。

城市群间的同质化竞争有其合理的一面。由于城市群地域广阔，群间间距较远，无法做到共享基础设施，在城市发展到城市群阶段，机场、铁路等同类大型基础设施的投入对于每个城市群的发展都存在一定的必要性。另外，城市群人口众多，市场广大，足以支撑某些基础性产业（尤其属于城市非基本职能、为城市群内部自身城市服务的产业）的一整套完整的产业链网的生产和消费，其优点在于节省城市群间的跨区域长距离物资的运输成本，都市圈的存在便是这种有限区域经济的最好例证（图3—19）。该现象的经济学解释是，当生产成本大于运输成本时，人们选择自己生产，反之则选择从外面进行运输。

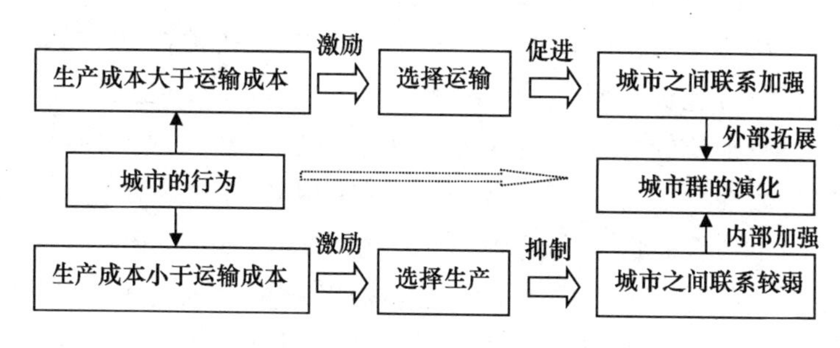

图3—19　有限区域经济的经济学解释

资料来源：笔者自绘。

因此对于城市群之间的同质化竞争不能一概而论、全盘否决。其同质化如若体现在必要的基础设施和群内城市基本供养方面，则是基于节约成本的理性选择，是合理且值得鼓励的；但若基于全球产业链竞争的层面，则宜结合自身资源条件形成的比较优势，分段嵌入，错位发展，避免走同质化的恶性竞争和资源浪费式的粗放道路。

城市群之间的竞争很大程度上取决于群间优势种城市之间的竞争。首先，同一层面的城市之间具有竞争惯性心理。这是因为，同一层面的城市在经济社会发展方面更具可比性，类似的发展基础与水平使得同一层面的各城市具有相似的竞争能力，容易出现争夺某种资源例如对优势种地位的争夺而产生恶性竞争的局面，另外也有通过对比找准自身短板、借鉴兄弟城市经验以求城市经济发展取得更大突破的愿望。其次，城市群的优势种城市，或者可以理解为城市群的特大城市，在很大程度上决定了城市群的整体实力，也代表了城市群的整体实力。优势种城市之间的竞争，也即区域之间特大城市之间的竞争，既是实力的较量，也是对自己在全国乃至全球经济版图中重要地位的争夺，更有对城市群发展空间的争取。对于优势种城市间的竞争来说，其竞争状态较为激烈，需要依托自身所在城市群体系，充分利用自身所处的资源条件以及所处区域的外部环境条件，在整个国家或地区的分工中走异质竞争道路，选择区别于竞争对手的生态位，并主动承担与其优势相符的城市职能，也即错位发展。

（二）捕食

自然界中存在着许多不同的种群，其中某些种群是依靠丰富的自然资源即可生长，而另外一些种群的存在则需要通过捕食那些依靠自然资源生长的种群，表现为一种生物吃掉另一种生物的直接对抗性关系。在生物学上把依靠自然资源生存的种群称为被捕食者（prey），而依靠捕食为生的种群称为捕食者（predator）。城市之间也存在捕食关系。一个城市的存在必须以一定范围的地域空间为载体，因此，城市群中捕食关系最直接的表现是城市之间地域空间的侵占[①]，最直观的表现是行政区的合并。

1. 城市群中捕食现象的积极意义

捕食增强了城市群整体的发展实力。自然界的捕食是出于生存的需要，为了获得维持自身生命的能量。与自然界的捕食不同的是，城市群系统中的被捕食者并没有完全消亡，而是融合到捕食者之中与其成为一体，只是其独立的管理主体不存在或处于从属地位。城市群中的捕食意义在于能够打破行政壁垒，减少管理主体与管理层级，协调城市之间或城乡之间的矛盾，获得一体化的发展空

---

① 陈绍愿、张虹鸥、林建平、王娟：《城市群落学：城市群现象的生态学解读》，《经济地理》2005年第6期，第812页。

间，有效整合捕食者城市与被捕食者城市的资源，形成发展合力，从而增强城市群整体的发展实力。

符合被捕食者城市或地区的主观意愿。被捕食者城市一般处于相对弱势的地位，属于相对落后地区，其居民从心理上希望能够融合到周边较强城市或地区中，通过被合并提升自身的发展地位和综合实力，共享发展成果，共同进行应对。例如20世纪90年代起我国许多大城市、特大城市实施的“撤县改区”的行政区划调整，即是城市间或城区间捕食现象的典型案例，大城市为了整合周边资源，增强自身实力，将周边小县城纳入自己的行政城区，从而实施大城市的区域管治。对于周边小县城来说，其各级行政级别也都因此升级，例如农村直接变为城市社区，乡镇升级为城市的街道办事处等，此举迎合了国人对城市高看一等的心理，因此对于原区域内的大多数居民来说都是非常愿意接受的举措。[①]

2. 城市群捕食行为的消极影响

城市群捕食行为虽有一定的积极意义，但也可能带来一些负面影响。一方面，这种捕食可能会削弱被捕食行政单元的主观能动性和积极自治能力。被捕食城市原有独立的政府职能及行政管理权将不复存在，一种情况是随着行政级别的提高，部分管理和审批权限势必会上收，例如撤县并区，原行政单元的自主自治能力在一定程度上势必被削弱。另一种情况是被捕食城市的行政管理职能撤销，由捕食城市直接进行管理，在捕食城市管理区域“突发性扩大”的情况下，受发展重点在中心主城区的观念、财政能力有限不能全面铺开等原因，被捕食行政单元在各方面的支持和建设上可能处于后置甚至被忽略的境地，导致发展速度还不如原来且发展已不受自己控制，发展动力受限，从而可能进一步扩大地区发展差异。另一方面，城市之间发生捕食关系后，虽然城区人口、空间规模急剧扩大，但在相当长一段时间内难以改变原有的农村人口、产业、管理体制等，即其城市化质量并未得到提升，这就造成了一种名不副实的“虚假”城市化。其严重的后果是，可能引发地方借机大兴土

① 胡晓玲、胡建平、聂东芳：《“撤县改区”对中部特大城市区域作用影响研究》，载《2007中国城市规划年会论文集》，第120页。

木，盲目建设，浪费土地，增加城市经济泡沫。

因此，笔者认为，快速城市化发展过程中的捕食应有所控制。我国在多年的计划经济体制管理下，生产力布局以行政区经济为导向，各类基础设施和公共设施的布局都围绕中心城区进行，造成区域辐射作用在空间上的快速衰减，极化特征十分强烈；同时刚已论述的这种合并集聚会降低基础单元的活力，由于行政力实际上侧重于中心城区，对周边远城区的管理和支持力量有限，反倒造成城乡、区域差距拉大。[①]

3. 不同阶段的捕食形式

初期中心城区对周边城区的捕食。在城市化初期阶段，我国城市发展受制于自上而下的行政区设置，在经济发展水平还不是很高的情况下，自身的发展空间较为充足，还不需要突破行政区边界。较大的城市可能还有中心城区和边缘城区，或者周边众多小县城、城镇等广大地域空间。

中期大城市对小城市的捕食。实力较大的城市具备一定的吸引力，可“捕食”周边弱小城市，弱小城市为了依靠这种强大的力量也愿意与大城市连为一体，以求获得更大的整体规模和竞争实力。因此城市之间的捕食关系一般发生在行政级别有差异的城市之间，行政级别相同的城市之间也有此情况，但由于博弈的存在不容易成功。

后期城市群对都市圈的捕食。如前述所论，都市圈是城市群发展的初级阶段，在一定地域范围内，不同增长极可以同时在多个极点发展，并由于发展速度的不一产生不一样的城市空间组合形态，或处于不同的发展阶段，当非中心城市间形成都市圈时，会被更大地域范围内的更高级别的城市群（一般是中心城市形成的城市群）所吸引，由于发展条件的差异或称之为发展势能的存在，双方都有共同意愿融入对方一体化发展，但一般由更高级别的城市群主导，由此形成了事实上的城市群对周边都市圈的捕食。

（三）寄生

根据生态学理论，寄生是指一种生物（寄生者）寄居于另一种生

① 胡晓玲、胡建平、聂东芳：《“撤县改区”对中部特大城市区域作用影响研究》，载《2007中国城市规划年会论文集》，第124—125页。

物（寄主）的体内或体表，通过从寄主处获取养分并维持生活的现象。城市种群之间、城市群与城市群生态系统之间同样也存在着寄生关系。

在城市的现实成长中，各城市总会倾向于选择一条有利于自身快速成长的“捷径”，并优先根据自身资源禀赋的特点进行合理的职能定位以求快速发展：有较强行政作用的中心城市一般会凭借城市政治、经济、文化的优势迅速成长，交通枢纽城市会利用其港口、铁路、公路、航空等交通资源定位发展，产业型城市则需要根据产业的规模、类型、集中度、技术水平等特点选择成长路线，等等。如果自身职能定位和资源禀赋不具备明显的比较优势，城市要实现快速发展存在一定的难度。例如我国很多小城市具有丰富的资源条件，但受困于较为偏僻的区位，资金支持不足等诸多因素，发展速度极为缓慢，此时，在被捕食可能性不大的情况下，它为了达到实现自身跨越式发展的目的，只能凭借自身的资源优势与周边条件较好、实力较强的城市或城市群开展合作，通过这种依附关系而实现“被带动式”的快速成长，这就是一种典型的城市寄生现象。

从寄生的生存意义上来说，寄生的主要目的就是通过依附于宿主并利用宿主的优势和实力来发展自我和改变弱小的状态。相对弱势的城市可以通过“寄生”的方式，在一定的时间内将自己依附于等级更高、实力更强的城市或融入城市群中，寻求获取更好的生存和发展机会。

从国家层面来看，城市体系作为一个网络系统，它是由规模、等级不同和经济活动强度各异的诸多城市组成。在城市联系方面往往表现为以所处层级较高的城市为中心，纵向上地域相邻城市紧密联系，横向上等级规模相近城市间联系密切的特点，形成一个巨大的城市网络体系。面对全球市场一体化的浪潮，各个不同等级的城市为了提升自身的竞争实力，都可以通过“寄生”依附于实力更强、等级更高的城市寻求更好的发展。[①] 在城市群动态发展过程中，各城市寄生的对象也是动态变化的。有的城市的寄生模式相对简便，只需要选定城市群里的一个实力更强的城市寄生，就能轻易实现快速发展。有的城市的寄生模式则相对复杂，往往需要根据不同的发展阶段同时从城市群中选定两个或以上实

① 曾鹏：《生态学视野下的城市成长研究——基于种间竞争的城市“寄生”与“共生”》，《城市问题》2007年第6期，第25页。

力更强、等级更高的城市寄生。

（四）共生

1. 共生是各类种间关系的最高境界

共生被认为是在生态系统中一种常见而理想的行为状态，是指两物种相互有利的共居关系，彼此间有着直接的营养物质的交流，相互依赖依存，双方获利。[①] 然而共生现象在生物界的普遍存在及其在生命进化中的强大作用表明[②]，共生是所有种间关系的最终体现和最高境界。

（1）竞争关系的共生性

地球生命系统在发展进化过程中除了存在生存斗争，并由此产生变异和多样性外，还存在追求生存合作，进行生存利益交换，共同提升生存竞争力并分享合作成果，进而达到共生存、共发展、共繁荣的更高层次目标，说明共生是比竞争更根本、更普遍的生存与进化的机制。[③]

生物个体间存在的竞争关系，包括种间竞争和种内竞争，通过竞争淘汰不适者，保留更健康的种群，使种群的数量与环境容量相适应，避免资源枯竭引发更大的生态灾难。[④] 从这个角度来说，竞争的实质还是一种生物间的互利共生关系，是局部利益服从于整体利益、短期利益服从于长远利益、生存利益服从于发展利益的一种系统自发的调节机制，终极目标是通过这种调节，在生态系统的种群和群落层面形成更为稳定持久的共生关系。[⑤] 生物演化方向并不是朝着竞争最大化的方向进化[⑥]，但是一定是向着共生的方向演进[⑦]。

① 赵红、陈绍愿、陈荣秋：《生态智慧型企业共生体行为方式及其共生经济效益》，《中国管理科学》2004 年第 12 期，第 11 页。

② 王慧钧：《中原城市群发展研究》，科学出版社 2009 年版，第 100—101 页。

③ 同上。

④ 同上。

⑤ 王慧钧：《中原城市群发展研究》，科学出版社 2009 年版，第 107 页。

⑥ 同上。

⑦ 自然生态系统中不存在无限制的生存竞争，否则生物将以惊人的速度灭绝，据统计，在人类文明产生之前，活跃在地球上的数以百万计的物种也是需要约一百年才会有一个物种灭绝。

脱离共生来谈论生物竞争或者脱离竞争谈共生都是没有意义的[①]，这两者其实并不排斥，生物竞争的目的是实现更好的共生。如今社会越来越理性地提出了各种以促进共生为目标的规则，引导着人们价值观或行为方式。共生所体现的是生态系统的本性，内涵博大精深。共生既是人类与其他一切生物的最大共同点，也是最本质的区别，城市群就是在万物共生基础上进化产生的高级共生系统。[②]

（2）捕食关系的共生性

通常情况下，在生物捕食的过程中，相对弱小的个体更容易遭到捕食，留下来的获得了更多的生存资源和发展空间。[③] 捕食残酷地实现了弱者淘汰、适者生存，优化了存活的个体素质，并保证了其生存空间，生态系统的各类资源也得到了最优的配置。从这个角度来看，捕食关系也体现了更高层面的一种互利共生关系。

（3）寄生关系的共生性

现存各类寄生关系中，从短期来看，寄生体需要从宿主直接获取养分，对宿主造成了损害，这种关系可能是有害的，但如从较长时期的角度分析，事实上，大部分寄生体与宿主通过寄生关系逐渐进化为互利的共生关系，如各种动物肠胃内微生物群落有助于食物消化，这也说明了寄生有助于种群的生存能力的提升，可以看作生态系统负反馈调节机制的一部分[④]，是共生的一种特殊形式或特殊阶段。

（4）共生关系的普遍性

新达尔文主义提出，生物并不总是被动地去适应自然界，相反，正是共生作用客观上促进了生物的进化，表现为不同物种个体为了各自的生存和发展，必须相互适应、包容合作，从而产生生物个体进化和生态系统平衡，尤其在进化方面，其作用和意义远远超过了

① 生物通过自然选择机制，所筛选的生物物种要么是因其具有更大的内部共生优势，要么是通过与其他物种联合因而产生了更大的外部共生优势，从而进化为获得更大竞争优势的物种。

② 王慧钧：《中原城市群发展研究》，科学出版社2009年版，第107页。

③ 同上。

④ 同上。

具有偶然性的生物突变。[①] 美国生物学家马古利斯·林恩首先在真核细胞的起源和形成机制上提出的内共生理论[②]认为，共生是生物演化的最主要机制。[③] 在此基础上，内共生理论推广到以此论证整个地球生物圈“超级有机体”——盖娅的形成机制。[④] 目前内共生理论与盖娅假说（其核心思想是认为地球是一个生命有机体）都得到主流科学界越来越普遍的接受和承认，共生被认为是人类社会及城市产生与发展所不能违背的最核心法则，因而，从本质上可以把整个生态系统看作一个多元、多层次和高度复杂的立体共生系统或共生网络，即直接或间接的共生关系存在于系统中任何生命体之间。[⑤]

2. 城市共生的相关研究

在城市共生的研究方面，最早的主要为20世纪上半叶美国著名的芝加哥学派开创的城市社会生态学理论对城市社区的共生机制的研究；此外，在城市规划领域，日本城市规划建筑大师黑川纪章提出了“共生城市”的规划概念等。[⑥] 国内主要则以王慧钧对于共生的理解分析最为深入和全面。

这些研究和应用从一个新的领域开拓了人们对于城市的认识，一般的研究存在的主要问题是没有认识到共生的普遍性，没有深

---

① 又称现代综合进化论、现代达尔文主义，将达尔文的自然选择学说与现代遗传学、古生物学以及其他学科的有关成就综合起来，用以说明生物进化、发展的理论。它的代表著作是1937年出版的、美国学者杜布赞斯基（T. Dobzhansky）的《遗传学与物种起源》一书。1942年，英国生物学家赫胥黎（J. S. Huxley）首次称它为现代综合进化论。

② 内共生学说（endosymbiont hypothesis）关于线粒体起源的一种学说。认为线粒体来源于细菌，即细菌被真核生物吞噬后，在长期的共生过程中，通过演变，形成了线粒体。由美国生物学家马古利斯（Lynn Margulis）于1970年出版的《真核细胞的起源》一书中正式提出。

③ 认为，“大自然的本性就厌恶任何生物独占世界的现象，所以地球上绝对不会有单独存在的生物”。其实并不是大自然“厌恶”独占，而是各类生物的生存与繁衍发展利益必须得到同时满足并保证可持续性，而只有共生才能实现；王慧钧：《中原城市群发展研究》，科学出版社2009年版，第107页。

④ ［美］马古利斯：《倾斜的真理——论盖娅、共生和进化》，李建会译，江西教育出版社1999年版，第481页。

⑤ 王慧钧：《中原城市群发展研究》，科学出版社2009年版，第106页。

⑥ E. 帕克等：《城市社会学》，宋峻岭等译，华夏出版社1987年版，第5—40页。

入地发掘和研究其概念与内涵，而仅讨论其几种表象模式。王慧钧指出其根源在于“没有认识到整个自然生态系统本身整体上所有的生态关系，甚至生命有机体内部各个层次的关系实质上都是符合共生法则、按照共生机制运行和进化的”。并指出迄今为止国内都还只是在泛泛的意义上来理解共生，在城市与生态城市研究领域则只是抽象地提到共生的原则或概念，并且在极其狭义的层面和意义上使用，如王如松教授提出的“城市社会—经济—自然复合生态系统”概念的有关论述中把竞争、共生、自生和对立并列起来理解使用。[①]

3. 城市群的共生

我国传统文化中就有“天人合一”的自然共生观，“以和为贵”的和谐共生价值观，“和而不同”多元互动共生原则以及“阴阳五行”“相生相克”等原始的共生思想，并运用于社会生活的各个领域，包括城市营造、城市建设方面，例如关于城市选址的风水堪舆学，朝向、建筑形式等方面顺天法地的思想。只是进入城市化快速发展阶段后，由于技术得到过度推崇，这一思想没有更多地体现，并让位于经济建设和政绩等方面的形势要求，但这一思想在人类追求可持续发展的道路上从未消失，并在发展面临绝境时照亮前行的方向。在面临资源与环境双重压力的今天，共生思想再度成为社会各界关于城市发展指引的普遍共识。共生虽是种间关系的一种，但在城市种群之间和城市群生态系统之间也都同时存在。

在城市群形成与演化中，系统中的各种城市尽管能够独立生存，但若它们进行合作，则可以使彼此都能获得更多的生存发展空间。不断发展的城市之间与其说充满竞争，倒不如说更多的是合作关系，这种合作关系使得城市之间形成了共生状态。城市之间的共生包括两种类型，一是以资源共享方式来提高规模经济效益，二是利用资源互补、分工合作来提高专业化程度和聚集经济效应。[②] 通过

---

① 王慧钧：《中原城市群发展研究》，科学出版社2009年版，第103页。

② 陈绍愿、张虹鸥、林建平、王娟：《城市群落学：城市群现象的生态学解读》，《经济地理》2005年第6期，第812页。

基础设施、信息资源、专业人才市场等的共建共享，共同应对外部环境变化带来的各种风险。

在城市群之间，由于位处产业链的不同环节，不同的城市群之间也存在基于上下游产业链关系的共生关系。城市群之间通过各种形式的合作，实现资源共享、优势互补，以克服单个系统资源不足或片面追求“大而全”带来的缺陷。经过竞争、捕食、寄生等各类复杂生态关系之后的共生系统之间差异便会越大，系统多样性便越高，从共生中受益也就越大。

五　生态视角下的城市群空间演替内部组织机制

基于生态系统的视角，城市群空间演替的内部组织机制表现为：自组织机制、遗传机制、突变机制、自然选择机制和协同进化机制。其中自组织机制是基础，是城市群系统的遗传、突变、自然选择和协同进化等生态性机制得以发挥的条件。

（一）自组织机制

系统是指一个由若干相互联系、互相制约的部分组合在一起，具有某种特定功能的有机集合或整体。按照动力来源与形成方式的不同，系统可以划分为自组织系统和他组织系统。所谓“自组织”是指开放性系统在形成有序结构的过程中，不需要外界条件的干预，系统在自身内外矛盾的共同作用下，自行演化、自行组织，自发从无序结构向有序结构演变的过程。而“他组织”，则是指系统自身的形成不能依靠自行创生、自行演化及自行组织来达到有序状态，只能借助外界的特定指令来推动其形成及有序演化。

自组织系统和他组织系统并非有严格的区分。事实上，自组织和他组织这两种现象同时存在于自组织系统的内部。[①] 无论对任何一个自组织系统的子系统，自自组织结构形成之日起，这些子系统无不存在着被整个体系支配、组织或控制的状态，并受到体系内不同演化方式的制约。对这类子系统而言，就类似于他组织。而且在

① 仵凤清：《基于自组织理论与生态学的创新集群形成及演化研究》，博士学位论文，燕山大学，2012年，第21页。

整体自组织系统中，也会存在局部有他组织的情况，只是它们的形成方式不尽相同，自组织系统中他组织状态的子系统是受一种无形的影响性支配，是有规律的支配和役使，而他组织系统中子系统的被支配和役使都是外来的硬性且非规律性有形的支配和役使。[①] 一般认为所有的人工系统都属于“他组织”模式，因为都有人为从外部对其加以设计、组织和控制，即按照特定的外部干预作用来完成系统从低序到高序、从无序到有序、从某种有序到另一种有序的演化过程。

城市群是一个大大的自组织系统（能够自行发展演化）和他组织系统（例如需要来自太阳的能量维持、需要自然地理的支撑等）的结合体，是自组织系统和他组织系统的复合体。同时城市群也包含了很多个自组织系统和他组织系统，并且这两种系统相互融合，在一定条件下可以相互转化（图3—20）。对于城市群来说，如果将人视为其中与生态环境、经济产业等同时存在和相互作用的一个特

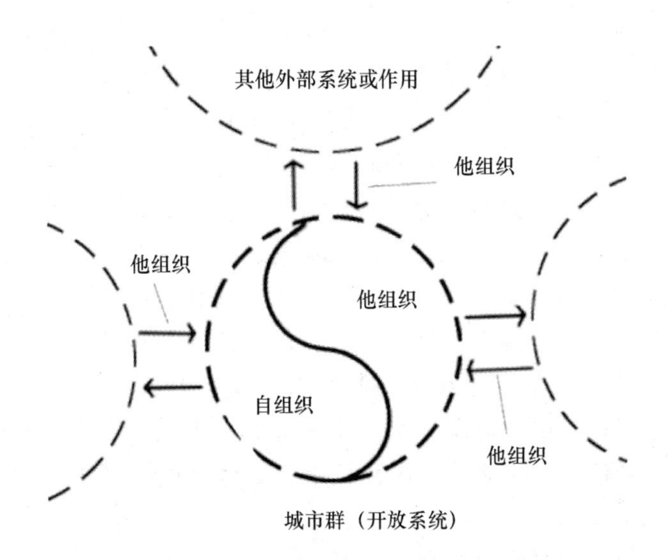

图3—20　“自组织”和“他组织”对城市群的影响

资料来源：笔者自绘。

① 仵凤清：《基于自组织理论与生态学的创新集群形成及演化研究》，博士学位论文，燕山大学，2012年，第21页。

定个体或部分，人的活动属于城市的内生力量之一，那么城市群可以视为一个可以自行演化的自组织系统。城市群中的产业系统、市场系统等企业集群系统同时也是其内部的次一级自组织系统。如果将人视为城市群发展系统中的外部支配力，那么城市群也可以视为一个在人为因素干预下的他组织系统，并且最具代表性和最有作用力的人为因素是政府。

对于城市群中的任何一个系统，不论简单或复杂，之所以能够变化演进，一方面是有使之产生有序演化的外部环境，即他组织的存在，另一方面是系统内部个体之间的相互作用，并且这种相互作用起了核心和关键作用，城镇系统内部的各种层次个体间的相互作用是推动城市群演进的根本动力，促使城市群成为自组织系统，能够从低组织度向高组织度形式演进，从简单到复杂、从单层次向多层次、从小范围到大范围的发展。这符合城市群城镇体系演变的历史和现实情况。[①]

自组织和他组织的这种相互作用可以表述为：自组织是一种自利行为，他组织则通过外部力量强化这种自利行为。或者说自组织是城市群形成的基础，他组织是一种对自组织进程的修正。[②] 对于城市群来说，系统内个体之间的相互作用有赖于信息、能源、交通、规划等方面的技术创新和政策变更等他组织的干预，这些干预会带来城市发展动力的变化。例如对于产业来说，“商业选址是朝着交易成本低的地方迁移，全球化时代的生产企业总是朝着生产成本低的地方流动”[③]。这就是城市单个微观主体的一种典型的自组织行为，政府通过直接投资城市基础设施、改善城市环境和制定交易规则、提供法律保障等政策和制度改善交易环境可以强化这一行为。像互联网、电力能源和交通工具等的技术变革和进步都会对城市群体系的演进带来影响，因为城市内个体之间和城市之间相互作

① 仇保兴：《集群结构与我国城镇化的协调发展》，《城市规划》2003 年第 6 期，第 7 页。

② 王伟：《中国三大城市群空间结构及其集合能效研究》，博士学位论文，同济大学，2008 年，第 24 页。

③ 仇保兴：《面对全球化的我国城市发展战略》，《城市规划》2003 年第 12 期，第 7 页。

用的机制因此而发生了变化（表3—3）。

表3—3　　城市群的生成演化体系

体系分类	特点	表征举例	城市群生成机制	主要实施主体
自组织体系	内部自生的柔性演化体系	主动、适应性	经济、产业等的演化	企业集群或个体
他组织体系	外界强加的刚性约束体系	被动、规范性	政策、制度等的作用	政府

资料来源：笔者整理。

研究城市群系统自组织与他组织特性的意义在于：自组织系统的演化动力在系统内部，是系统内部子系统的相互作用推动了系统的演化，自组织系统的演化要优于他组织系统的演化，系统整体和内部各个子系统都具有活力。因此，一方面，我们要维持城市群各系统的自组织特性，尤其是不能对生态环境系统造成破坏，或者对已破坏的环境进行治理和保护；另一方面，当我们在对城市群之类的开放自组织系统施加外部作用和影响，即进行“他组织”的时候，可以根据既定的目的按照一定的要求使系统的内部构造具有某种特征，使体系中的个体（例如某个城市或某种产业）在运行时依据相应的运行机理相互影响，通过影响个体行为及交互方式实现对复杂自组织系统的影响，从而使系统内部自发地实现从无序走向有序、从低级向高级的进化和生态化发展。

1. 自组织的基本理论

自组织理论（又称复杂系统科学）是20世纪60年代末期开始建立并发展起来的一种系统理论，是关于复杂自组织系统的形成和动态演化机制的理论集合。它的研究对象主要是复杂自组织系统（生命系统、社会系统等）的形成和发展机制问题，即在一定条件下，系统是如何自动地由无序走向有序，由低级有序走向高级有序的。其基本思想可以概括为一句话：一个远离热平衡的开放系统，只要能够保持与外界不断地交换物质和能量，当外界达到一定阈值时，就将会产生新的序，或曰发生质变。[①] 在此先介绍一个重要概念：熵[②]，一般用来表示系统的无序度。熵值越高，系统内部越混乱、越无秩序。

自组织理论博大精深，包括耗散结构理论（Dissipative Structure System）、协同学理论（Synergetics）、超循环理论（Hypercycle Theory）、突变理论（Morphogensis）、混沌理论（Chaotic Theory）、分形理论（Fractal Theory）以及当代复杂性理论等。这些相互联系而统一为自组织理论的不同的方法论是一个序列，一个研究自组织各个方面和全过程的方法论集合体。但通常情况下我们只将普里戈津的耗散结构理论和哈肯的协同学理论统称为自组织理论。

（1）耗散结构理论——自组织演化的条件方法论[③]

耗散结构是开放系统在远离平衡态时可能形成的一种时空有序结构。它是1969年比利时布鲁塞尔学派创始人普里戈津提出的。一个远离平衡态的开放系统，通过不断与外界交换物质和能量，在外界条件变化达到一定阈值时，形成新的一种有序结构。这种结构要依靠耗散外界的物质和能量来维持，因此称为耗散结构。[④]

在《演化的热力学》一文中，普里戈津把系统分为三种类型。一是孤立系统，它与周围环境不发生任何物质、能量和信息的交换，其运行完全遵从热力学第二定律[⑤]；二是封闭系统，它与外界不发生物质和信息的交换，只发生能量的交换。从长期来看，其运

---

① 周吉善：《科学理论中的误区（之五）：牛顿范式与非牛顿范式》，2012年3月16日（http://blog.sina.com.cn/s/blog_623eb9a00100znnj.html）。

② 熵是对某一封闭系统中，由有效能量转化而成的无效能量的量度，也可以说，熵是作为度量一个热力学系统无序状态的量度单位。熵定律的内容是："在所有过程中，熵的增加是不可逆的。"这种不可逆说明在一个封闭系统中，能量只能由有效能量转化为无效能量，系统的整体状态只能由有序变为无序。

③ 汤正仁：《耗散结构论的经济发展观》，《经济评论》2002年第2期，第32—35页。

④ Prigogine I., *Introduction to the modynamics of Irreverible Processes*, 3rd ed. New York: Interscines Pub., 1967.

⑤ 热力学基本定律之一，内容为不可能把热从低温物体传到高温物体而不产生其他影响；不可能从单一热源取热使之完全转换为有用的功而不产生其他影响；不可逆热力过程中熵的微增量总是大于零。

行也服从热力学第二定律；三是开放系统，它同时存在着物质、信息和能量的交换，三者缺一不可。耗散结构理论的研究对象就是这种开放系统。一个开放系统，在从平衡态到近平衡态的推进过程中，当到达远离平衡态的非线性区，一旦系统的某个参量变化达到一定的阈值，系统就能通过涨落发生非平衡相变，由原来的无序混乱状态转变为一种时间、空间或功能有序的新状态。这种新状态需要不断地与外界交换物质、能量和信息才能维持，并保持一定的稳定性，且不因外界微小的扰动而消失。这种在远离平衡的非线性区形成的新的稳定有序的宏观结构，普里戈津称之为耗散结构。系统这种能够自行产生的组织性和相干性，称为自组织现象。因此，普里戈津又把耗散结构理论称为非平衡系统的自组织理论。[①] 由此，我们也可以看出“耗散结构理论”是关于发生自组织演化的条件方法论。

耗散结构理论的主要内容包括以下方面：①系统必须是开放的。②系统必须远离平衡态。只有在远离平衡的条件下，并且与外界交换物质、能量和信息，才可能形成新的有序结构。因此，“非平衡是有序之源”。③系统内部各要素间存在非线性的相互作用。非线性相互作用具有相干性，系统内部各要素通过相互协同、制约和耦合可以形成新的整体效应、产生新的结构和功能。④随机涨落。对耗散结构而言，涨落是促使系统从不稳定性状态跃迁到一个新的稳定有序状态的动力因素。这就是耗散结构理论的重要结论“通过涨落导致有序”[②]。

总体来说，耗散结构方法起一个构建自组织系统所需条件的作用，它研究体系如何开放、开放的尺度以及如何创造条件使系统走向自组织等问题。将耗散结构理论运用于系统研究中，可以判断这个系统是否具有形成自组织的前提条件，是否可以发生自组织演化，是否能够自行形成有序结构，这也是本书研究耗散结构的意义所在。

---

① 谌垦华、沈小峰：《普里戈津与耗散结构理论》，陕西科学技术出版社 1982 年版，第 101—102 页。

② 汤正仁：《耗散结构论的经济发展观》，《经济评论》2002 年第 2 期，第 33 页。

（2）协同学理论——自组织演化的动力方法论[①]

协同学方法在整个自组织理论中处于一种动力学方法论的地位。1977年，德国物理学家哈肯提出协同学理论，其研究对象是由完全不同性质的大量子系统（诸如电子、原子、分子、细胞、神经元、力学元、光子、器官、动物乃至人类）所构成的各种系统，这些子系统通过怎样的合作才在宏观尺度上产生时间、空间和功能结构的[②]，以及系统如何保持自组织活力，所包含的重要概念和原理有：竞争、协同和支配（或役使）以及序参量的概念和原理，揭示系统自组织的机制。

协同学突破了以往线性科学着眼于他组织的局限，研究了系统如何通过内部各子系统之间的竞争及由竞争导致的协同，最终形成有序结构的系统自组织动力机制问题。复杂系统的自组织过程实质上是在一定条件下自发的协同而形成有序的过程，即系统内部大量子系统之间相互竞争、合作而产生协同效应，以及由此产生的序参量支配，导致宏观的空间或时间有序结构形成的过程。[③]

自组织理论的兴起，是人类划时代的科学革命，它彻底抛弃了牛顿经典物理学的研究框架（牛顿范式物理学就是采用隔离法去描述单个物体运动规律的一种理论体系），使人类能够以崭新的视角审视自然和社会经济现象，具有重大的认识论和方法论意义。

2. 自组织系统的基本特点

根据自组织理论，内外部涨落机制可以在给定的一定条件下诱致复杂系统自发地从无序走向有序，从而实现从低级向高级的进化。这种复杂系统即为自组织系统。

自组织系统的基本特点为：

一是组织系统都是开放系统，与外界环境有着千丝万缕的联系，在社会中扮演着一定的角色，发挥着特定的作用。但是并不是每一个组织系统都能在社会中恰如其分地执行自己的任务。除了外界环

---

① 吴彤：《论协同学理论方法——自组织动力学方法及其应用》，《内蒙古社会科学》2000年第6期，第19—26页。

② ［德］H. 哈肯：《高等协同学》，科学出版社1989年版，第3—5页。

③ 叶金国：《技术创新与产业系统的自组织演化及演化混沌》，博士学位论文，天津大学，2003年，第12页。

境因素之外，另一重要原因则是组织系统内部的无序程度。无序度一般可以用熵来表示。熵值越高，系统内部越混乱、越无秩序。

二是自组织系统不需外界指令或作用而能自行组织、自行演化，能自主地从无序走向有序，即开放系统的熵值是可以改变的。

3. 城市群的自组织特征

开放性、非平衡性、非线性与随机涨落是复杂系统形成自组织能力的必要条件和主要特征。[①] 城市群系统是由自然资源、生态环境和社会人文等子系统组成的一个有机整体，这些子系统又分别有各自的演变规律并且受制于其他因素的制约，这样便形成了一个相互联系、相互支持和相互制约的复杂关系，这个关系便构成了城市群系统的结构。具体来说是由人口、物质、信息、能量等要素在一定目标下组成的一体化系统，具有经济的整体发展、产业结构、劳动力的质量和分布、资源的丰富或贫乏、传统习俗和价值观念以及市场容量的大小等诸多特征[②]，所以城市群系统本身就是一个耗散结构体，具有明显的自组织特征，在物质和意识形态的共同作用下，会产生城市空间的自组织演化规律。

（1）开放性

城市群作为一个开放的大系统，离不开所处的外在环境，它同所在的环境之间有着不间断的物质流、能量流、信息流的交换。能量流主要是太阳每日对地球输入的有效能量，例如植物的光合作用对太阳能的转化以及人类对太阳能的直接利用。信息流则主要是通过城市群之间信息的传播网络完成。在物质流方面，城市群系统的发展首先体现在某一具体的空间上，由于区位之间存在差异，城市的空间发展会从区位优势较高的地区开始，不断使人流、物流、资金流大量集聚于此，优势区位得到发展便产生了位势，促使人类活动从低位势向高位势流动，从而形成整个区域经济系统从无序走向有序的一种负熵流，系统便有了产生自组织现象的基本条件。

（2）非平衡性

复杂系统非平衡性的重要标志是其各要素或子系统之间的异质

① 曾国屏：《自组织的自然观》，北京大学出版社1996年版，第177页。

② 刘辉：《城镇土地扩展与规划情景模拟研究》，博士学位论文，武汉大学，2009年，第38—39页。

性和差异性。城市群自组织系统内的各要素具有不同的自然属性、社会属性和运动形式，在其发展过程中所承担的作用和功能具有很大的差异，各个要素之间虽然相互作用但并不能互相替代。例如其中的城市自然生态子系统和城市社会生态子系统，其差异性显而易见。因此，城市群系统是一个远离平衡态的非平衡复杂系统。

（3）非线性

系统的非线性特征主要体现为系统组成部分和状态变量之间的非线性。[①] 在城市群系统内，自然、环境、资源、人、物质、社会等之间进行着广泛而复杂的交互作用，各要素之间的联系构成了复杂而深刻的联系网络结构，结构的整体功能大于两两关系功能之和，远非线性关系所能描述和解释，因而该系统具有十分明显的非线性特征。在此意义上，城市群是一个非线性的自组织过程。

（4）随机涨落

随机涨落机制是复杂系统从自稳定向自重组演进的干扰性力量，有助于系统由原有秩序向新秩序突变[②]，一般包括系统内部涨落和外部涨落两种类型[③]。对城市群发展而言，城市社会层面的产业组织结构嬗变、企业管理制度创新、大学或科研机构重大基础研究突破、基础设施改善、制度政策环境和消费习惯以及市场需求的重大转变等都是重要的内部涨落机制，它们的单独作用或耦合作用都会对城市群的发展路径、方式以及进程产生影响，从而提升或降低城市群发展效率。同时，外部气候环境、生态支撑系统等外部涨落机制也会对城市群的发展路径带来影响。

4. 城市群的自组织机制

城市群系统具有自组织性[④]，因此即使在相同的外部环境下，

---

① 叶金国、张世英：《企业技术创新过程的自组织与演化模型》，《科学学与科学技术管理》2002 年第 12 期，第 74—77 页。

② 盛昭翰、蒋德鹏：《演化经济学》，上海三联书店 2003 年版，第 4—6 页。

③ 郑小碧：《基于自组织理论的产业集群共性技术创新研究》，《科技进步与对策》2012 年第 8 期，第 47 页。

④ 哈肯将自组织定义为："如果系统在获得空间的、时间的或功能的结构过程中，没有外界的特定干预，则说系统是自组织的，这里的'特定'一词是指那种结构或功能并非外界强加给系统的，而且外界是以非特定的方式作用于系统的。"

不同城市群可以展现出不一样的特性，包括异质性和多样性。城市群系统的开放性、非平衡性、非线性和随机涨落构成了系统自组织演化的条件。城市群系统演化的自组织行为是一个集聚和扩散循环往复的过程，既要产生一定的城市群组织结构，又要进化发展出更高层次的城市组织形式，以实现城市群系统的不断发展。城市群系统演化的自组织性表现为，系统内城市主体追求发展利益是一种内生力量，在与其他城市主体的相互作用下，在规模扩大、空间扩张等过程中与系统环境不断地发生着相互作用和自我调适，最终演绎出整体力量推动系统发展（涌现性）。在城市群系统的演化进程中，新的城市联盟或都市圈主体不断涌现，当这种变化（即系统的涨落）导致原有空间格局改变时，会逐渐打破系统原有稳定的结构，系统再次变为不稳定，然后经过非平衡再形成新的有序结构。[①]

导致城市群空间结构演化的自组织过程，根本原因在于城市群空间中存在着与自然界的生态位类似的态势，在城市群空间演变和发展的过程中城市群系统的各类社会经济因素通过利用不同空间和方式进行集聚和扩散，城市生态位的态势也将发生改变。从实质上说，空间结构演变的自组织机制是对系统平衡与稳定的否定，通过自组织使系统在新的层次上达到一个相对稳定有序的状态，即"涨落有序"的过程。自组织性使得系统向更加复杂和有序的方向进化，城市主体的数量不断增加，系统趋向多样、多元、独特、复杂等特性，从而为未来进一步的发展演化提供基础和条件。

（二）遗传机制

遗传机制也即路径依赖机制，体现在对原有城镇空间的继承上。路径依赖一般是指人们一旦选择了某个机制或策略，受某些因素影响[②]，会导致他们不断自我强化这种选择方向。城市群系统的演化也存在报酬递增和自我强化机制。在城市群系统中，城市群主体一旦选择某种发展策略或发展路径就会影响资源配置不断对其进行投

① 林婷婷：《产业技术创新生态系统研究》，博士学位论文，哈尔滨工程大学，2012年，第124页。

② 例如存在规模经济、学习效应、协调效应、心理暗示或称适应性预期等影响因素。

入，并形成相应的发展空间或基础，这种巨大的前期投入和已经形成的刚性结果（城市实体空间的形成是很难恢复或调整的）使得城市群主体即使在发现这种选择不适合时也很难放弃。而当这些付出使城市群快速发展并能形成比较优势时，城市群竞争力会加强。由此导致系统内城市群主体间的交流和合作产生了正反馈效应：城市群主体对此路径适应性预期的信心增加，投入就会增多，相关的配套政策将都会为其创造良好的发展条件，空间的支持也会强化，进入自我加强的良性循环，从而增强发展实力。反之，当选择的发展策略不适应发展状况，便会陷入恶性循环，甚至被锁定在某种被动状态之中难以解脱，例如很多“空城”“鬼城”的出现。[①] 可见，正反馈机制作用的发挥则能促进系统沿着既定路径演化。

（三）突变机制

城市群的空间演化过程也是一种进化过程，外部环境的改变或人工干预有可能引起突变（变异）[②]，使得城市群改变空间发展的方向或形态。变异来自演化系统面临的不确定性，由于行为主体对不确定性的判断与观点不同，采取的应对措施也就不同，所以不确定性是变异的源泉。城市群空间增长所涉及的个体是一个包含基因数量庞大的个体，每个基因个体自身的条件和生存的环境不尽相同，适应环境的能力和采取的措施各异，因此，在城市群发展过程中，突变的可能性必然存在。城市群空间演替中突变机制导致新城的生成。在重要事件发生或重大发展机遇出现时，城市群会突变式地在综合条件较好的区位崛起新城镇，或者原有城镇会根据重大变故做出相应的重大发展方向的布局调整。[③]

① 随着城市化的推进，出现了越来越多的新规划高标准建设的城市新区，这些新城新区因空置率过高，鲜有人居住，夜晚漆黑一片，被形象地称为“鬼城”。如鄂尔多斯市新城康巴什、杭州郊区的天都市等，2013年，内地“鬼城”现象蔓延，除了此前广泛报道的贵阳、营口等城市，江苏常州、河南鹤壁和湖北十堰，也开始出现鬼城的魅影。资料来源：百度百科“鬼城”。

② 于卓、吴志华、许华：《基于遗传算法的城市空间生长模型研究》，《城市规划》2008年第5期，第8页。

③ 胡伟平：《城镇群体空间关系的生态学透视——以珠江三角洲为例》，《热带地理》2003年第3期，第284—288页。

（四）自然选择机制

一个种群中的个体繁殖越有效和存活能力越强，说明该个体的适合度就越高，对未来世代的贡献也越大，与适合度较低的个体相比较，产生的后代数量就越多。如果这种适合度的差别能够遗传，则适合度高的个体所携带的基因将会因为繁殖而变得越来越普遍，反之会越来越稀少。反映在自然选择过程中，就是“优胜劣汰，适者生存”。

处在同一个城市群落中，有些城市因为具有比较先进的“基因”，如地理区位、自然资源条件、基础设施、知识、人力、信息、科技、文化等，对环境具有较高适应性，能够快速、健康、持续成长。有些城市因为本身的“基因”较为落后，对环境的适应性较差，在与其他城市竞争中会日益衰退以至于消亡。这个过程可以称为城市群落“自然选择”。

任何系统的生存、发展、演变和消亡都离不开自然的选择，尤其是外部环境的选择。城市群系统是通过系统环境选择和系统内部自组织的双重作用下形成的，内部自组织能够生存下来并持续发展的前提是必须经过外部环境的考验和筛选，系统也才能朝向高级演化。城市群系统一旦形成，与个体城市相比较在环境的选择上具有无可匹敌的绝对优势，因为城市群系统在系统内核心城市的引领下，系统内各城市主体非正式合作产生协同效应能进一步激励和推动各城市主体之间的合作，形成整体的力量，规避风险和不确定性，因此，城市群系统更容易适应环境的选择。

（五）协同进化机制

在生态学上，协同进化是指在物种进化过程中，一个物种的性状作为对另一物种性状的反应而进化，而后一物种性状的本身又对前一物种性状的反应而进化的现象。①

可以把现代城市看作有生态智慧的特殊生命体，这些生命体在生存过程中能够利用自身的学习和创新能力来引发基因的“变异”，从而培育出适应力更强的“城市基因”，也就是我们常说的寻找新

① 程瑾瑞、张知彬：《啮齿动物对种子的传播》，《生物学通报》2005年第4期，第5页。

的城市经济增长点，以避免在外部环境的自然选择中被淘汰出局。我们可以看到，城市群落中竞争力弱势城市会通过基因的“移植”（学习）和“突变”（创新）来迅速提升自身对于外部环境的适应能力和对外部资源的获取能力。城市群作为一个异常复杂进化的系统，在自身演化的过程中必定会爆发出多种问题，从而造成整个系统的不稳定性，因此必须从外部引入各种协调机制来协调城市群内部各城市的发展，城市群落中的比较强势种群为了达到维护其占据的优势资源和地位的目的，不但会在最大范围内发挥先进城市基因的强大作用，还会对先进的城市基因不断进行改进并通过不断挖掘和培养形成更具适应力的基因。只有这样，强势城市和弱势城市才会在不断的竞争博弈中实现协同进化。

客观世界的物质系统一般由若干个存在着某种关联的子系统组成，当这种关联能够给子系统带来某种程度的影响，使得系统整体显示出某种结构时，子系统之间的协同便出现了，协同导致有序。[①] 因此，对于城市群系统而言，城市群系统的空间结构恰恰体现了其内部子系统之间的协同。城市群的自然生态和经济社会发展之间存在着直接的物质、能量、信息等的交流，二者之间基于相互依赖，互利共生必须良性发展。城市群自然生态资源越丰富、环境越完好，能够提供给社会经济发展的基础就越好；反之，城市群经济社会的良性发展则有利于促进其空间结构的持续优化和生态环境质量的提升。[②] 这种协同的结果将形成更为合理有序的城市群生态空间结构，合理利用的自然资源与可持续发展的经济社会，最终实现城市群系统整体的协同进化。

第五节　生态视角下的城市群空间优化

通过前述对于城市群系统与生态系统本质及其异同的研究与分

① 郭荣朝、苗长虹：《城市群生态空间结构研究》，《经济地理》2007 年第 1 期，第 13 页。

② 同上。

析，可以看出，城市群系统物质能量循环的方式与生态系统是不一样的，虽然生产者和分解者都不健全，但在人类的组织与创造作用下，其物质能量循环的目的性是非常明确的，效率也是非常高的；二者的进化方式也是不一样的，生态系统的进化是基于自然选择机制，而城市群则有人类的主动介入在起作用，即城市群系统的发展是有目的的，并且是有价值判断的，系统的好与不好、有效与无效都会有一个基本的评判。这些也是城市群空间优化的意义所在。

一　生态视角下的城市群空间优化的目的

根据前述城市群的演替机理可知，合理的"他组织"能够促进城市群正向演替。这一点从表象上看也可以理解。

城市群空间结构演替过程是在自然环境系统的约束、产业集群系统的推动、基础设施系统的引导、实体空间系统的实现、历史文化系统的制约、社会创新系统的优化等因素的共同作用下进行的。[①] 其中，自然环境因素是基础，产业集群和实体空间因素是关键，基础设施因素是导向，历史文化和社会创新等因素起着加速或延缓作用。各影响因素之间相互影响，相互促进。不同时空条件下各影响因素的作用存在较大差异。

随着时代的发展，自然生态环境、历史文化和社会创新因素等在城市群空间结构优化重组过程中发挥着主导性作用，但它们还是要通过传统的基础设施建设、实体空间建设和产业集群发展等动力因素而发生作用。这些动力因素之间相互作用、互为因果，只有对其进行有机整合并贯穿于城市群发展的三个阶段，才能以最小的代价使城市群生态发展的目标逐步实现。

基于以上认识，结合耗散结构理论来看，城市群系统内部自发熵增（即无序度的增加）是客观存在的，在不违背熵定律（即热力学第二定律）的条件下，基于经济社会的基本特征，利用各种方法和手段加强城市群区域间的协作与联系，促使系统形成耗散结构，可以克服因不可逆过程导致的熵增，使之向有序的生态方向发展。

① 参见郭荣朝、苗长虹、顾朝林、张永民《城市群生态空间结构演变机理研究》，《西北大学学报》（自然科学版）2008 年第 4 期，第 661 页。

这些“各种方法和手段”即是“他组织”的体现，这种系统形成的耗散结构即是城市群自组织结构。

要产生城市群自组织结构最重要的是要构筑自组织结构的条件和环境。[①] 只要创造了转化的初始条件，自组织结构就会出现涨落，到了一定程度出现分叉而后进入一个新的稳定态，经过这样几个周期，系统会变得越来越复杂；城市群也是按照这样的路径演进的；所以改革开放、加入WTO、以市场化为基本动力，这些都为城市群系统从被组织向自组织的转化提供了初始条件。[②]

我国目前的城市群作为自组织体系，还处于发展的初级阶段，其层次性、复杂性和多样性、城市密度和发育程度都没有达到能够有较强的自组织演化能力的水平，自我有序发展的能力较弱，需要相当力量的“他组织”的作用。对于城市群本身来说，目前需要其生存环境如能量（阳光）不断支撑，对于其内部的各子系统来说，需要土地空间资源、水资源等自然环境的承载，以及不断的社会科技变革和政策指引来优化使其有序发展的内部作用机制。[③]

由此，针对我国城市群处于初始阶段的发展特征，应将生态思想贯穿于“他组织”的制定设计中，以生态作为发展和指导思路制定城市群的发展策略、政策、实施机制等，使城市群发展从一开始就能够步入科学发展的良性轨道，避免走“先污染、后治理”的高成本路线。

生态视角下的城市群空间优化的目的在于以下两点：

（一）增强城市群空间的自组织性

根据前述研究，自组织机制是城市群空间演替内部组织机制的基础，是城市群系统其他生态性机制，如遗传、突变、自然选择和协同进化等得以发挥的条件，因此生态视角下，城市群空间优化的目的之一在于增强城市群空间的自组织性，以使其具有正向自我演

① 仇保兴：《转型期城市规划的变革》，《中国党政干部论坛》2007年第7期，第15页。

② 仇保兴：《集群结构与我国城镇化的协调发展》，《城市规划》2003年第6期，第7页。

③ 同上书，第10页。

替的能力。

城市群是一个特殊系统，系统发展的动力并非完全是自然选择，而是自然选择和人工选择的共同作用。城市的出现就是这种共同作用的结果，并且大大促进了人工选择进程，改变了自然生态系统的结构和功能。在某种程度上，自然选择被人工选择替代，一方面，无疑增强了系统的功能，如加快物质流、能量流和信息流的速度；另一方面，也容易出现决策因注重短期和局部经济效益而忽视长期生态效益的错误[①]，导致对城市群自然生态系统空间的极大侵占，对其自组织机制和自适应能力的极大破坏，使其不能自我修复、自我演替，提供生态服务的能力降低，最终使得人类生存发展的环境恶化。

城市群是城市发展到一定阶段的产物，其自然生态空间已在相当程度上演替为社会经济空间，这些空间已失去其原作为生态系统的自组织和自适应能力，城市群空间的生态化发展不能像自然生态系统的发展一样可以自由放任，必须进行引导和干预。城市群是一个特殊的生态系统，在其空间结构发展中始终受到自然生长力与人为控制力的制约与引导，两者交替作用而构成多样性的空间组织形态与发展阶段。因此，要优化城市群空间结构，目的不仅是要创造良好的空间发展环境，进行有意识的控制，更是借助其生态特性和自组织规律，在空间安排使用方面充分维持、利用和挖掘其自组织功能和自我演化机制，掌握其基本规律并充分运用到当代的城市群规划布局当中，修正其消极的一面，引导其结构自然生长发展，实现自然生态系统和社会经济系统的协同，最大限度地保持城市群系统的自我维持能力和自我演替能力。最终目的是将人类对于城市群的破坏性和这些破坏性带来的“城市群运营成本”降到最低限度，使人类拥有高质量、低成本的繁荣与舒适。

（二）促进城市群系统的平衡发展

根据前述研究结论，生态视角下的城市群空间演替的动力机制包括竞争、捕食、寄生和共生，其中共生是各类种间关系的最高境

---

① 董德明、包国章：《城市生态系统与生态城市的基本理论问题》，《城市发展研究》2001年增刊，第32—35页。

界，也是各类动力机制的最高追求。互利共生是城市群系统的理想竞合状态。从类生态系统的角度来看，城市群系统的平衡是指生态系统中城市与环境之间，城市的物质流、能量流、信息流的流通传递，能够达到协调共生的状态。城市在城市群系统中所处的位置和扮演的角色可以视为城市的生态位。[①] 它描述了城市与环境互动所形成的一种共存均衡状态。[②]

城市群系统保持平衡发展，需要空间营养结构的合理安排和功能的正常发挥，要求系统内各城市处于各自的最优生态位上，即在城市群系统中，各城市在空间和营养关系方面占据有利于自身和整体协调发展的地位，发挥各自适应性和整体效益最大的作用。通过城市类型、规模、空间位置、开发时序等要素的差异，改变其在社会经济或自然生态不同系统中的城市生态位，形成“错落有致”的城市群空间结构。同时，城市群内的城市越丰富多样，城市群内部的能量流动和物质循环就会越复杂，系统也就更加趋于稳定和均衡。由于环境承载力会因人类的影响而改变，人类的活动破坏环境时，环境承载力就可能降低；但随着人类对自然认识的逐步深化，对环境改造能力的不断提高，环境承载力也可以因此不断提高，因此，城市群系统不会达到自然生态系统所具有的特定的稳定平衡状态（其实严格讲，这种平衡也是一种瞬时平衡），总是在人为作用下处于动态平衡之中，只要系统存在，其演替也就不会停止。

二　生态视角下的城市群空间优化模式

基于生态系统的视角以及城市群空间优化的目的，城市群空间结构发展的理想模式在于：

（一）合理的建设空间比例与紧凑集约的土地利用模式

生态危机表明，自然空间的承载能力达到极限后，城市群的自

---

① 有一种理解是，城市生态位是基于城市与环境互动的客观存在，是一个城市有机体所利用的各种资源的总和，表示城市发展过程中综合利用资源的能力、利用资源多样化的程度和竞争水平。

② 王勇、李广斌：《生态位理论及其在小城镇发展中的应用》，《城市问题》2002年第6期，第13—16页。

然、社会和经济生态系统平衡遭到一定损失，自然空间对城市发展空间的容纳、缓冲、净化还原的生态调控和服务功能严重衰退。因此，经济空间的发展必须被限制在适当的土地使用比例范围内。[①]

紧凑的布局是指城市空间，根据经济原则、生态原则、文化原则组合，形成一个集中在一定区域合理的、联系紧密的人与自然、社会、生态目标一致的空间整合。这种空间分布是经济、文化、人口、资源、生态有机结合的空间表达。这种布局是以生态、资源利用协调学为基础，在人的活动和城市空间之间存在相互影响、相互作用的共进关系。[②]

（二）合理的规模体系与多样化的群落空间结构

生态系统的稳定性条件之一来源于其多样化的物种构成，包括优势种、亚优势种、伴生种等，及其多样化的空间结构，包括垂直分层结构和水平镶嵌结构，正是这种多样性的结构使其具有应对环境变化而能自动调节的功能。

城市群系统的稳定性也来源于中心城市、次中心城市、边缘城市等多样化的构成及其之间相互联系形成的相互依赖和支持的空间结构。影响最佳城市规模的因素众多，每个城市的特点又都不一样，城市群规划就要着眼于保护和利用这些影响因素，才能确保群内大中小城市的合理规模和协调发展。[③]。

（三）多核心、网络化的城镇发展空间组织结构

在城市群各种不同的空间形态类型中，极核发展（单核心或双核心）的空间结构模式都将导致核心（中心）城市空间发展的恶性膨胀。城市群应是一种能够自我调节和自我更新的作用机构，基于生态系统的视角，理想的城市群空间结构应当采取多核心、网络化的城镇发展空间组织结构，以取得城镇发展空间的组织协调。从全球范围来看，“多中心、网络化”的空间格局也是世界级城市群发

① 李浩：《城镇群落空间规划的引导》，博士学位论文，重庆大学，2008年，第270页。

② 朱喜钢：《城市空间集中与分散论》，中国建筑工业出版社2002年版，第97—98页。

③ 仇保兴：《转型期城市规划的变革》，《中国党政干部论坛》2007年第7期，第15页。

展的必然选择。多中心格局有利于形成功能与产业合理分工的局面；网络化格局有利于城市群人口与生产要素的自由流动。[1]

（四）便捷高效的综合交通运输支撑体系

在城市规划领域，道路交通一般被认为是城市空间的骨架，那么对于城市群来说也是如此，城市群的交通体系也是其空间结构的骨架和支撑。通过交通运输和通信网络等基础设施，物质流、人流和信息流得以持续在城市和城市群之间流动。城市群内部的功能性组织、不同社会经济空间与自然生态空间之间的相互作用等还需要一系列的交通和通信设施实现，交通和通信基础设施的网络化水平在一定程度上影响和决定着城市群的性质、功能与发育。[2]

（五）无障碍流通的物质生态流循环体系

自然生态空间的结构完整性是其保持自我组织、自我调节、自我净化以及自适应能力的基础。城市群的空间优化应保证生态区的生态流可以无障碍流动，形成循环体系，提高其对环境的自净功能和对社会经济空间的生态服务功能。

生物多样性是生态区保持稳定的结构和生态活力的一个必要条件。绿色基础设施是基于该思想核心的想法，找到"交换中心"和"链接"建立绿色生态网络，使绿地斑块发挥网络结构效益，有效地改变孤岛状绿地模式。[3]

循环经济与通过模拟生态系统的物质循环方式，以资源的可持续利用为基本特征，要求人们以生态理念引导社会和经济发展。提出从根本上使经济资源的利用必须与整个生态环境的平衡协调，实现生态效应、经济效应和社会效应的三位一体。[4]

---

① 住房和城乡建设部课题《优化开发区域城市群布局与形态》初稿，第13页。

② 李浩：《城镇群落空间规划的引导》，博士学位论文，重庆大学，2008年，第272页。

③ 李开然：《绿色基础设施：概念、理论及实践》，《中国园林》2009年第10期，第88—90页。

④ 佘来文、孟鹰：《基于生态经济学理念的循环经济实践模式研究》，《现代管理科学》2011年第9期，第68—70页。

三　生态视角下的城市群空间优化途径

根据图3—8生态视角下的城市群空间组织的逻辑框架，为了实现城市群系统的理想发展，必须促进城市群系统的空间互馈（内部运行机制）和空间正向演替（整体发展机制），这些空间优化的途径包括技术、法规、政策和规划等手段或称为外部影响机制，其中规划是基础，技术、法规、政策等是促进规划实施的配套手段或外部手段。由于技术涉及问题较为具体和复杂，本书不做探讨，只研究制度层面的法律法规和政策措施。

（一）规划路径

在市场经济条件下，产业发展中的资源配置可以由市场解决，但空间结构的配置则必须由政府统一规划，因此中国可以没有产业发展规划和政策，但必须有空间结构规划与土地资源和城市发展的统一规划与政策。[①] 土地资源的稀缺性导致空间资源的有限性和宝贵，同时，空间结构一旦形成固化便很难改变和更正，为了科学合理利用空间资源，防止市场外部性带来的破坏和污染，防止“市场势力”的滥用和挤压弱势阶层的生存空间，政府对配置空间结构责无旁贷。政府对城市空间结构的安排通过城市规划体现。通过规划，一方面能够为市场主体提供进行生产经营活动的预期，另一方面也能够为政府制定各类政策提供依据。

从规划目标的意义上来看，城市规划是以城市功能区为对象，必然要打破行政界限，从更大空间范围协调城市之间、城市和农村地区之间的发展，协调城乡建设和人口、资源、环境和基础设施建设的关系，通过整合区域竞争力快速提升。[②]

（二）法律法规措施

法律法规措施能够确保规划实施的严肃性。制定适合的社会经济空间建设与自然生态空间保护的法规、规章，将之纳入法制轨

---

① 王建：《到2030年中国空间结构问题研究》，2004年9月8日，国家发改委“十一五”前期重点研究课题（http：//www. china-review. com/sao. asp？id＝4949）。

② 仇保兴：《笃行借鉴与变革——国内外城市化主要经验教训与中国城市规划变革》，中国建筑工业出版社2012年版，第210—212页。

道，同时，加强对执法手段和程序的法制化，提高政府工作和监督部门的公正性、严肃性。

2018年4月自然资源部成立，“山、水、林、田、湖、草、海”由一个部门统筹管理，意味着生态系统的管理不再被行政机构的“条块化”职权分割，对城市群的生态化发展无疑是一个很大的利好，减少了大量部门协调和对接的成本，更有利于制定社会经济空间建设与自然生态空间保护协调发展的各种法律法规，规划的权威性应在此环境下得到进一步增强。在依法行政的大原则下，规划实施也得到了较好的保障。

（三）经济财政政策

在自然环境层面，政府应促进生态环境的建设，尤其是针对“外部性”带来的环境污染和破坏，必须制定有效的政策措施使这种外部性“内部化”，来弥补这种市场失效给环境带来的损失。

在社会经济层面，当市场由于市场势力、不完全信息和外部性等原因产生失效时，需要政府进行必要的干预来弥补这种失效。即在城市发展中，中国地方政府和世界其他国家的地方政府一样，都面临着如何促进公共部门和私人部门的协商和合作、通过怎样的激励机制让竞争性的私人企业参与公共部门活动的问题。[①] 因此，各级政府必须将自己定位在弥补市场不足或失效的那些领域中，城市和地区的经济活力才会显现。在我国市场发育不足的阶段和地区，政府还要发挥培育市场、破除制约市场机制发挥作用的障碍的功能。[②]

政策制度是作为一种外生动力来影响城市群的空间优化方向。历史上我国同生态环境关系最为密切的一个税种是1984年开征的资源税，其最初的宗旨是调节级差收入。但自1994年税制改革后，资源税被划分为地方税，在实际执行中很难达到调节级差收入的作

① 何丹：《城市政体模型及其对中国城市发展研究的启示》，《城市规划》2003年第11期，第16页。

② 仇保兴：《新型工业化、城镇化与企业集群》，《现代城市研究》2004年第1期，第23页。

用。因此，我国目前不存在纯粹意义上的生态税收。鉴于税收作为有效的经济调控手段，在控制环境污染、保护生态环境方面具有重要的作用，未来我国应该可以考虑设置这种税种。

目前从制度层面确保城市群的空间优化主要是生态补偿机制。这种政策制度体现了生态保护的公共产品属性，保护生态环境的责任应归属于公共部门，同时，生态保护使相关者均可受益，其为社会提供的生态效益具有正的外部性，从公平上来讲应使这种外部性内部化，让生态保护成果的“受益者”支付相应的费用。本质上来讲，生态补偿背后反映的是人与人之间的利益关系，建立利益相关者责任机制，才能真正体现“谁受益谁付费”的原则，因此，生态补偿标准需要科学量化。

与城市群空间规划相关的生态补偿机制有以下三种：

1. 自然保护区补偿机制

自然保护区分广义和狭义两种。这里所指的为广义的自然保护区，即受国家法律特殊保护的各种自然区域的总称，不仅包括以保护特殊生态系统进行科学研究为主要目的而划定的严格意义的自然保护区，而且包括国家公园、风景名胜区、自然遗迹地等各种保护地区。

自然保护区周边地区各类建设项目对其生态环境会造成不同程度的破坏，或周边功能区划调整、范围调整会给自然保护区带来生态损失，此外，保护区及周边社区居民的活动也可能造成自然保护区的一定环境破坏，因此，需要全面评价这些生态损失，研究建立自然保护区生态补偿标准体系。

2. 生态功能区补偿机制

生态功能区是指在涵养水源、保持水土、调蓄洪水、防风固沙、维系生物多样性等方面具有重要生态功能作用的区域，是根据生态环境要素、生态环境敏感性与生态服务功能的差异等所划分出来的[①]，为制定区域生态环境保护与建设规划、维护区域生态安全、资源合理利用、工农业生产合理布局及保育区域生态环境提供了科学依据。

---

① 李浩：《基于“生态城市”理念的城市规划工作改进研究》，博士学位论文，中国城市规划设计研究院，2012 年。

3. 流域补偿机制

流域是以河流为中心，由分水线包围的区域，是一个从源头到河口的完整、独立、自成系统的水文单元。[①] 流域补偿主要应当确保出界水质达到考核目标，解决流域上下游水质保护与受益分离的问题，根据出入境水质状况确定横向补偿标准，通过建立流域生态保护共建共享机制、建立促进跨行政区的流域水环境保护的专项资金等方式，实现上下游对口支援、协作与补偿式的生态补偿方式。[②]

① 陈湘满：《我国流域开发管理的目标模式与体制创新》，《湘潭大学社会科学学报》2003年第1期，第21页。

② 万军、张惠远、王金南、葛察忠、高树婷、饶胜：《中国生态补偿政策评估与框架初探》，《环境科学研究》2005年第3期，第15页。

第四章　生态视角下的珠三角湾区城市群空间结构

第一节　生态视角下的珠三角湾区城市群

一　珠三角湾区城市群的基本情况

珠江三角洲最早是一个地理概念，它位于中国大陆的南部，是由东江、西江和北江等三大干流组成的珠江水系在其入海口（南海）形成的冲积平原（图4—1）。随着中国在20世纪70年代末实行改革开放政策，身处珠江三角洲平原的城市作为改革开放的前沿和先行示范区，引领着中国随后至今长达30多年的经济发展，这个过程中珠江三角洲平原地区逐渐形成了由特大城市、大城市、中等城市、小城镇组成的珠三角城市群。珠三角城市群有广义（包含整个广东地区和港澳）和狭义之分，珠三角湾区城市群即是狭义的珠三角城市群地域概念，在本研究中亦可简称为“珠三角城市群”或“珠三角”，或称为“珠江三角洲城市群”“珠三角地区”，即围绕珠江口大湾区的深莞惠、广佛肇、珠中江三个都市圈，包括广州、深圳、珠海、佛山、江门、肇庆、惠州、东莞、中山9个主要城市[①]（香港和澳门两个特别行政区不统计在内，但与城市群有着紧密的经济技术联系），其中2个经济特区（深圳、珠海），2个副省级城市（广州和深圳），6个县级市、320个建制镇（表4—1），土

① 与国家发改委2009年公布的《珠江三角洲地区改革发展规划纲要（2008—2020年）》中的范围一致，故在本书中珠三角地区也是指珠三角城市群界定的深莞惠、广佛肇、珠中江9市。

地总面积5.52万平方公里，占全国国土面积的0.57%[①]，占广东省国土面积的30.48%。珠三角湾区城市群是中国最发达的城市群之一，快速的城市化进程也造成了严重的生态环境问题。

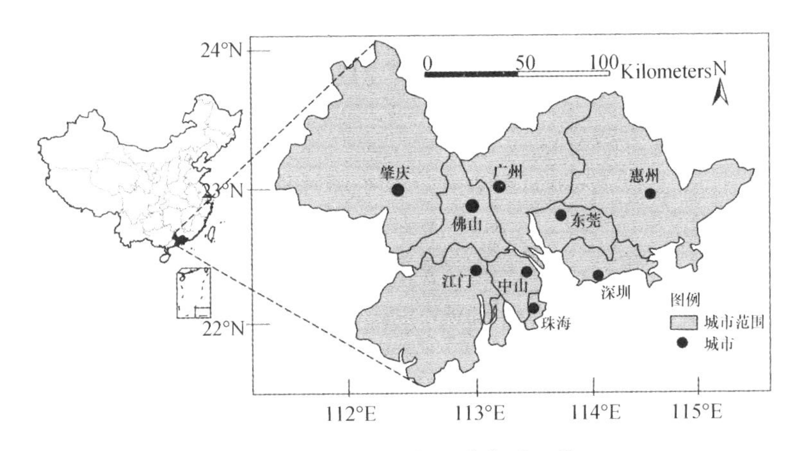

图4—1　珠三角湾区城市群区位

资料来源：笔者自绘。

表4—1　珠三角湾区城市群行政区划　单位：个

城市	县级市	市辖区	县	镇	乡	街道办事处
广州市	0	11	0	34	0	136
深圳市	0	6	0	0	0	59
珠海市	0	3	0	15	0	9
佛山市	0	5	0	21	0	11
江门市	4	3	0	61	0	12
东莞市	0	0	0	28	0	4
中山市	0	0	0	18	0	6
惠州市	0	2	3	52	1	18
肇庆市	2	3	4	91	1	12
总计	6	33	7	320	2	267

资料来源：《广东省统计年鉴2016》。

① 方创琳、姚士谋、刘盛和等：《2010中国城市群发展报告》，科学出版社2011年版，第182页。

二　生态视角下的珠三角湾区城市群两个互补子系统

珠江三角洲地区具有以珠江口为中心的、稠密的水系网络组成的自然地貌，这个水系网络同时也是珠三角湾区城市群这个区域生态系统的支撑体系，这个水系网络在俯瞰的视角下很像一棵树的结构①："树干"是通向海洋的珠江，"枝"是各支流、水道，"叶"则由森林、自然保护区、风景名胜区、水源保护区、农田、历史人文遗产等自然或人文风景区组成，再放大一点范围来看，南部的海洋成为树的"根基"，而北部连绵的山地森林成为茂盛的"树冠"。这样珠江三角洲地区的生态空间格局即形成以水系为主轴的树状网络系统。它也是承担珠江三角洲地区间联系城镇活动的载体，人类创造的城镇群就如何同树的"果实"，依附于这棵大树生长与发育。从这个意义上说，树状自然网络系统奠定了珠三角城市群的自然生态系统格局，其空间环境可看成由树状"自然生态系统"和城镇群人工建设的"社会经济系统"一虚一实两大系统共同构成，形成相互包容渗透、共生互补的空间图底关系，成为阴阳相济、虚实相生的对立统一体（图 4—2）。

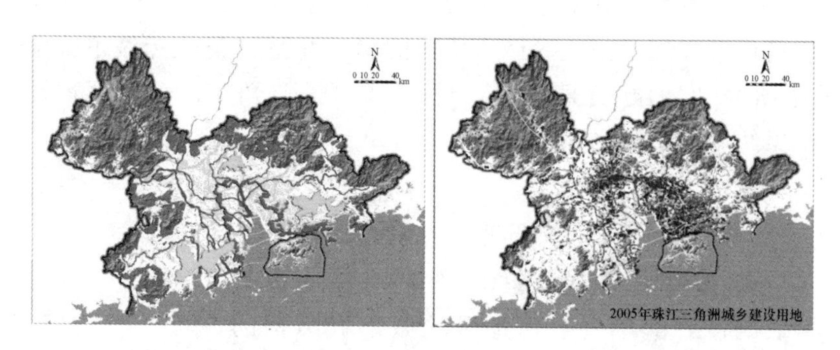

图 4—2　珠三角城镇群的自然生态空间和社会经济空间

注：右图深色部分为社会经济空间（城镇建设空间）

资料来源：《珠江三角洲城乡规划一体化规划（2009—2020 年）》，2009。。

① 参见陈勇《基于生态安全的珠三角城镇群生态空间格局》，载《2005 年城市规划年会论文集》，第 1387—1391 页。

如果这两个系统之间的互馈不畅，共生互补出现问题，则将导致珠三角城镇群的系统性内生矛盾，城镇化和工业化难以健康、有序发展。类似于大树中一部分发生“病变”可能会导致全体的异常，比如过分透支吸收养分，部分“果实”过大，可能使“大树”失去平衡，最终导致衰亡。因此，保持两系统的动态平衡至关重要。为此，必须深刻剖析生态视角下的珠三角城市群的社会经济空间和自然生态空间的结构特点，理顺这两个子系统的空间互馈与空间演替关系，掌握生态视角下的珠三角湾区城市群发展的作用机制，以便对当前珠三角湾区城市群发展过程中存在的问题“对症下药”，助推珠三角湾区城市群健康、有序发展。

第二节　生态视角下的珠三角湾区城市群社会经济空间

本节首先分析了珠三角湾区城市群在社会经济空间中的生态位表现，得出各城市的生态位等级和主导生态功能（类似于城市群空间结构中的等级结构和职能结构）；其次通过各城市之间的物质流分析，得到各城市间主导经济功能的相互联系（类似于城市群空间结构中的空间相互关系）；最后综合得到珠三角湾区城市群在社会经济系统中的空间结构。

一　珠三角湾区城市群在社会经济空间的生态位表现

（一）城镇种群数量与规模分布

根据第三章对生态视角下的城市群结构的分析，一般而言，城市群落结构在竖向上呈金字塔分布，且呈规模越大、数量越少的规律，城市在其中的分布（生态位）反映的是城市在系统中的营养级别。在城市群的两个子系统中，不同营养级别的城市，其生态位和区域发展的竞争力也各不相同，一般来说，城市在社会经济系统中的营养级别越高（现实中相应地会在自然生态系统中的营养级别越低），区域竞争力越强，其生态位较显著地分布于城市群社会经济空间结构的“上层”或“顶端”，因此城市群的空间结构逐渐呈现垂直分层的现象，典型地体现为城市群的规模等级结构。

截止到2015年底，珠三角地区共有9个地级市、6个县级市、320个建制镇，规模较小的县城和小城市数量最多，大城市和特大城市的数量明显较少，优势种城市（中心城市）更是屈指可数。根据图4—3和表4—2、表4—3对珠江三角洲城市群的城市规模结构的分析，珠三角城市群的城市规模和数量分布呈“两头小、中间大”的“纺锤形”，即若城市生态位只考虑规模大小（规模因素可反映空间资源利用水平）所反映出的竞争力，则最高位城市和最低位城市都是2个，中等规模两个级别的分别有2个和3个。这种现象的原因在于，本研究所界定的珠三角城市群是根据现在所公认的珠江三角洲城镇群这9个城市，即《珠江三角洲地区改革发展规划纲要（2008—2020年）》中确定的主体范围，属于社会角度的行政单元划分，并非生态意义上的完整群落。事实上，从类生态系统的角度来看，这9个城市之外的毗邻地区在生态学意义上应与其同属于一个生态系统，但本书重点只对界定区域进行研究。

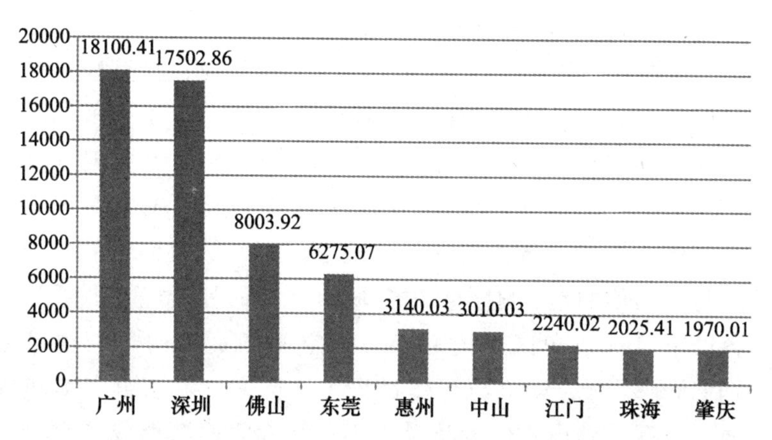

图4—3　珠三角9个城市2015年GDP排序（单位：亿元）

资料来源：《广东统计年鉴2016》。

表4—2　珠三角9个城市2015年人口数据　单位：万人

各市	广州	深圳	佛山	东莞	惠州	中山	江门	珠海	肇庆
常住人口	1350.11	1137.87	743.06	825.41	475.55	320.96	451.95	163.41	405.96
城镇人口占常住人口的比例（%）	85.53	100	94.94	88.82	68.15	88.12	64.84	88.07	45.16
城镇人口	1154.749	1137.87	705.4612	733.1292	324.0873	282.83	293.0444	143.9152	183.3315

资料来源：《广东统计年鉴2016》。由于各市年末常住人口数包括城镇人口和农村人口，各市城镇人口数根据城镇人口占各市年末常住人口比例算得。

表4—3　珠江三角洲湾区城市群的城市规模结构

规模等级（万人）	城镇数量（个）	城镇名称
大于1000	2	广州、深圳
500—1000	2	东莞、佛山
200—500	3	惠州、中山、江门
100—200	2	珠海、肇庆
小于100	0	

资料来源：《广东统计年鉴2016》。

（二）现有发展规划对各城市功能定位

珠三角城市群作为我国对外开放的试验基地，具有较早的区域经济一体化进程，从1994年广东省委决定成立珠江三角洲经济区开始，到2004年出台的《珠三角城镇群协调发展规划（2004—2020）》以及2009年出台的《珠江三角洲地区改革发展规划纲要（2008—2020年）》，标志着珠三角城市群的区域协调发展逐渐走向成熟。与之相伴的是，随着群内各城市之间的社会经济联系逐渐增多，各城市对珠三角区域内有限发展空间和资源的争夺也日趋激烈[①]。在这种不断的竞争与合作过程中，珠三角城市群各城市在产业发展、大型基础设施建设及土地开发等方面逐渐形成了自身的特

① 李浩：《城镇群落自然演化规律初探》，博士学位论文，重庆大学，2008年，第216页。

点，在长期的发展过程中也逐渐形成了个性较为突出的城市发展生态位，使得城市群整体空间的垂直分层现象十分明显。具体表现为城市群各城市之间的职能分工现象，体现在城市的定位中。

作为最新出台的以及正在紧锣密鼓实施的珠三角区域协调和统筹重要文件，《珠江三角洲地区改革发展规划纲要（2008—2020年）》是指导该地区当前和今后一个时期城市发展与规划的编制依据和行动指导纲领。根据表4—4分析可知，此文件对珠三角城市群9城市在社会经济系统方面的定位为：

（1）最高位两城市：广州、深圳

（2）中间位城市：东莞、珠海、佛山、中山、江门

（3）最低位两城市：惠州、肇庆

其中，东莞和佛山的制造业属于历时较长的传统优势产业，专业性非常强。

表4—4《珠江三角洲地区改革发展规划纲要（2008—2020年）》涉及城市发展方向的内容

<table>
<tr><th></th><th>纲要内容</th><th>城市定位信息</th></tr>
<tr><td rowspan="3">构建现代产业体系</td><td>1. 金融业：支持广州市、深圳市建设区域金融中心。
2. 会展业：通过具有国际影响力的会展业发展中心，提高广州进出口商品交易会在国内的影响力，打造深圳高新技术成果交易会的品牌，提升珠海国际航空航天展发展领域的知名度，同时保持广州中小企业博览会和深圳国际文化产业发展博览交易会的国际地位，最终实现珠江三角洲地区会展的国际品牌化发展方向。
3. 物流业：发展白云空港、宝安空港、广州港和深圳港等枢纽型现代物流园区的建设。
（信息科技服务业、商务外包服务业、文化创意产业、总部经济、旅游业则无特别说明）</td><td rowspan="3">位于产业链高端的城市：深圳、广州
位于产业链中低部的城市（扶持的优势传统产业）：佛山、东莞、中山、江门</td></tr>
<tr><td>重点加快广州科学城（北区）和深圳高新技术产业带建设，建设广州、深圳国家高新技术产业开发区为全国领先的科技园区</td></tr>
<tr><td>佛山以发展家电和建材业，东莞、中山、江门分别重点发展服装、灯饰、造纸等具有国际影响力的区域品牌，形成产业发展集群</td></tr>
</table>

续表

	纲要内容	城市定位信息
促进区域协调发展	按照主体功能区定位，优化珠江三角洲地区的空间布局，以广州、深圳为中心，集中力量发展珠江口东岸、西岸，致力于环珠江三角洲地区经济的加速发展，促进珠江三角洲地区的区域整合，优化资源配置，建立具有明显区域优势协调发展新格局	广州、深圳为区域空间布局中心。 东岸城市节点为（根据产业链由高端到低端）：深圳→东莞→惠州 西岸城市节点为（根据产业链由高端到低端）：珠海→佛山→中山→江门→肇庆
	广州市应该充分发挥省会城市的优势，加强科技创新和高端要素的集中，提高文化指导和综合服务功能，优化职能分工和产业布局，使其发展成为珠三角区域一小时城市圈经济的核心。 深圳应该继续发挥经济特区的试验和示范作用，加强科技研发、高端服务等功能，进一步提高深圳市在经济中心城市、国家创新型城市中的地位和影响力，加强深圳市在中国特色社会主义建设中的示范作用和城市化的国际引领作用	
	以深圳为核心，以东莞、惠州市为节点的珠江口东岸地区：深圳市大力建设通信设备、生物工程、新材料等高技术产业和新能源汽车等先进制造业；加快东莞加工制造业转型升级，建设科技产业园区；积极培育惠州临港基础产业，建设石化产业基地	
	以珠海市为核心，以佛山、江门、中山和肇庆为节点的珠江口西岸地区：充分发挥珠海的经济特区及区位优势，建成现代化区域中心城市和生态文明的新特区。重点发展佛山的机械装备、新型平板显示产业集聚区、金融服务区，中山发展临港装备制造、精细化工和健康产业基地，江门以先进制造业为重点发展区，肇庆提升传统优势产业转型升级集聚区	

资料来源：笔者根据《珠江三角洲地区改革发展规划纲要（2008—2020年）》文本整理。

（三）珠三角城市群社会经济建设用地分析

根据广东省2008年土地利用变更数据资料（表4—5），珠三角湾区城市群建设用地总规模达84.95万公顷①，占全区土地总面积的16.18%。其中居民点及工矿用地面积最大，达到71.12万公顷，占建设用地总量的83.72%；交通运输用地和水利设施用地面积分别约6.70万公顷和7.13万公顷，分别占全区建设用地面积的7.89%及8.38%。

表4—5　　2008年珠三角土地利用类型面积统计

土地利用类型	面积（公顷）	占比（%）
耕地	717054.44	13.66
园地	326114.67	6.21
林地	2745381.69	52.30
牧草地	3154.27	0.06
基塘	302440.00	5.76
城镇及农村居民点	429085.97	8.17
工矿仓储用地	282086.8	5.37
交通运输用地	67034.65	1.28
水利设施用地	71286.79	1.36
水域	185311.58	3.53
未利用土地	120436	2.29

资料来源：广东省国土资源厅网站《广东省2008年年末土地变更调查面积表》。

备注：建设用地包含了表中深色的四大类用地，珠江三角洲城市群建设用地合计约84.95万公顷，其中：城镇及农村居民点用地42.9万公顷，占建设用地比例为50.50%；工矿仓储用地28.2万公顷，占建设用地比例为33.2%；交通运输用地6.7万公顷，占建设用地比例为7.89%；水利设施用地7.12万公顷，占建设用地比例为8.38%。其余为非建设用地。

① 关于本研究数据的说明：（1）本研究中涉及人口、经济（如GDP、就业）等的数据均采用做研究的时点时最新的统计年鉴数据，即《广东省统计年鉴2016》数据，而关于土地利用的数据则采用广东省2008年土地利用变更数据，即网上权威发布的二调（即第二次全国土地调查）数据，因截至2018年6月时，2014年后启动的最新调查数据网上尚未发布。从近几年的发展趋势上看，土地利用的二调数据可以支撑本书相关的定性判断。（2）笔者对比过《珠江三角洲城市群年鉴》数据，《珠江三角洲城市群年鉴2015》显示："据统计，珠江三角洲地区共有土地资源546.76万公顷，其中建设用地82.65万公顷，占总面积的15.12%"，即2015年的建设用地数据小于2008年广东省土地利用变更数据"珠三角湾区城市群建设用地总规模达84.95万公顷"，可能统计口径不一致。因此，关于土地利用本书仍采取广东省2008年土地利用变更数据，珠三角总面积数据仍采用前述方创琳、姚士谋、刘盛和等《2010中国城市群发展报告》中的5.52万平方公里。

根据表格4—6的统计数据，可整理出表4—7的分类情况，可知珠三角湾区城市群9城市的用地结构情况为：

（1）建设用地比例最高（或自然生态用地比例最低）的城市：深圳、东莞；

（2）建设用地处于中位（或自然生态用地处于中位）的城市：佛山、珠海、广州；

（3）建设用地比例较低（或自然生态用地比例较高）的城市：中山、江门；

（4）建设用地比例极低（或自然生态用地比例极高）的城市：惠州、肇庆。

表4—6　　珠三角城市群各市经济建设空间与自然生态空间面积结构统计

	珠三角	广州	深圳	珠海	佛山	惠州	东莞	中山	江门	肇庆
建设用地（万公顷）	84.95	15.79	9.08	4.91	12.42	10.54	10.32	4.82	9.85	7.21
比例（%）	16.18	22.47	47.84	32.60	34.26	9.63	42.88	16.18	11.11	4.96
自然空间（万公顷）	439.99	54.50	9.89	10.16	23.84	98.99	13.75	11.90	78.84	138.12
比例（%）	83.82	77.53	52.16	67.40	65.74	90.37	57.12	83.82	88.89	95.04

资料来源：广东省国土资源厅《2008年土地变更调查年末面积表》，笔者整理。

表4—7　　珠三角城市群9市的用地结构情况　　单位：%

建设用地比例	城市	生态用地比例
>40	深圳、东莞	<60
20—40	佛山、珠海、广州	60—80
10—20	中山、江门	80—90
<10	惠州、肇庆	>90

资料来源：广东省国土资源厅《2008年土地变更调查年末面积表》，笔者整理。

（四）珠三角城市群各市产业结构分析

采用区位熵[①]的方法来研究城市和区域的产业结构是分析区域经济发展的基本方法。该方法主要用于分析城市在各种区域层级中的职能特点和地位，以及同一区域内不同城市进行职能结构的对比研究[②]，因此本书选择区位熵来对珠三角城市群的城市生态位进行分析，通过区位熵反映的产业结构研究珠三角城市群中各城市在其中所处的地位和承担的功能。

区位熵在大城市按照中等尺度、部门分类的对比研究中具有较好的作用[③]。一个城市若某部门的从业人数越多，则该部门提供的产品或服务就越多，该部门的经济功能就越强，因此以从业人员人数的区位熵来反映城市行业竞争力，具体计算公式如下[④]：

I 地区 J 行业从业人员区位熵

$$Lq_{ij}：L_{qi}=\frac{G_{ij}/G_i}{G_j/G}\quad (i=1,2,\cdots,n;\ j=1,2,\cdots,m)$$

Lq_{ij}表示 I 城市 J 部门在珠三角的区位熵，G_{ij}表示 J 部门在 I 城市的就业人数，G_i 表示 I 城市总的就业人数，G_j 表示 J 部门在珠三角城市群的总就业人数，G 代表珠三角城市群 19 个所选行业的总就业人数。即 Lq_{ij}表示 J 部门在某城市的就业人数中的比例/J 部门在珠三角城市群的就业人数中的比例。若 $Lq_{ij}>1$，则表明 I 地区总就业人数中分配给 J 行业的比例超过珠三角城市群分配比例，即 I 行业在 J 地区中是专业化部门，有更大的能力为本地以外区域提供服务，I 行业在珠三角城市群范围内具有竞争优势，Lq_{ij}越大，表明超过的比例越高，即该行业的竞争优势越明显。同理，若 $Lq_{ij}<1$，则表明 I 地区 J 行业不存在竞争优势。

---

① 区位熵也称为“区域规模优势指数”或“区域专门化率”，代表该地区某一行业的规模水平及专业化程度，能明确各部门或产业活动在区域经济发展中的功能差异、重点和薄弱环节所在，同时也能评价和判断区域优势产业，是区域产业结构分析行之有效的方法。

② 方磊、颜廷丽、申玉铭：《“泛珠三角”经济圈发展梯度分析及发展对策》，《首都师范大学学报》（自然科学版）2006 年第 4 期，第 91—94 页。

③ 同上。

④ 参见于蕾、仝德、邓金杰《从区位熵视角论证构建城镇群的意义——以珠三角、大珠三角和泛珠三角区域为例》，《城市发展研究》2010 年第 1 期，第 54—59 页。

考虑到资料来源的便捷性与所得结果的可比性，本书计算了珠三角湾区城市群 9 个主要城市及其相关产业就业人数在珠三角范围的区位熵，以得出不同层次中珠三角 9 个城市所具有的优势产业和各不同产业在城市群发展过程中的优劣势变化，并以此为依据分析验证不同层次城市群发展的必要性，提出相应发展重点。

1. 研究数据及计算结果

考虑到指标的统一性及代表性，本书将城市内各行业归纳为制造业、生产性服务业[①]、生活性服务业[②]三大类[③]。

参考上海市统计局 2013 年发布的《上海生产性服务业统计分类与代码》[④]，以《国民经济行业分类与代码》（GB/T4754—2011）为依据，将国民经济 19 个行业归到制造业、生活性服务业和生产性服务业这三大类中[⑤]。根据《广东统计年鉴 2016》各市城镇单位各行业在岗职工年末人数（2015 年）中关于珠三角湾区 9 市的数据（表 4—8），以及上述区位熵具体计算公式，计算结果如表 4—9 所示。

---

① 也称生产者服务业，是指为保持工业生产过程的连续性、促进工业技术进步、产业升级和提高生产效率提供保障服务的服务行业。它是与制造业直接相关的配套服务业，是从制造业内部生产服务部门而独立发展起来的新兴产业，本身并不向消费者提供直接的、独立的服务效用。它依附于制造业企业而存在，贯穿于企业生产的上游、中游和下游诸环节中，以人力资本和知识资本作为主要投入品，把日益专业化的人力资本和知识资本引进制造业，是二、三产业加速融合的关键环节。

② 也称消费者服务业或民生服务业，它是与生产性服务业相对应的一个概念，主要指为消费者提供服务产品的服务业（最终需求性服务业），它涵盖范围很广，涉及居民日常生活的方方面面，是劳动力密集型行业，在促进消费、吸纳就业、构建和谐社会等方面发挥着重要作用。

③ 参见于蕾、仝德、邓金杰《从区位熵视角论证构建城镇群的意义——以珠三角、大珠三角和泛珠三角区域为例》，《城市发展研究》2010 年第 1 期，第 54—59 页。

④ 资料来源：http：//www. 360doc. com/content/15/0115/15/6913722_441061562. shtml。生产性服务业分类中第一项即为农、林、牧、渔服务业。

⑤ 其中生活性服务业包括住宿和餐饮业，居民服务、维修和其他服务业，卫生和社会工作，文化、体育和娱乐业，公共管理、社会保障和社会组织等 5 个行业，生产性服务业包括其他除制造业以外的 13 个行业。

表4—8　各市城镇单位各行业在岗职工年末人数（2015年） 单位：万人

	制造业	生活性服务业				
	制造业	居民服务、维修和其他服务业	住宿和餐饮业	卫生和社会工作	文化、体育和娱乐业	公共管理、社会保障和社会组织
广州	84.64	2.34	9.39	12.05	4.05	16.83
深圳	245.68	2.07	9.53	5.94	2.42	13.9
珠海	39.27	0.25	2.31	1.54	0.29	3.27
佛山	117.91	0.55	1.9	4.51	0.57	6
惠州	60.94	0.07	0.8	2.65	0.39	5.84
东莞	183.14	1.25	2.79	4.6	0.68	5.67
中山	59.24	0.04	1.35	1.82	0.24	2.32
江门	29.88	0.13	1.06	2.53	0.23	4.35
肇庆	20.41	0.06	0.58	2.49	0.18	4.14

	生产性服务业												
	农、林、牧，渔业	采矿业	电力、热气、燃气及水的生产和供应业	建筑业	批发和零售业	交通运输、仓储和邮政业	教育	信息传输、软件和信息技术服务业	金融业	房地产业	租赁和商务服务业	科学研究、技术服务业	水利、环境和公共设施管理业
广州	0.12	0	2.82	18.61	25.81	28.67	23.19	9.99	6.98	18.49	18.41	16.56	5.17
深圳	0.07	0.41	1.78	26.38	25.67	24.04	9.45	12.97	9.59	19.33	28.32	8.55	1.31
珠海	0.67	0.05	0.59	4.43	3.1	2.44	2.89	2.13	1.31	2.91	1.89	1.04	0.85
佛山	0.02	0.04	1.32	4.77	5.72	3.89	8.14	1.23	2.62	3.3	2.14	1.53	1.24

续表

	生产性服务业												
	农、林、牧，渔业	采矿业	电力、热气、燃气及水的生产和供应业	建筑业	批发和零售业	交通运输、仓储和邮政业	教育	信息传输、软件和信息技术服务业	金融业	房地产业	租赁和商务服务业	科学研究、技术服务业	水利、环境和公共设施管理业
惠州	0.09	0.05	0.96	1.36	2.49	2.13	4.95	0.82	1.37	1.56	0.69	0.5	0.69
东莞	0.03	0	0.92	4.22	5.63	2.87	3.57	0.84	2.72	2.29	3.91	1.4	0.28
中山	0	0	0.76	2.35	3.22	1.47	2.54	0.61	1.36	1.87	1.18	0.35	0.31
江门	0.05	0	0.77	3.71	2.51	1.57	3.99	0.66	1.63	0.94	0.58	0.45	0.58
肇庆	0.08	0.14	0.69	1.71	1.87	1.01	4.63	0.39	0.98	0.65	0.38	0.3	0.43

资料来源：《广东统计年鉴 2016》。

表 4—9　　　　珠三角 9 市 2015 年各行业区位熵

	制造业	生产性服务业	生活性服务业
广州	0.49	1.72	1.49
深圳	0.97	1.12	0.77
珠海	0.97	1.02	1.09
佛山	1.24	0.64	0.82
惠州	1.22	0.60	1.12
东莞	1.42	0.38	0.67
中山	1.29	0.59	0.72
江门	0.95	0.94	1.52
肇庆	0.88	0.96	1.84
平均值	1.05	0.89	1.12

资料来源：《广东统计年鉴 2016》中相关行业从业人员数（即根据表 4—8）计算得到。

2. 不同城市的区域竞争力分析

根据计算结果可知，不同的城市有着不同的优势行业，如东莞、中山、佛山和惠州的制造业，广州、深圳和珠海的生产性服务业，肇庆、江门、广州的生活性服务业。总体来看，符合我们对这些城市的基本认识。

（1）制造业

由于制造业处于产业链低端，城市制造业的区位熵与其在城市群社会经济系统中的地位（城市生态位高低）刚好相反。从图4—4可以看出，在珠三角城市群的制造业中，区位熵较高的几个城市，除了东岸的东莞、惠州外，就是西岸的中山、佛山，其制造业就业人数高于珠三角城市群平均水平。有着低成本和较高生产效率、较高技术水平特点的制造业是这几个城市的产业优势，这些城市也基本沿袭了传统产业优势，特别是东莞、佛山、中山，一直以“中国制造”著称，历史上东莞市、中山市、南海市和顺德市（现为佛山市的南海区和顺德区）因民营、外向型产业集聚，经济发展速度快而被称为“广东四小虎”。惠州则由于毗邻深圳、东莞以及空间资源丰富的优势，发展制造业的机会一直较多。深圳、珠海、江门由于传统制造业的存在位于区位熵中间值；最低位的两城市为地理位

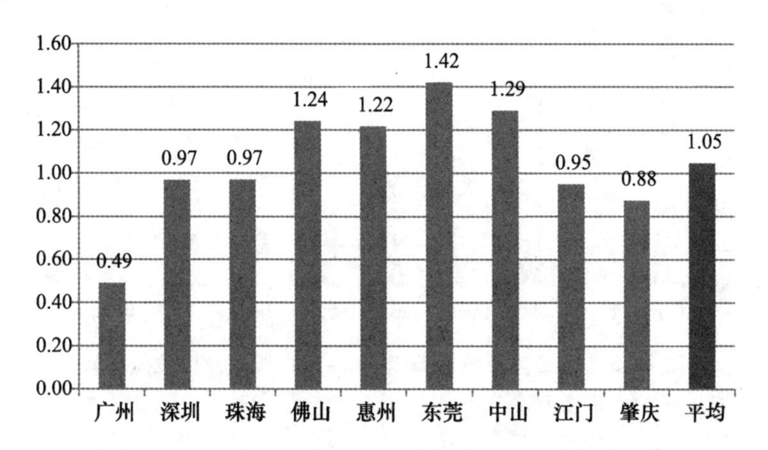

图4—4　珠三角各城市2015年制造业区位熵比较

资料来源：《广东统计年鉴2016》。

置上最为偏远的肇庆，和地理位置上最为中心的城市广州。其中广州的制造业区位熵为9市最低，反映了广州近年来转型升级的程度较高，而肇庆则可能是地理位置偏远导致其承接中心城市制造业转移的机会较少。

（2）生产性服务业

制造业的发展需要服务业的支撑，从图4—5可知，广州、深圳、珠海的生产性服务业经济规模高于珠三角城市群平均水平，而其他城市则普遍相对落后，这也与广州、深圳、珠海作为珠三角湾区城市群的3个经济圈（广佛肇、深莞惠、珠中江）中的主导地位是相符的。在珠三角湾区城市群中相对偏远的江门、肇庆位居中间水平，略高于平均值。与制造业区位熵刚好相反，制造业区位熵最高的四市，即东莞、中山、佛山、惠州，其生产性服务业区位熵位于最后四位，低于珠三角湾区城市群的平均值，且制造业区位熵最高的东莞处于珠三角9市生产性服务业区位熵最低位。

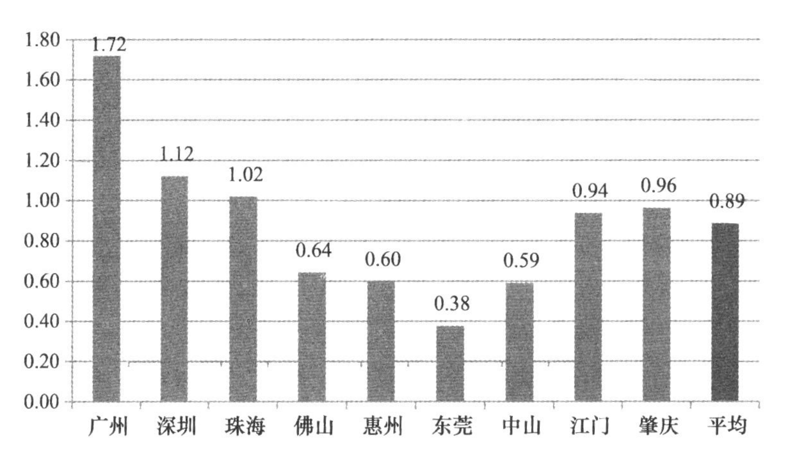

图4—5　珠三角各城市2015年生产性服务业区位熵比较

资料来源：《广东统计年鉴2016》。

生产性服务业是珠江三角洲区域的基本经济活动，且能极大推动制造业等其他产业的发展，在具有潜力的区域产业格局中至关重要。[1] 总体上来看，珠三角城市群生产性服务业区位熵从5年前的普遍偏低[2]，发展到2015年除了4个制造业区位熵最高城市（东莞、中山、佛山、肇庆）数据下降外，其余都有所提高，尤其是广州、深圳、珠海大幅提高，其原因在于，广州、深圳和珠海的产业结构极大地进行了优化，在粤港澳大湾区中的极化效应已经开始显现，在生产性服务水平上逐步向曾经在此方面发挥了极大作用的香港靠近。珠三角湾区城市群的这种发展趋势也将直接影响粤港澳大湾区的区域发展格局。另外，可能也说明广东、香港、澳门三地之间的经济联系和产业联动有所加强，特别是香港和广东之间。香港曾经作为一个全球性的生产服务中心，由于特殊的历史和经济政治体制，集聚了珠三角乃至全球绝大部分高端资源，首位度极高，周边城市（除了澳门）的产业均较为低端，产业结构较为低级。经过近几年的发展，在经济互动的过程中，由于制造业对生产性服务有着极大的诉求，以及毗邻的地缘优势，三地的联系更加紧密，香港、澳门已同时反过来辐射珠三角地区，提升了珠江三角洲地区的整体竞争优势。广州、深圳、珠海作为都市经济圈的核心城市，与香港作为粤港澳大湾区的核心城市类似，可以通过服务企业为经济圈内其他城市提供全方位的生产性服务，促成相关流通部门和生产服务部门的竞争实力大大增强，带动周边城市的生产性服务业持续进步，通过这种梯度传导效应，逐步提升区域整体发展水平。

（3）生活性服务业

生活性服务业主要反映的是城市的游客接纳能力（住宿和餐饮业）和配套的完善度（住宿和餐饮业，居民服务、维修和其他服务业，卫生和社会工作，文化、体育和娱乐业，公共管理、社会保障和社会组织等），且主要体现的是配套的完善度。生活性服务业可以为居民生活和发展提供全面的支持，不仅有助于促进就业增长，

---

① 于蕾、仝德、邓金杰：《从区位熵视角论证构建城镇群的意义——以珠三角、大珠三角和泛珠三角区域为例》，《城市发展研究》2010年第1期，第54—59页。

② 笔者曾算过2011年珠三角各市的生产性服务业区位熵，分别是广州1.24，深圳1.10，珠海0.64，佛山0.97，惠州0.47，东莞0.94，中山0.67，江门0.88，肇庆1.01。平均值是0.88。

解决广受关注的民生问题，确保区域经济和社会的稳定运行；同时也能加强服务业在产业结构中的主导地位，提升文化软实力和区域软环境[①]，给区域的可持续发展提供坚实的保障。

珠三角湾区城市群由于改革开放后产业发展速度较快，尤其是“三来一补”型的第二产业遍地开花，以及那个时代“生产先于生活”的观念，导致城市化落后于工业化，生活性服务业从业人员较为不足。而且工业化越快的城市，生活性服务业更为不足，如图4—6所示。

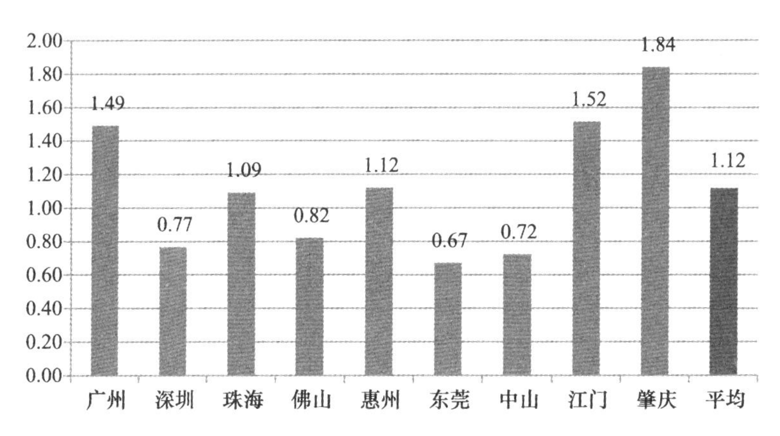

图4—6　珠三角各城市2015年生活性服务业区位熵比较图

资料来源：《广东统计年鉴2016》。

生活性服务业区位熵大于1的只有5个城市：肇庆、江门、广州、惠州、珠海，且只有肇庆、江门、广州、惠州4个城市高于或等于区域平均值，其余5个城市自身的生活性服务业都需要依靠外部城市供给来进行补充。生活性服务业区位熵的最高的三个城市为：肇庆、江门、广州，反映了这3个城市在文教体卫、酒店商旅、社会福利等软环境建设上相对较为健全。广州自古以来就是商都，这点不难理解；江门是中国侨都，华侨通过捐助公益、投资兴业等方式帮助家乡发展的效应在这里就有了很好的体现；而肇庆，由于

① 胡雪峰、刘洪波：《简说北京的生活性服务业》，《前线》2008年第1期，第71页。

毗邻广佛的地缘优势，但又由于过于边缘在制造业承接上不足，在服务业方面相对就发展得好一些，且由于发展相对缓慢，在生活性服务业方面更为完善，区位熵值更为突出，为9市最大。

生活性服务业区位熵最低的是东莞、中山、深圳，均远低于平均值。深圳5年前的这个数据是0.75，现值0.77，说明近几年增长非常缓慢，仍不匹配其中心城市的地位，还需继续努力改善，以促进产业结构的优化调整和未来的可持续发展。[①] 东莞由5年前最高值者（生活性服务业区位熵达到2.13）降低为现今的最低值者，与其住宿和餐饮业，以及文化体育和娱乐业的衰败不无关系。

对于生活性服务业区位熵中位的珠海、惠州、佛山三市，珠海的生活性服务业区位熵位于1附近，说明其生活性服务业刚好维系了城市自身的发展需要，但对比其5年前的值0.65，珠海在这方面的进步应该是最大的，几乎翻了一番。惠州的发展也较快，佛山反而是倒退了一些。

3. 珠三角城市群的区位熵分析结论

根据珠三角9个城市的区位熵计算结果，我们将9个城市的结果以每三个为一组，分别划分为高位、中位和低位三种类型，其结果如表4—10所示。

表4—10　2015年珠三角城市群各市区位熵按行业分级统计

区位熵	制造业（主要反映工业化程度）			生产性服务业（主要反映产业链的高端度）			生活性服务业（主要反映配套完善度）		
高位三城市	东莞	中山	佛山	广州	深圳	珠海	肇庆	江门	广州
	1.42	1.29	1.24	1.72	1.12	1.02	1.84	1.52	1.49
中位三城市	惠州	深圳	珠海	肇庆	江门	佛山	惠州	珠海	佛山
	1.22	0.97	0.97	0.96	0.94	0.64	1.12	1.09	0.82

① 笔者曾算过2011年珠三角各市的生活性服务业区位熵，分别是广州1.21，深圳0.75，珠海0.65，佛山1.25，惠州0.71，东莞2.13，中山0.97，江门1.12，肇庆1.53。平均值是1.15。

续表

区位熵	制造业（主要反映工业化程度）			生产性服务业（主要反映产业链的高端度）			生活性服务业（主要反映配套完善度）		
低位三城市	江门	肇庆	广州	惠州	中山	东莞	深圳	中山	东莞
	0.95	0.88	0.49	0.60	0.59	0.38	0.77	0.72	0.67

资料来源：《广东统计年鉴2016》。

通过上述三类产业的区位熵结果分析看出，珠三角城市群各城市在不同类型产业中的区位熵差异较大。制造业中区位熵最高的是小企业集群发展最为活跃的东莞、中山、佛山；生产性服务业中区位熵最高的分别是珠三角内三大都市圈的核心城市广州、深圳、珠海；生活性服务业中区位熵最高的分别是历史文化较为悠久、工业发展相对较缓的肇庆、江门和广州。

历史上，珠三角城市群凭借香港的国际产业转移和“前店后厂”模式纷纷发展了自身的制造业，并凭借港澳服务业的优势，制造业在国际上的竞争优势，形成了独特的“中国制造”时代。尤其是东莞，特点最为明显：制造业区位熵最高，服务业（包括生产性服务业和生活性服务业）区位熵最低。但随着土地、劳动力和其他资源逐步短缺，传统的劳动密集型产业正面临着产业结构调整和产业升级等问题的巨大压力，大部分城市都正走在这条转型发展之路上，有阵痛也有收获。

城市生态位的高低根据产业链的高低端划分，由于制造业主要反映的是工业化程度、生活性服务业主要反映的是城市配套的完善度，而生产性服务业是珠江三角洲区域的非常主要的基本经济活动，且能代表产业链的高端化水平，因此，选取生产性服务业的区位熵来反映产业链的高低端程度。根据前述区位熵分析结论，结合城市生态位理论，得出以下基于生产性服务业区位熵的珠三角城市群社会经济系统中的城市生态位：

最高位城市：广州、深圳（生产性服务业区位熵高于1）。

中间位城市：珠海、肇庆、江门（生产性服务业区位熵为1

左右）。

最低位城市：佛山、惠州、中山、东莞（生产性服务业区位熵为0.5左右）。

（五）珠三角城市群各市经济发展水平比较

自19世纪中叶德国历史学派奠基人物弗里德里希·李斯特（Friedrich List）首次对工业化理论进行系统研究后，工业化逐渐被视为经济发展和国家富强的象征和途径。根据经典工业化理论，衡量一个国家和区域工业化水平，主要是根据经济发展水平、产业结构、空间结构和就业情况等，判断一个国家和地区的工业化发展水平，具体内容应包含人均GDP、产业结构、制造业的比重占总商品附加值、城市化水平与农业就业水平5个指标，通过美国经济学家H. B. 钱纳里等人的划分方法，确定珠江三角洲城市群各城市工业化阶段[①]（见表4—11、表4—12）。

表4—11　　不同时期经济发展阶段的评价指标

经济发展水平评价指标	前工业化阶段	工业化实现阶段			后工业化阶段
		工业化初期	工业化中期	工业化后期	
1. 经济发展水平（人均GDP，美元）	900—1800	1800—3600	3600—7200	7200—14400	>14400
2. 三次产业结构	A>B	A>20，A>B	A<20，B>C	A<10，B>C	A<10，B<C
3. 城市化水平（%）	<30	30—50	50—60	60—75	>75
4. 农业就业人员比重（%）	>60	45—60	30—45	10—30	<10

注：三次产业结构中A、B、C分别代表第一产业、第二产业、第三产业；人均GDP根据1995年、2000年、2005年的人均GDP划分阶段推算而成。

资料来源：《长江和珠江三角洲及港澳台统计年鉴2009》。

① 参见刘东东《珠三角城市群的产业布局分析》，《广东经济》2010年第9期，第55—57页。

表 4—12　　珠三角城市群 9 市 2015 年各项指标分析表

城市	人均 GDP（美元/人）	生产总值三产构成	城镇化水平（%）	农业就业人员比例（%）
广州	21867（后）	1.3：31.6：67.1（后）	85.53（后）	7.75（后）
深圳	25367（后）	0：41.2：58.8（后）	100（后）	0.00（后）
珠海	20023（后）	2.2：49.7：48.1（工后）	88.07（后）	6.73（后）
佛山	17389（后）	1.7：60.5：37.8（工后）	94.94（后）	4.93（后）
惠州	10634（工后）	4.8：55.0：40.2（工后）	68.15（工后）	17.8（工后）
东莞	12141（工后）	0.3：46.6：53.1（后）	88.82（后）	0.93（后）
中山	15098（后）	2.2：54.3：43.5（工后）	88.12（后）	4.66（后）
江门	7965（工后）	7.8：48.4：43.8（工后）	64.84（工后）	32.54（工中）
肇庆	7815（工后）	14.6：50.3：35.1（工中）	45.16（工初）	51.35（工初）

资料来源：《广东统计年鉴 2016》。

注：人均 GDP 换算成美元以 2015 年平均汇率 1 美元 = 6.2284 人民币计算。① 数据右侧括号内为对应所处阶段：（后）表示后工业化阶段，（工后）表示工业化后期，（工中）表示工业化中期，（工初）表示工业化初期。

对于一个特定的城市，不同的指标值在不同的发展阶段并不是一一对应的，所以一般判断城市的工业化阶段，必须考虑不同指标值的重要性。研究表明，衡量区域的工业化，经济发展水平重要性大于经济结构的重要性等于产业结构的重要性大于空间结构的重要性大于就业结构的重要性（即经济发展水平重要性 > 经济结构的重要性 = 产业结构的重要性 > 空间结构的重要性 > 就业结构的重要性，分别对应表 4—13 中的四个指标）。

根据表 4—12 珠三角城市群 9 个城市各项指标情况，对比表 4—11 的各指标临界值，判定出珠三角 9 个城市对应单项指标前

① http://c.360webcache.com/c? m = 49d9b369900a0e8aa141ab04bfe90a08&q = 2015%E5%B9%B4%E5%B9%B3%E5%9D%87%E6%B1%87%E7%8E%871%E7%BE%8E%E5%85%83%3D++%E4%BA%BA%E6%B0%91%E5%B8%81&u = http%3A%2F%2Fnews.eastday.com%2Feastday%2F13news%2Fauto%2Fnews%2Fchina%2F20160229%2Fu7ai5342233.html. 国家统计局 2016 年 2 月 29 日发布 2015 年国民经济和社会发展统计公报。数据显示，2015 年全年人民币平均汇率为 1 美元兑 6.2284 元人民币，比上年贬值 1.4%。

提下的经济发展阶段（表4—13）。

表4—13　　　2015年珠三角城市群各市的经济发展阶段

城市	人均GDP	三产比例	城镇化水平	农业就业人员比例
广州	后工业化阶段	后工业化阶段	后工业化阶段	后工业化阶段
深圳	后工业化阶段	后工业化阶段	后工业化阶段	后工业化阶段
珠海	后工业化后期	工业化后期	后工业化阶段	后工业化阶段
佛山	后工业化后期	工业化后期	后工业化阶段	后工业化阶段
惠州	工业化后期	工业化后期	工业化后期	工业化后期
东莞	工业化后期	后工业化阶段	后工业化阶段	后工业化阶段
中山	后工业化后期	工业化后期	后工业化阶段	后工业化阶段
江门	工业化后期	工业化后期	工业化后期	工业化中期
肇庆	工业化后期	工业化中期	工业化初期	工业化初期

资料来源：笔者整理。

综合分析珠三角城市群中所有城市的指标值，可知这些城市所处的工业化阶段：

（1）广州和深圳完全处于后工业化阶段；

（2）珠海、佛山、中山和东莞处于工业化后期向后工业化阶段过渡的阶段；

（3）惠州完全处于工业化后期阶段，江门处于工业化中期向工业化后期过渡的阶段，肇庆处于工业化中期阶段。

（六）珠三角城市群各市户籍人口吸引力分析

户籍人口作为定居当地的常住居民，当地对他们的吸引力是最深的，而他们对当地的情感也是最深的。对于安土重迁的中国人而言，他们不会轻易举家搬迁到另外一个城市，除非目的地城市提供的条件、待遇、生活环境等具有明显的优势和吸引力，因此，从户籍人口的迁移也能摸索出珠三角城市群城市间吸引力的一些关系。

表4—14为2015年珠三角城市群各市户籍人口迁移情况，净迁移人口可作为证明城市间吸引力大小的重要指标。其中，深圳的净迁移人口最多，约17万人，是第二位净迁移人口的广州的4倍多，说明深圳对外来人口的吸引力是珠三角城市群最高的；而江门和肇

庆则成为珠三角城市群中吸引力最小的两个城市，其净迁移人口为负，表明以上两城市 2015 年度迁出人口数量高于迁入人口。

表 4—14　2015 年珠三角城市群各市户籍人口迁移情况统计　单位：人

	迁入人口	迁出人口	净迁移人口	净迁移人口排名
广州	112823	69375	43448	2
深圳	193444	21327	172117	1
珠海	17364	10706	6658	7
佛山	26911	12712	14199	4
惠州	44176	36654	7522	6
东莞	21654	6480	15174	3
中山	14451	5481	8970	5
江门	29671	46013	-16342	9
肇庆	18712	25638	-6926	8
珠三角	479206	234386	244820	

资料来源：《广东统计年鉴 2016》。

根据珠三角城市群户籍人口迁移流的分析，结合城市生态位理论，得出基于城市户籍人口迁移的珠三角城市群社会经济系统中的城市生态位（由于难以制定明确的划分标准，本书对于吸引力根据表 4—14 的净迁移人口排序结果，选取最高位两城市、最低位两城市，其余的则属于中间位城市来进行定位）：

最高位城市：深圳、广州。

中间位城市：东莞、佛山、中山、惠州、珠海。

最低位城市：江门、肇庆。

（七）珠三角城市群社会经济系统中的城市生态位

根据前述分析，城市生态位反映了城市在城市群不同子系统中的功能作用和相应的营养级别，根据处于营养级别位置的不同可分为：最高位、中间位和最低位。为综合反映珠三角城市群各城市所起的作用，本书分析了珠三角湾区城市群的社会经济系统结构，通过城市种群数量与规模分布、城市功能定位、土地利用结构、产业结构、经济发展水平、城市吸引力等分项功能中，各城市所处的营养级别和功能关系，可以将城市的功能类型分为：综合型、平衡型、专业型和原生型。

综合型即在城市种群数量与规模分布、城市功能定位、土地利用结构、产业结构、经济发展水平、城市吸引力等方面明显处于高位、多次处于最高位的城市，如深圳和广州。

平衡型即在以上方面多次处于中间位，特别是在功能定位、产业结构和经济发展水平方面较为综合和均衡的城市，如珠海、中山、江门。

专业型即在以上方面多次处于中间位，但在某些方面有突出优势，偶尔出现在最高位的城市，如制造业处在最高位的东莞和在城市功能定位中产业专业性较强的佛山。

原生型即在以上方面多次处于最低位，且土地利用和经济发展水平较低、城市吸引力较弱的城市，如惠州和肇庆。

据此，得出珠三角城市群社会经济系统中的城市生态位（图4—7）。

二　生态视角下的珠三角湾区城市群物质流分析

（一）珠三角湾区城市群各城市间的日客流量研究

人口流动指劳动力在地域空间的流动，包括两个方向的流动，即人口流入和人口流出。因为人口在消费功能之外还具有生产功能，因此适龄劳动人口的流动对区域经济一体化发展有着极为重要的影响。自改革开放以来，在珠三角湾区城市群一直呈现劳动力净流入的状态。另外，在珠三角湾区城市群内部，各城市之间的人口流动又呈现出明显差距。

表4—15为珠三角湾区城市某日的客流数据，结果显示，珠三角湾区城市群的人口日客流量在城市间的差异显著。客流联系量最大的为广州—深圳组，达到322043人·天，比客流联系量位居第二位的广州—佛山（255931人·天）高出26%，而客流联系量最小的为肇庆—惠州组，仅为2538人·天，两者相差120多倍，体现了珠三角湾区城市群内部人口日常通勤流的区域差异性。

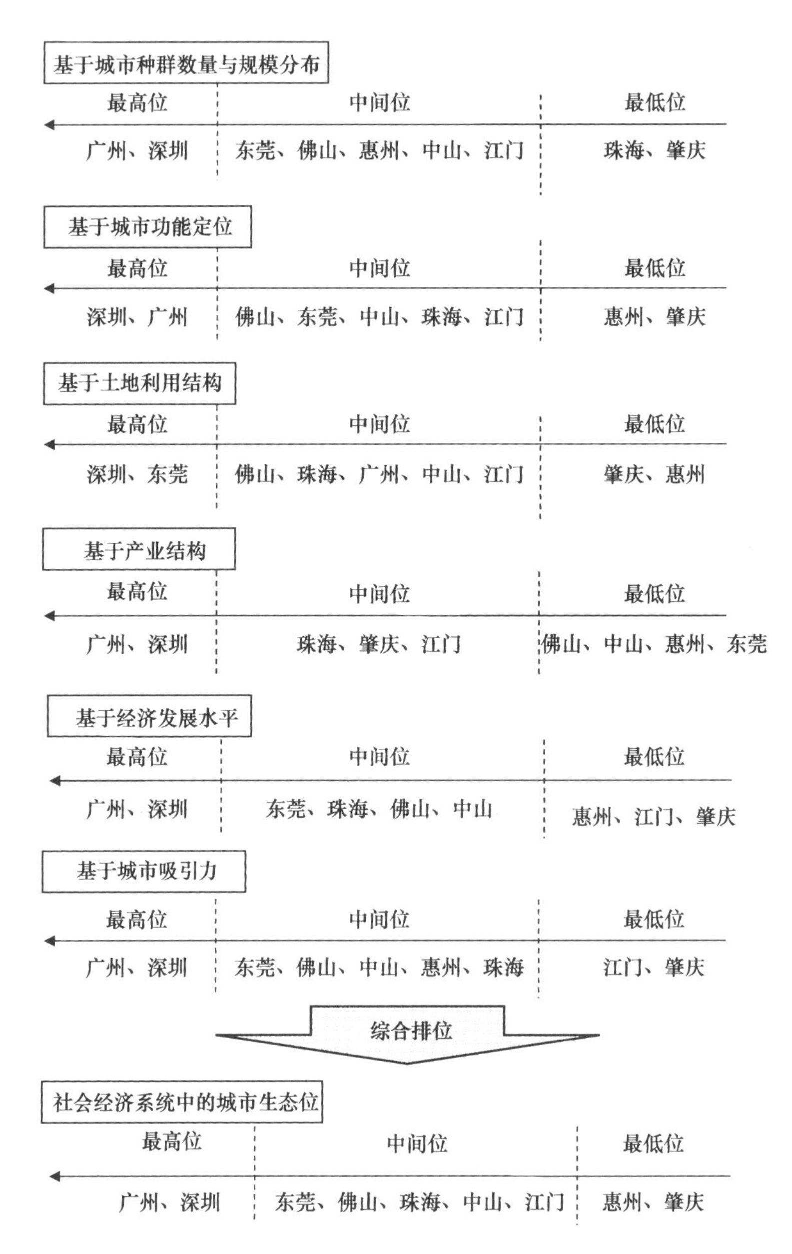

图 4—7 珠三角城市群社会经济系统的城市生态位结构分析

资料来源：笔者自绘。

表 4—15　　基于 OD 数据的珠三角湾区城市群客流数据　　单位：人·天

城市	广州	佛山	肇庆	中山	江门	珠海	东莞	深圳	惠州	总计
广州		255931	70923	86035	188719	68157	256953	322043	46194	1294955
佛山			58496	34372	54581	22847	43239	40994	18190	528650
肇庆				8605	19091	4592	15013	8914	2538	188172
中山					28020	46234	28179	27709	3797	262951
江门						56646	40316	37179	11432	435984
珠海							33245	15078	5159	251958
东莞								191865	58350	667160
深圳									75461	719243
惠州										221121

资料来源：数据来源于《珠江三角洲地区轨道交通同城化规划（修编）送审稿》，原始数据是某日珠三角全日全方式客流 OD 数据，出行方式类型包括营运型公路班车、自驾型公路出行、水运、铁路出行、航空出行和其他等所有城市间出行方式。以两城市间到、离两类数据之和代表城市间的客流量，如广深之间的客流量就用广州到深圳的客流量与深圳到广州的客流量之和表示。

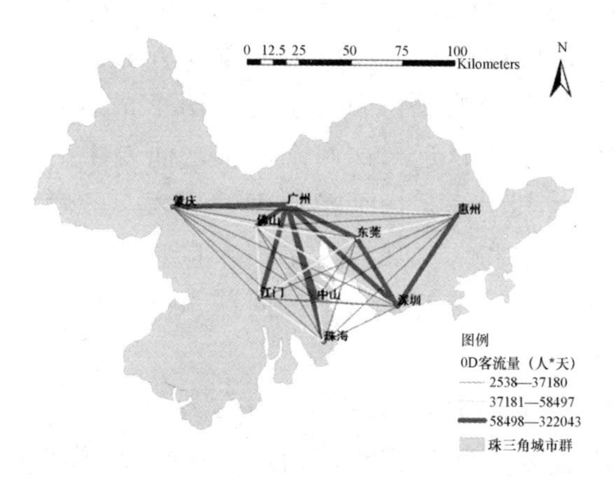

图 4—8　珠三角城市与城市间的日客流量

资料来源：笔者自绘。

根据珠三角湾区城市群人口日客流量的分析，得出基于人口日常通勤流的珠三角湾区城市群社会经济系统中的物质流状况：

（1）珠三角9个城市对外的客运交通流强度，反映出了物质流强度关系遵循了城市在社会经济系统中的城市生态位等级，即广州、深圳对其他城市的日客流总量分别达到1294955和719243（人·天），分列第一和第二位，处于社会经济系统中的城市生态位最高级；肇庆和惠州对其他城市的日客流总量分别为188172和221121（人·天），分列倒数第一和第二位，处于社会经济系统中的城市生态位最低级；同理，其他城市位于中间等级。

（2）珠三角9个城市之间客运交通量反映的物质流强度关系为：城市之间物质流联系最紧密的为广州—深圳、广州—东莞、广州—佛山、广州—中山、广州—江门、广州—珠海、广州—肇庆、深圳—东莞、深圳—惠州。即广州除了惠州外，跟其余7市联系都非常紧密；而深圳除了跟广州外，只跟毗邻的莞惠联系较为紧密。在整个区域的辐射力上深圳与广州的差距还较大。

位于第二等级的为佛山—深圳、佛山—东莞、佛山—肇庆、佛山—江门、东莞—江门、东莞—惠州、江门—珠海、珠海—中山、惠州—广州；其他城市之间的物质流联系较弱。

（二）基于重力模型的珠三角城市群各市吸引力研究

重力模型是研究城市间吸引力的重要方法之一，重力模型认为，距离和质量是影响城市间吸引力的两个最重要因素。两个城市的质量越大，距离越近，这两个城市之间发生的联系和相互吸引力也就越大。其中，质量是指城市的规模，一般用城市的经济发展水平（GDP）和人口规模（常住人口）表示。重力模型测度了城市间吸引力，反映的是城市之间联系的一种潜力。传统的重力模型如下：

$$R_{ij} = \sqrt{P_i G_i} \times \sqrt{P_j G_j} / d_{ij}2$$

其中，P_i代表城市i的年末常住人口数，P_j代表城市j的年末常住人口数；G_i代表城市i的年末地区生产总值，G_j代表城市j的年末地区生产总值；d_{ij}代表城市i和城市j间的直线距离。

以各城市市政府所在地为中心，分别测量珠三角城市群内部每两城市间的欧氏直线距离，绘制成表4—16。以《广东统计年鉴2016》为数据基础，分别获取珠三角城市群9个城市的当年国内生产总值（图4—3）和常住人口（表4—2），代入重力模型，进行珠三角湾区城市群吸引力的测算，结果如表4—17。

表4—16　　珠三角城市群各城市间的欧氏直线距离　　单位：公里

城市	广州	佛山	肇庆	中山	江门	珠海	东莞	深圳	惠州
广州		20	86	74	66	104	54	109	123
佛山			70	67	51	99	67	115	139
肇庆				118	84	146	136	179	207
中山					34	35	71	72	131
江门						62	87	103	153
珠海							88	60	130
东莞								64	71
深圳									76
惠州									

资料来源：《广东统计年鉴2016》。

表4—17　　基于重力模型的珠三角城市群城市联系量

单位：亿元×万人/平方公里

城市	广州	佛山	肇庆	中山	江门	珠海	东莞	深圳	惠州	总计
广州		30139	598	887	1142	263	3858	5871	399	43158
佛山			445	534	943	143	1236	2602	154	36198
肇庆				63	128	24	110	394	26	1787
中山					856	462	444	2675	70	5991
江门						151	303	1338	53	4912
珠海							169	2255	42	3508
东莞								7840	552	14512
深圳									2985	25962
惠州										4280

资料来源：《广东统计年鉴2016》。

结果显示，广州—佛山的城市联系量达到30139亿元×万人/平方公里，远远高于其他城市间的联系量，是第二大城市联系量深圳—东莞（7840亿元×万人/平方公里）的3.84倍。城市联系量最弱的为肇庆—珠海和肇庆—惠州，分别为24亿元×万人/平方公里和26亿元×万人/平方公里，与最强的城市联系量相差1000多倍（图4—9）。

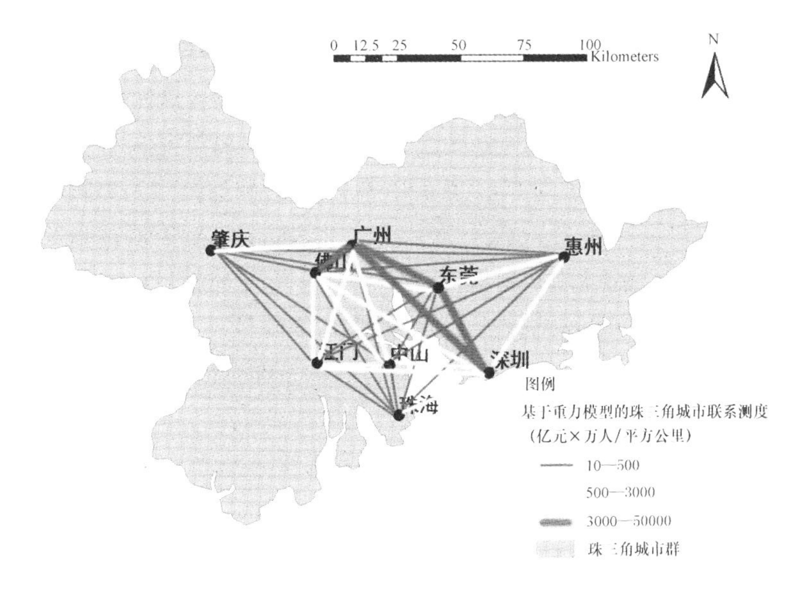

图4—9　基于重力模型的珠三角城市联系测度

资料来源：笔者自绘。

根据重力模型计算得到的珠三角城市群吸引力研究，得出基于重力模型的珠三角城市群社会经济系统中的物质流联系：

（1）珠三角9个城市对其他城市的吸引力强度大体上符合城市在社会经济系统中的城市生态位等级，但略有差异。总计对其他城市吸引力强度前三位的是广州、佛山和深圳，联系强度分别为43158、36198、25962（亿元×万人/平方公里）。这一结果很大程度上是因为广佛之间的吸引力强度太大，直接影响了双方的排名。排名倒数前三的城市是肇庆、珠海和惠州，联系强度分别为1787、3508、4280（亿元×万人/平方公里）。珠海排名相对靠后，很大程度上是因为其经济总量较小。

（2）按城市群吸引力研究的结果，珠三角 9 个城市之间的吸引力强度关系为：城市之间吸引力最强的为广州—深圳、广州—东莞、广州—佛山、东莞—深圳；位于第二等级的为广州—肇庆、广州—中山、广州—江门、深圳—珠海、深圳—佛山、深圳—惠州、佛山—东莞、佛山—江门、中山—佛山、中山—珠海、东莞—惠州；其他城市之间的物质流联系较弱。

（三）珠三角城市群的物质流分析

以珠三角城市间的日客流量（实际联系量）和基于重力模型的城市间吸引力分析（联系潜力）为基础，汇总珠三角城市群的物质流分析结果（合并在两项分析中的城市间联系强度结果，按高等级取值），笔者认为，珠三角城市群物质流分析的结果为（图 4—10）：

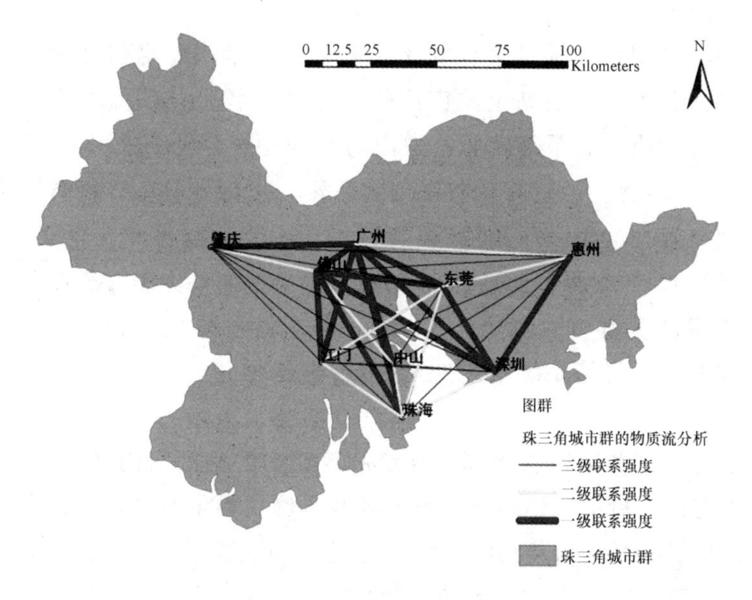

图 4—10　珠三角城市间的物质流示意图

资料来源：作者自绘。

（1）与其他城市之间有一级联系强度的城市分别为（按图 4—10 中黑粗线数量从多到少）：广州（7 条），佛山（5 条），深圳（4 条），东莞（3 条），江门和珠海（2 条），中山、惠州及肇庆（1 条）。

（2）与其他城市之间有二级联系强度的城市分别为（按图中白线数量从多到少）：珠海（4 条），东莞（3 条），佛山、中山、江门及惠州（2 条），肇庆（1 条）。

（3）社会经济生态位最高位两城市中，广州除了与距离较远的惠州外，与其他 7 个城市都有很强的社会经济联系，说明广州发挥了其作为行政中心的统筹作用。而深圳由于相对较偏的位置，以及珠三角湾区水域的阻隔，与珠三角西岸的“珠中江”都市圈各城市都缺乏较为顺畅的社会经济联系。

（4）佛山和东莞作为一级联系强度和二级联系强度都较高的两城市，既与其相对居中的地理区位有关，也与其多年的社会经济发展路径而形成了较为专业的生产功能相关，而这两个因素本身也存一定的因果关系。

（5）一级联系强度最少的 3 个城市中，肇庆、惠州分别只与最邻近的社会生态位最高位城市广州、深圳有较强物质流联系，与其他城市的物质流联系都较弱。中山与空间距离较近的深圳没有较强联系，而与距离较远的广州有较强联系，也说明了珠三角湾区水域在地理空间上的阻隔作用依然存在。

（6）仅二级联系强度相对较高的城市为珠海、中山和江门，说明“珠中江”都市圈由于偏离“广—深—港”发展主轴，在珠三角城市群的社会经济系统中还处于初级发育阶段。

三　珠三角湾区城市群社会经济系统中的空间结构

生态位分析可以得到珠三角湾区城市群在类生态系统中的职能和等级结构，物质流分析可得到城市之间的相互联系，据此，可以得到生态视角下的珠三角湾区城市群的社会经济空间结构（图 4—11）。特征是：

（1）整体特点是“强强联合”：社会经济强的城市之间联系紧密（例如广州、深圳、佛山、东莞 4 个城市之间），综合型的高位城市之间联系紧密（广州、深圳之间），高位城市和其他城市之间联系紧密（例如广州、深圳、佛山、东莞与其他城市

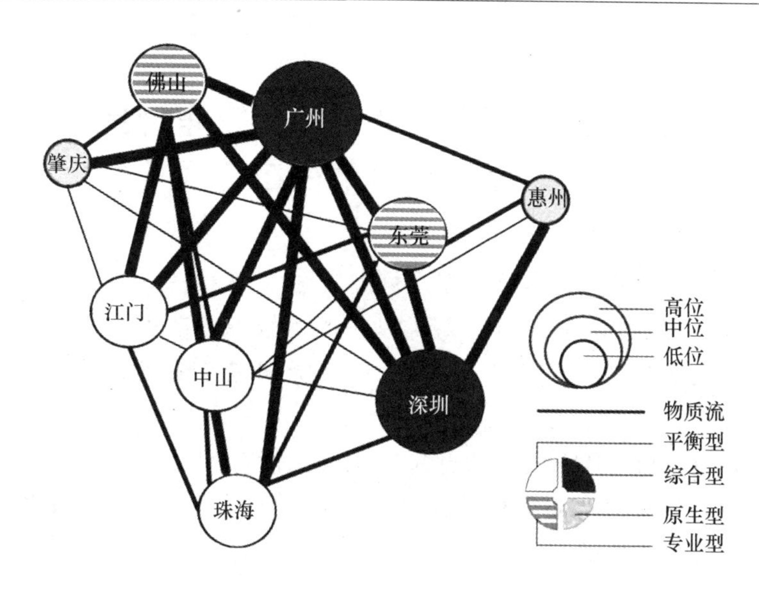

图4—11　类生态视角下珠三角城市群的社会经济系统空间结构

资料来源：笔者自绘。

之间）。

（2）平衡型城市之间没有很强的联系，只与综合型的高位城市之间有紧密联系，例如在珠三角城市之间的日客流量图中，珠海、中山、江门都只与广州之间有较强的联系，珠中江相互之间联系较弱；江门和中山只是在重力模型中有较强联系。

（3）专业型城市中，东莞除了跟相对较为偏远的肇庆和珠海联系较弱外，跟其他城市（广州、深圳、佛山、江门、惠州、中山）也有较好联系。

（4）原生型城市除了跟邻近的最高位城市联系紧密外，与其他城市联系均较弱。

（5）物质流特征反映了珠三角湾区城市群的网络型结构尚为雏形，物质流的通达性需要加强，物质流在高位城市之间有较通畅的联系，在中位与低位城市之间尚不通畅，从类生态的视角来看，珠三角湾区城市群的这种强者愈强、弱者愈弱的空间结构特征，容易形成强者对弱者的捕食和掠夺。

第三节　生态视角下的珠三角湾区城市群自然生态空间

与上一节类似，本节首先提炼珠三角城市群整体的主导景观类型，进而对各城市在主导景观类型中的等级和职能进行分析，由此得到各城市在自然生态空间的生态位等级和主导生态功能（类似于城市群空间结构中的等级结构和职能结构）；其次通过各城市之间的生态流分析，得到各城市间主导生态功能的相互联系（类似于城市群空间结构中的空间相互关系）；最后综合得到珠三角城市群在自然生态系统中的空间结构。

一　珠三角湾区城市群在自然生态空间的生态位表现

珠江三角洲地区拥有优越的自然环境条件①，从土地利用分析的角度，珠三角城市群的自然生态景观超过了70%，远远大于城镇发展景观（图4—12、表4—6）。

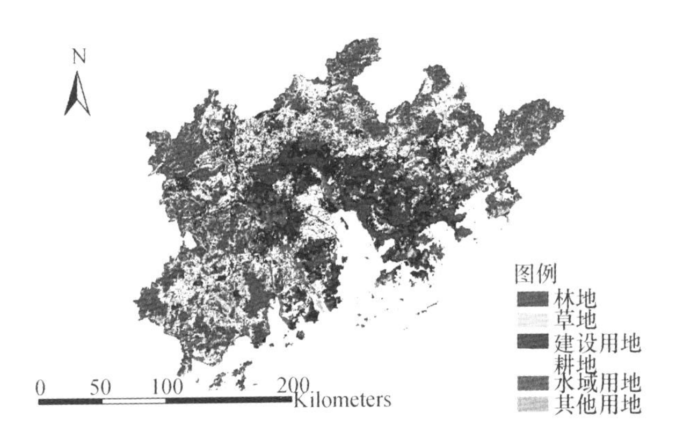

图4—12　珠三角地区2008年土地利用

资料来源：中国科学院遥感应用研究所影像解译。

① 陈勇：《基于生态安全的珠三角城镇群生态空间格局》，载《2005年城市规划年会论文集》，第1387—1391页。

但是，尽管珠三角的自然生态景观面积远大于城镇景观，并不能保证生态效应高，其生态效应的发挥还取决于自然生态景观的类型构成和空间分布状态，即生态环境效应不同的景观类型所占的比例以及不同尺度的景观单元之间的连通程度，只有在类型构成和空间分布恰当的自然景观格局才能够保障效应更好地发挥。

景观生态学认为，景观的基本单元包括三种基本类型，即斑块（Batch）、廊道（corridor）和基质（Matrix）。斑块是指与周围环境存在不同，主要表现在外貌上或者性质上，它本身具有一定内部均质性的空间组成。[①] 例如，大草原上的草地，广阔蓝天上的白云，宽广海洋中的岛屿等。廊道则指不同基质的狭长地带，例如河流、道路等。基质是指景观中范围广阔，而且相同基质连续性最强的背景地域，例如草原基质、沙漠基质、农田基质等。最后，由于景观结构单元的划分总在选取的特定尺度下，因此不同尺度的斑块、廊道和基质的区分也是相对的，甚至有时可以互换。[②]

本书利用景观生态学的斑块、廊道、基质等概念，使用 Fragstats 软件。分别从斑块、廊道和基质的层面，以珠三角 2008 年土地利用的遥感卫星解译数据为分析基础，进行珠三角城市群区域的相关景观格局指数计算，首先提炼珠三角城市群整体的主导景观类型，进而对各城市在主导景观类型中的等级和职能进行分析，由此得到各城市在自然生态空间的生态位。

（一）珠三角湾区城市群自然生态空间整体景观格局分析

整体景观格局分析目的在于揭示珠三角城市群的主导景观类型，从整体上判断自然生态空间受何种景观类型控制。

1. 指标选择及释义

为更深刻地研究珠三角湾区城市群自然生态空间的现状，本书根据土地利用分类的最新标准，将珠三角土地利用划分为建设用地、林地、耕地、草地、水域和未利用地 6 大类（图 4—12），分别

---

① 乔志和：《长白山自然保护区景观格局演化与模拟》，博士学位论文，东北师范大学，2012 年，第 31 页。

② 赵秀敏：《杭州城市景观网络化体系研究》，博士学位论文，浙江大学，2008 年，第 43 页。

计算以下几个景观格局指数。

CA：斑块类型面积。CA是指某拼块类型的总面积，在数字式等于某一拼块类型中所有拼块累加后的面积（平方米）除以10000的值（公顷）；CA是衡量景观的基本单位，也是计算其他各项指标的基础，生态意义极其重要，CA的大小限制利用这种类型拼块作为聚居地的物种，对其数量、丰度、食物链和物种的二次繁殖等具有较大影响，如许多生物的生活条件要求聚居地最小面积要达到一定标准，通过分析不同类型聚居地的面积大小差异就可以找出物种营养、能量流和信息流的差异，一般来说，拼块中的总能量和矿质养分与面积是一种正比例关系，为了更直观地了解和管理景观，我们需要了解这些拼块大小情况。

PLAND：斑块类型占景观面积的比例。PLAND在数量上等于除以一种类型的面积相加得到的总数除以整个风景区面积的百分比。当此值趋于0，说明这种类型的拼块的数量变得非常稀缺；当值等于100，那么整个景观只包含一个块。PLAND是一个度量景观的组分，在拼块级别反映意义与相似性指数是相同的。由于其计算的是某一类型拼块占整个景观的比例，所以它是帮助我们确定景观基质或优势元素的基础，也决定了生物多样性、优势种等指标的重要因素。

NP：斑块数量。在类型上，NP代表某一类块拼块的总数；在景观上，NP代表所有的景观中拼块的总数。NP反映景观的空间分布，描述景观不同性质[①]，NP对生态过程具有较大影响，决定了物种在景观中的分布，对物种相互作用施加影响从而改变其稳定性，对景观的干扰作用蔓延传播影响较大。

LPI：最大斑块面积指数。LPI可以帮助确定景观模式和主要优势类型等，可以判断内种和优势种数量、丰度等生态景观特征。[②]

CLUMPY：丛聚指数。CLUMPY描述的是相对于随机分布状态

---

① NP值大小和景观破碎度呈现正相关关系，总的原则是NP值较大，破碎度较高；NP值较小，破碎度较低；乔志和：《长白山自然保护区景观格局演化与模拟》，博士学位论文，东北师范大学，2012年，第45页。

② LPI值的变化直接反映了干扰的频率和强度的变化，也反映了人类活动影响的大小；乔志和：《长白山自然保护区景观格局演化与模拟》，博士学位论文，东北师范大学，2012年，第45页。

来说，某种斑块类型相似节点比重对随机状态的偏离程度。该指标没有单位，介于 -1 到 1 之间，给定任意斑块类型比例，当其斑块最大限度地分散时，CLUMPY = -1,；当该类斑块随机分布时，CLUMPY = 0；当该类斑块聚集程度不断提高时，其值就不断向 1 靠近。

AI：集聚度指数。当一个斑块的破碎化程度最大，AI = 0；伴随集聚度的不断增加，其值也在增加；当斑块紧密地连成一个整体时，AI = 100。

FN：破碎化指数。FN = MPS（N_i - 1）/TA，其中，MPS 为景观中各类斑块的平均面积，N_i 为某一景观类型的斑块数，TA 为景观总面积。其值越大，表示该类斑块的破碎化程度越高，景观分布越破碎。

2. 结果分析

计算结果如表 4—18 所示，结果表明：

（1）林地、耕地、建设用地、水域是珠三角城市群的主要土地利用类型。其中，林地、耕地和水域是珠三角湾区城市群自然生态空间的主要组成部分。实际上，珠三角湾区城市群的社会经济空间（建设用地占比例）仅为 17.61%，为 1/5 不到，表明珠三角湾区城市群的自然生态空间是最主要的。其中，林地为最优势种，林地资源几乎占到整个珠三角湾区城市群区域总面积的一半；耕地作为第二位优势种，其面积为 22% 左右，其空间分布主要在珠三角河口周边形成的冲积平原地区、珠三角东部、北部和西部的平原丘陵地区，良好的水文条件和地形地貌形成了珠三角独具特色的“桑基鱼塘”景象。水域作为珠三角的第三大自然生态空间，面积约占区域总面积的 10%，主要分布在珠江沿岸及其支流沿岸（图 4—13）。

表 4—18　珠三角城市群不同类型土地利用的景观格局指数计算结果

土地利用类型/指数	CA	PLAND	NP	LPI	CLUMPY	AI	FN
林地	2074666	48.75	413	19.52	0.51	74.99	0.1366
耕地	946583	22.24	924	1.64	0.32	47.28	0.3059

续表

土地利用类型/指数	CA	PLAND	NP	LPI	CLUMPY	AI	FN
建设用地	749353	17.61	743	11.15	0.51	60.01	0.2459
草地	31218	0.73	163	0.04	0.15	15.74	0.0537
水域	449878	10.57	771	2.7	0.37	43.25	0.2552
未利用地	3993	0.09	3	0.08	0.78	77.78	0.0007

资料来源：根据景观格局指数计算软件所得。

图4—13　珠三角城市群2008年林地（左上）、耕地（右上）、建设用地（左下），水域（右下）分布

资料来源：中国科学院遥感应用研究所影像解译。

（2）林地的平均斑块面积最大，其最大斑块指数也是最高的，其在自然生态格局中占据主导地位。林地由于其主要分布在丘陵、山地地区，集中在珠三角地区的东部、西部和北部等外围地带，较少受到其他土地利用种群的干扰，所以其平均斑块面积和最大斑块指数最大。而建设用地受到地形地貌、水系等影响因素，集中分布在珠江口沿岸，改革开放40年来的快速城市化使得珠三角地区城市建设空间趋于饱和，城市建设逐渐形成地域连绵的城市群，因此建设用地的平均斑块面积和最大斑块指数也较高。

（3）各种用地类型的丛聚指数和聚集度指数都表明珠三角城市群的土地利用景观呈现集聚的特点，其中，林地的集聚程度最大。由于林地和建设用地都存在规模化的问题，即林地只有具有一定的规模才能形成一个完整的、稳定的种群，才能保持其应该起到的生态保育和气候调节等作用。

（4）耕地的破碎化指数也是最高的，水域其次。这主要是受到人类活动的影响，珠三角城市群向四周快速扩张，侵袭了本应是耕地景观和水域的外围地区，导致耕地和水域都被城镇建设用地所分割，最后形成了部分耕地景观和水域景观的生态孤岛，造成了这两者的破碎化指数较高，空间景观的高度破碎化。

（二）珠三角湾区城市群不同城市自然生态空间景观格局分析

1. 珠三角湾区城市群各城市主导自然景观占地总面积分析

由于前文已分析得到，珠三角湾区城市群整体来看，其主导自然景观类型为林地、耕地和水域，因此，以城市为空间单元，分别计算每个城市耕地、林地、水域等主导自然生态景观类型所占各市全市域总面积的比例（表4—19），并对三类自然景观的总面积比例排序，可以反映各城市自然生态景观相较城市建设景观的主导地位。结果表明：

表4—19　2008年珠三角城市群各市主要自然生态空间情况统计表

单位：平方公里

	耕地		林地		水域		总计		比例排名
	面积	比例	面积	比例	面积	比例	面积	比例	
广州市	2069.46	29.44%	2532.33	36.03%	784.6	11.16%	2854.06	76.63%	4
深圳市	297.35	15.67%	572.81	30.19%	71.78	3.78%	369.13	49.64%	9
珠海市	201.86	13.39%	396.84	26.33%	375	24.88%	576.86	64.60%	6
佛山市	568.72	15.68%	704.9	19.44%	1040.05	28.68%	1608.77	63.80%	7
惠州市	2011.3	18.36%	7235.26	66.05%	388.02	3.54%	2399.32	87.95%	2
东莞市	569.67	23.67%	366.58	15.23%	360.88	14.99%	930.55	53.89%	8

续表

	耕地		林地		水域		总计		比例排名
	面积	比例	面积	比例	面积	比例	面积	比例	
中山市	409.12	24.47%	344.21	20.59%	428.36	25.62%	837.48	70.68%	5
江门市	2344.59	26.44%	4439.7	50.06%	693.87	7.82%	3038.46	84.32%	3
肇庆市	1991.16	13.70%	10861.19	74.74%	734.95	5.06%	2726.11	93.50%	1

资料来源：广东省国土资源厅网站——2008 年广东省土地变更调查统计资料。

（1）肇庆、惠州、江门等城市的自然生态空间占绝对主导，均超过全市域总面积的 80%；

（2）广州、中山、珠海、佛山等城市的自然生态空间主导地位稍弱，超过全市域总面积 60%—80%；

（3）东莞和深圳市的自然生态空间已经几乎没有优势地位，都在 60% 以下，其中深圳已经低于 50%。

2. 珠三角湾区城市群各城市优势景观类型分析

前文根据各城市各类自然景观的面积比例（表 4—19），可初步得到各城市的主要景观类型（图 4—14）。林地面积占全市域面积比例最高的城市明显是肇庆、惠州、江门市；耕地比例相差不大，广州、江门相对较高；水域比例最高的是佛山、中山和珠海市。

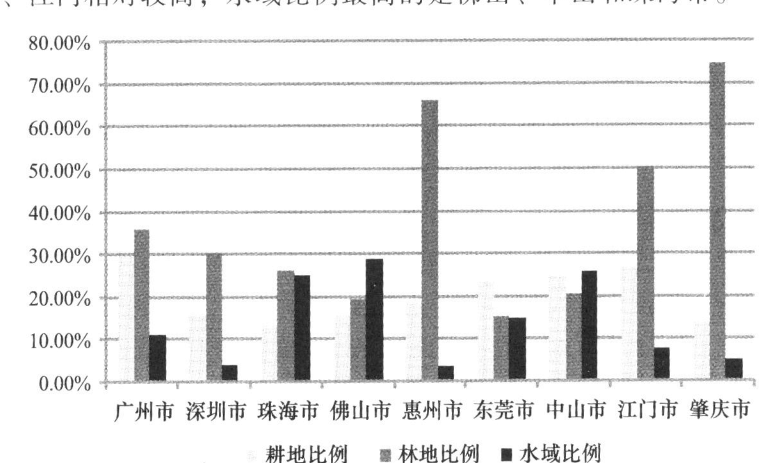

图 4—14　2008 年珠三角湾区城市群各市主要自然生态用地统计

资料来源：广东省国土资源厅网站—2008 年广东省土地变更调查统计资料。

由于这种面积比例关系相对粗略，并不能很好地反映各城市的优势景观类型，本研究引用经济地理学中关于区位熵的技术手段和方法，计算珠三角9个城市不同类型景观在该区域的区位熵（具体含义和计算公式参见产业区位熵计算），分析不同城市景观类型的优势度。其含义是城市内某种景观类型不仅服务于本城市，还可对外服务的能力，因而可对区域的整体景观格局有所贡献，结果表明（表4—20）：

（1）林地景观占优势的为肇庆和惠州；

（2）耕地景观占优势的为广州、江门、中山和东莞；

（3）水域景观占优势的为佛山、中山、珠海和广州；

（4）深圳在以上三类景观中均不占优势。

表4—20　　珠三角9个城市的不同景观类型区位熵

城市	耕地	林地	水域
广州市	1.49	0.70	1.21
深圳市	0.82	0.60	0.42
珠海市	0.68	0.51	2.70
佛山市	0.80	0.38	3.12
惠州市	0.91	1.25	0.38
东莞市	1.22	0.30	1.66
中山市	1.23	0.39	2.76
江门市	1.32	0.95	0.84
肇庆市	0.68	1.42	0.54

资料来源：根据景观格局指数软件计算得到的珠三角9个城市的景观类型水平上的面积计算而得。

（三）珠三角湾区城市群自然生态系统中的城市生态位

城市生态位反映了城市在城市群不同子系统中的功能作用和相应的营养级别，根据处于自然生态系统中营养级别位置的不同可分为：最高位、中间位和最低位。

前文通过对珠三角湾区城市群整体景观格局的分析，提炼出其主导自然景观类型，即林地、耕地和水域，并且根据景观格局的集聚指数和破碎化指数分析，发现林地、耕地和水域对区域整体的生态控制效应依次递减。进一步对各城市中这三类主导自然景观类型的面积比例分析，可以得到城市间生态用地的等级排序，相当于城市群自然生态空间的等级结构；通过对各城市自然景观用地的区位熵分析，得到各城市的优势景观类型，相当于城市群自然生态空间的功能结构。在综合评判的基础上得出珠三角湾区城市群在自然生态系统中的城市生态位（图4—15）。

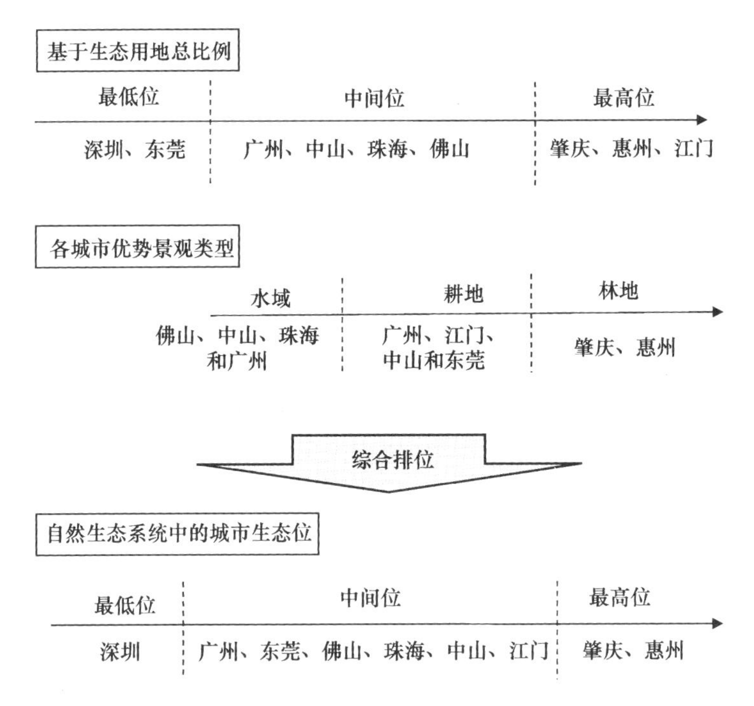

图4—15 珠三角湾区城市群自然生态系统的城市生态位结构分析

资料来源：笔者自绘。

从各城市林地、耕地和水域这三种珠三角城市群的主导自然景观用地的总面积上看，肇庆、惠州和江门生态用地占全市域面积比例最高，处于自然生态空间中的最高生态位，深圳和东莞比例最低，处于最低生态位。

从各城市的优势景观类型来看，即分别在林地、耕地、水域这三种主导景观类型中，除了满足平均水平外，还有对外服务能力的城市，除了深圳，各城市都有一项或两项景观有对外服务能力，只有深圳在三类主导景观中未有优势项，因此从景观功能结构上看，也处于最低生态位。由于林地、耕地和水域对于区域整体自然景观的控制作用依次递减，因此，林地景观占优势的肇庆和惠州，从景观功能结构上看，也处于最高生态位。

由此得到珠三角湾区城市群在自然生态系统中的生态位结果为：深圳处于最低位；广州、东莞、佛山、珠海、中山、江门处于中间位；肇庆和惠州处于最高位。

二　生态视角下的珠三角湾区城市群生态流分析

（一）林地产生的生态流

林地是珠三角最主要的自然景观类型，其中森林（山体）生态功能区是重要水源涵养区和水系各支流的源头，具有调蓄洪水、保持水土和保障区域生态安全等一系列重要功能，是珠三角水产、大米、蔬菜、禽畜等生产基地和天然屏障。[①]

根据前文分析，林地景观占优势的城市是惠州、肇庆，其面积绝对值和比重以及区位熵都明显高于其他各市，其次是江门市和广州市。但是具体考虑到生态流的特性，除了景观的面积之外还应当考虑其空间连通性。一般认为，在景观格局中景观的平均斑块面积越小，景观破碎度越高，连通性越低，说明生态流越不通畅；相反，其斑块面积越大，则其产生的生态流则越通畅。[②] 按照林地生态斑块的连通程度，可以区分林地生态流的输出地和接收地，即林地斑块面积越大，景观破碎度越小的城市越能够为周围的城市提供额外的生态服务，这类城市是林地生态流的输出地；林地斑块面积越小，景观破碎化程度越大的城市越倾向于向周围的城市索取生态服务，这类城市是生态流的接收地。

为反映珠三角湾区城市群林地产生的生态流通畅情况，利用景

---

① 周丽：《珠三角限制开发区域生态发展路径研究》，《生态经济》（学术版）2011年1期，第46—48页。

② 高杨、吴志峰、刘晓南等：《珠江三角洲景观空间格局分析》，《热带地理》2008年第1期，第26—31页。

观格局指数软件计算珠三角9个城市林地的破碎度、平均斑块面积。结果表明（表4—21），珠海、东莞、中山、深圳、广州、佛山的林地平均斑块面积较小，林地破碎化指数均大于珠三角区域林地破碎化指数的平均水平（0.137），破碎化程度较高，其连通性较低，林地产生的生态流不通畅，为林地生态流接收地；而惠州、肇庆、江门的林地平均斑块面积很大，破碎化指数均小于珠三角平均水平，林地集中连片分布明显，因而林地产生的生态流联系也更顺畅，为林地生态流输出地。依据就近原则，划出珠三角湾区城市群林地生态流方向（图4—16）。

表4—21　珠三角湾区城市群9个城市的林地面积、平均斑块面积和林地破碎化指数

	广州	佛山	肇庆	东莞	中山	江门	珠海	深圳	惠州	珠三角
林地面积（公顷）	253233	70490	1086119	36658	34421	443970	39684	57281	723526	2745382
斑块数量	65	33	45	29	15	80	32	32	82	413
平均斑块面积	3895	2136	24136	1262	2293	5550	1241	1791	8823	6647
破碎化指数	0.194	0.211	0.077	0.220	0.149	0.115	0.185	0.187	0.123	0.137
输出地（+）输入地（-）	-	-	+	-	-	+	-	-	+	

资料来源：中国科学院遥感应用研究所2008年珠三角土地利用影像解译，根据景观格局指数软件计算而得。

（二）耕地产生的生态流

耕地资源的空间分布与地貌因素有直接的关系。广东省域范围内地势整体而言北高南低，根据前文分析，从面积上看，耕地景观占优势的城市为广州、江门、中山、东莞。但是，耕地资源服务含义不仅体现在生态空间对生物涵养，更重要的是保障了人类生存需要的粮食生产。因此，耕地生态流的分析不像林地空间越连通生态流越通畅，而是在自给自足的基础上，城市拥有的耕地资源越多，

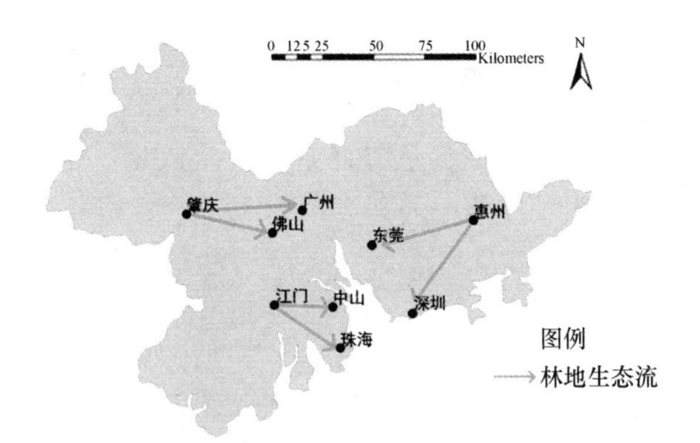

图4—16　珠三角湾区城市群山体产生的生态流示意图

资料来源：笔者自绘。

越有能力向周围的城市提供耕地生态服务，这样的城市是农地生态流的输出地；相应地，城市的耕地资源低于自给自足的水平，越倾向于接收周围的城市提供的耕地生态服务，这类城市是农地生态流的输入地。

分别计算珠三角9市的人均耕地面积。结果表明（图4—17），珠三角人均耕地面积约为0.19亩，其中，惠州、江门和肇庆是人均耕地面积相对最高的三个城市，远高于平均水平，是珠三角耕地

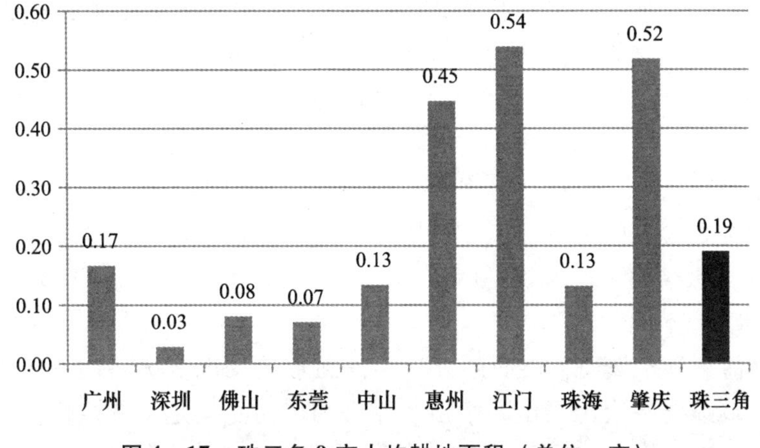

图4—17　珠三角9市人均耕地面积（单位：亩）

资料来源：常住人口来自《广东统计年鉴2012》，耕地面积由中国科学院遥感应用研究所根据2008年珠三角影像解译而得。

生态流输出地；广州、中山、珠海低于平均水平，但相对接近平均水平，对耕地生态服务的需求不大；深圳、佛山、东莞远低于平均水平，需要耕地生态服务，是耕地生态流接收地。依据就近原则，划出耕地生态流方向（图4—18）。

图4—18　珠三角湾区城市群耕地产生的生态流

资料来源：笔者自绘。

（三）水系（或水域）产生的生态流

珠江三角洲地区由珠江水系的西江、北江、东江及其支流潭江、绥江、增江带来的泥沙冲积而成。珠三角地区内水网密布，河渠纵横。网河区面积9750平方公里，河道总长1600多公里，平均河网密度为0.9千米/平方千米，为珠江流域河网密度最大的地区。[①] 众多水道从虎门、蕉门、洪奇门、横门、磨刀门、鸡啼门、虎跳门及崖门等8大口门出海，形成独特的“诸河汇集，八口分流”的水系特征。水系也成为珠江三角洲地区独特的自然空间基底（图4—19）。

前文从水域面积层面的分析，得到水域景观占优势的城市按照区位熵强弱依次为佛山、中山、珠海和广州。但是，景观优势只是

① 崔树彬、王现方、邓家泉：《试论珠江水系的河流生态问题及对策》，《水利发展研究》2005年第9期，第7—11页。

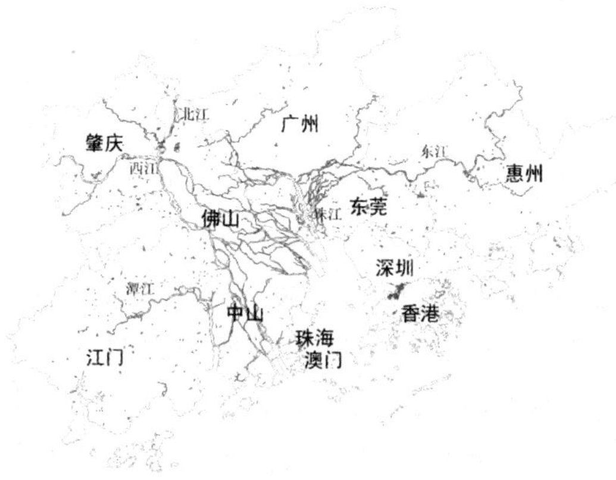

图 4—19 珠三角湾区城市群水系示意图

资料来源：《大珠江三角洲城镇群协调发展规划研究：区域资源利用与保护》第二子专题《大珠江三角洲地区水资源保护与利用研究报告》。

从静态空间分布层面反映了景观格局的特征，水域的生态流有真实的流向，能直观反映城市间的生态流关系。水域生态流的方向不仅取决于水系的自然流向，也取决于饮用水资源的供给方向，因而，一些城市可能既是水域生态流的输入地，同时又是水域生态流的输出地。由于考虑的是对自然生态系统服务功能的影响，因此只要有输出功能的城市即为水域生态流的输出地。

珠三角湾区城市群的流域分布及其在各城市中的上下游关系表现为：

1. 东江沿线：惠州→东莞（广州）→深圳

从东江水系的流向来看，东江经惠州进入珠三角，在东莞市石龙镇汇入珠三角河网，连接广州东部。在东江干流取水的城市包括广州东部（天河区、黄埔区、增城市）、惠州、东莞、深圳。东江上游的三大水库——新丰江（河源市）、枫树坝（河源市）和白盆珠水库（惠州）的调节作用保障了东江中下游枯水期的流量。

东深供水工程是东江最重要的跨境取水工程，其最终目的地为香港，惠及沿线城市。惠州与东莞是珠三角境内东江沿线的主要取水点所在地，其中惠州有西枝江取水口、廉福地取水口；东莞有位于东江干流惠州与东莞市交界河段的桥头水源地，为东莞、深圳和香港供水。

2. 西江、北江沿线：肇庆→广州→佛山→中山（江门）→珠海

从水系流向来看，西、北两江分别从肇庆、广州进入珠三角，在佛山市三水区思贤窖汇入珠三角河网，并连接江门、中山和珠海。西江干流河段水质为Ⅱ类，肇庆、江门等市以西江干流为主要饮用水水源。北江干流水质较好，水量丰富，佛山（三水、南海）等市从北江干流取水。西江和北江下游的磨刀门、虎跳门水道是中山、珠海的主要取水水源，水质达Ⅱ类，水量丰富，中山、珠海从此水道取水。目前，广州已经和佛山有水资源的跨界合作，广州市主导的西江引水工程水源地在佛山三水境内，广州南州水厂在佛山顺德北滘西海取水。珠海受咸潮影响，也和中山合作，将取水口上移到中山境内西灌河的马角水闸。

通过以上分析，珠三角湾区城市群流域用水的空间关系有两条主线（图4—20）：东江沿线为惠州→东莞（广州）→深圳；西江、北江沿线为肇庆→广州→佛山→中山（江门）→珠海。总体来看，在水系生态系统中，惠州和肇庆处于城市群的最上游（自然生态最高位），是珠三角水系生态流输出地，佛山、东莞、江门、广州和中山等市作为下游城市饮用水的取水点，也有相应的水系生态流输出，深圳和珠海是水系生态流的纯输入城市。

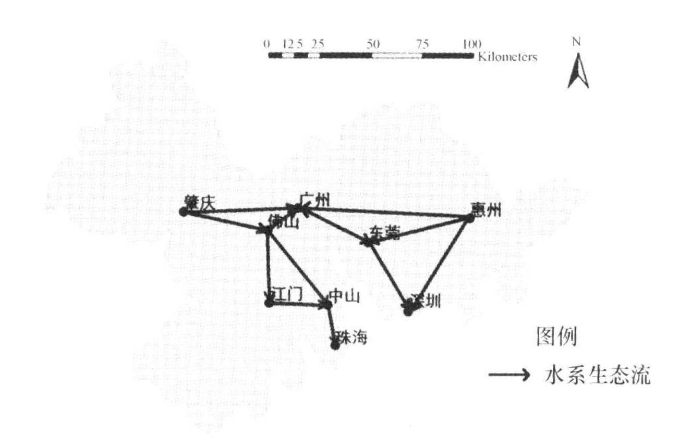

图4—20　水系产生的生态流

资料来源：笔者自绘。

（四）珠三角湾区城市群生态流小结

以前述分析为基础，汇总珠三角湾区城市群的生态流分析结果（图4—21），一方面可以验证前述对各城市自然生态位分析的合理性，另一方面可对各城市的生态策略提出参考。

（1）珠三角各城市的生态流基本上是单向流动，各城市之间形成线状的流动格局，遵循从自然生态系统高位城市流向低位城市的规律。

（2）肇庆与佛山之间，惠州与东莞之间，惠州与深圳之间，同时具有林地、耕地、水系等三种生态流，这三对城市两两之间具有最强的生态流联系；肇庆与广州之间，江门与中山之间有林地和水系两种生态流，江门和佛山之间有耕地和水系两种生态流，这三组城市两两之间的生态流联系属于第二等级，同理，其他只有水系联系的城市之间，生态流联系为第三等级。

（3）肇庆、惠州和江门是林地、耕地、水系等各类生态流的输出地，肇庆向周边的广州、佛山，惠州向周边的东莞、深圳，江门向周边的中山、珠海输出生态流，符合其自然生态系统高位城市的特征。这些城市具有强大的生态系统服务功能，是珠三角地区生态功能的源点地区，这类城市需要得到严格的保护，保障其自然生态服务功能。

（4）深圳是林地、耕地、水系等各类生态流的输入地，需要周围城市向其提供生态系统服务才能维持系统整体的平衡状态，符合自然生态系统中低位城市的特征，这类城市的生态系统濒危，亟须开展修复措施。

（5）处于中间生态位的城市间，生态流的输入和输出情况较为多样：

广州和中山是“一入一出”，即这两个城市都是林地生态流的输入地，水系生态流的输出地。这两个城市目前的生态状况基本上能做到平衡，可进一步优化自然生态系统服务功能，提供更好的生态效益。

东莞、佛山是“两入一出”，即这两个城市都是林地、耕地生态流的输入地，水系生态流的输出地，但是，应当注意，这几个城市具有水系生态流的输出地功能，一定程度上是因为其位于水系上游的地理区位造成，但是，由于佛山和东莞的水系污染严重，使得其对下游城市的水域生态服务产生负效应，可能进一步恶化自然生态系统的功能。珠海是“两入”，即林地和水域生态流的输入地。这些城市符合自然生态系统中位城市的特征，但是生态系统服务功能不完整，需要外部的输入，因此，这类城市应进一步重构生态系统服务功能，防止其退化。

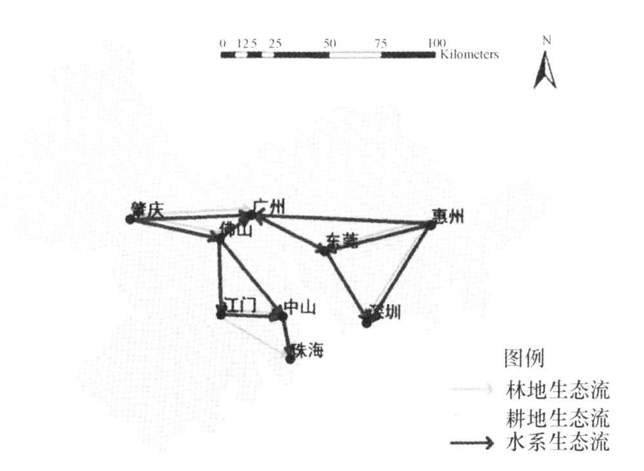

图 4—21　珠三角湾区城市群城市间生态流示意图

资料来源：笔者自绘。

三　珠三角湾区城市群自然生态系统中的空间结构

前文根据珠三角湾区城市群自然生态中的城市生态位，得到珠三角各城市在自然生态系统中的高、中、低三个等级。而对各城市间的生态流分析，得到城市生态流联系的强度和在生态流联系中的四种城市节点类型。综合城市在自然生态系统中的生态位（相当于城市群的等级结构和职能结构）和城市之间的生态流联系（相当于城市群的空间联系），得到珠三角城市群在自然生态系统中的空间结构（图 4—22）。

（1）肇庆、惠州与江门是城市生态位中最高位的城市，具有最高营养级，这三个城市是珠三角生态服务的源点地区，需要重点进行生态保护，属于生态保护型城市。

（2）深圳是城市生态位中最低位的城市，营养级最低，其需要周围城市提供各种生态服务，输入各种生态流，属于生态濒危城市。

（3）除肇庆、惠州、江门和深圳以外的其他城市是生态中位城市，但根据各自生态服务的输入和输出类型可分为生态优化型和生态重构型，分别代表生态位中等偏上和中等偏下的类型。广州和中山基本能够做到生态平衡并有一定的对外输出，属于生态优化型；珠海、东莞和佛山有一定对外的生态输出，但以输入为主，属于生态重构型。

（4）肇庆与佛山之间，惠州与东莞之间，惠州与深圳之间具有最强的生态流联系，即一级联系强度；肇庆与广州之间，江门与中山之间，江门与佛山之间的生态流联系为二级联系强度；佛山与中山、广州，珠海与江门、中山，广州与东莞、惠州，东莞与深圳之间为三级联系强度。

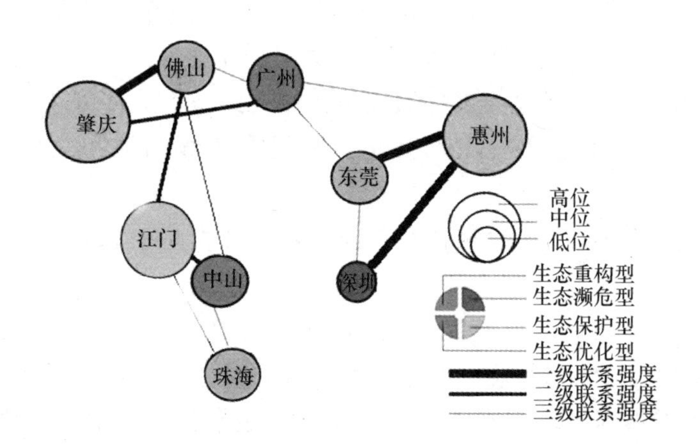

图 4—22　类生态视角下珠三角湾区城市群的自然生态系统空间结构

资料来源：笔者自绘。

第五章　生态视角下的珠三角湾区城市群空间互馈与演替

第一节　珠三角湾区城市群的空间互馈

一　珠三角湾区城市群城市间的空间互馈格局

根据上文分析，珠三角各城市在城市群的自然生态系统和社会经济系统中都有各自的生态位，即在类生态视角下的空间结构分析中，各城市形成相应的职能和等级结构并因为物质流和生态流发生空间相互作用。接下来需要探讨城市群社会经济系统和自然生态系统之间的空间互馈，即在各个城市之间，社会经济系统和自然生态系统之间的互动关系，具体表现为在社会经济系统中处于特定营养级的城市与自然生态系统中处于不同营养级的城市之间的相互影响。

通过叠加珠三角城市群社会经济系统和自然生态系统的空间结构。可以发现：

1. 各城市在两个子系统中的生态位

根据前文各城市在社会经济系统和自然生态系统中的生态位分析，可以得到各城市在这两个子系统中生态位高、中、低的矩阵。结果显示：大多数城市同处于两个子系统的中间位，包括东莞、佛山、中山、珠海；肇庆、惠州处于自然生态高位但处于社会经济低位。深圳处于社会经济高位但处于自然生态低位；广州处于社会经济高位但处于自然生态中位；江门处于自然生态高位但处于社会经济中位；珠三角尚无在自然生态系统和社会经济系统中同处于高位的城市（表5—1）。

表 5—1　　　　珠三角城市群各城市在自然生态系统和社会经济系统中的生态位

生态位	社会经济高位	社会经济中位	社会经济低位
自然生态高位	无	江门	肇庆、惠州
自然生态中位	广州	东莞、佛山、中山、珠海	无
自然生态低位	深圳	无	无

资料来源：笔者整理。

社会空间对自然空间的作用主要体现在以广州、深圳为中心的社会经济高生态位城市对其他城市的经济流辐射作用；自然空间对社会空间的作用则主要体现在外围生态条件较好的肇庆、惠州等城市对珠三角内部圈层城市如东莞、深圳的生态服务提供，二者相辅相成，共同构成了珠三角城市群空间互馈的基本格局。进一步分析各城市在两个子系统中的生态位类型。深圳是社会经济系统中的综合型，自然生态系统中的生态濒危型；肇庆和惠州是原生型—生态保护型；广州是综合型—生态优化型；中山是平衡型—生态优化型；江门是平衡型—生态保护型；东莞和佛山是专业型—生态重构型；珠海是平衡型—生态重构型。最理想的城市位无疑是在两个子系统中都处于最高位，即综合型—生态保护型。从各城市在两个子系统中所处的位置来看，广州最接近自然生态系统和社会经济系统中的高位（图 5—1）。

在珠三角城市群过往的发展经历中，其社会经济发展与自然生态保护之间存在显著的压力和抗衡。社会经济系统高位城市能够对低位城市产生经济辐射，城市之间加强经济联系可以为彼此都带来经济收益。生态系统高位城市能够对低位城市提供生态服务。但是目前，生态服务难以显化为经济收益。各城市都希望在社会经济生态位上攀升，而没有在自然生态系统中攀升生态位的实际努力。并且，伴随经济发展和城市化拓展，对自然生态系统空间的挤压会更显著，生态环境保护的压力进一步强化。

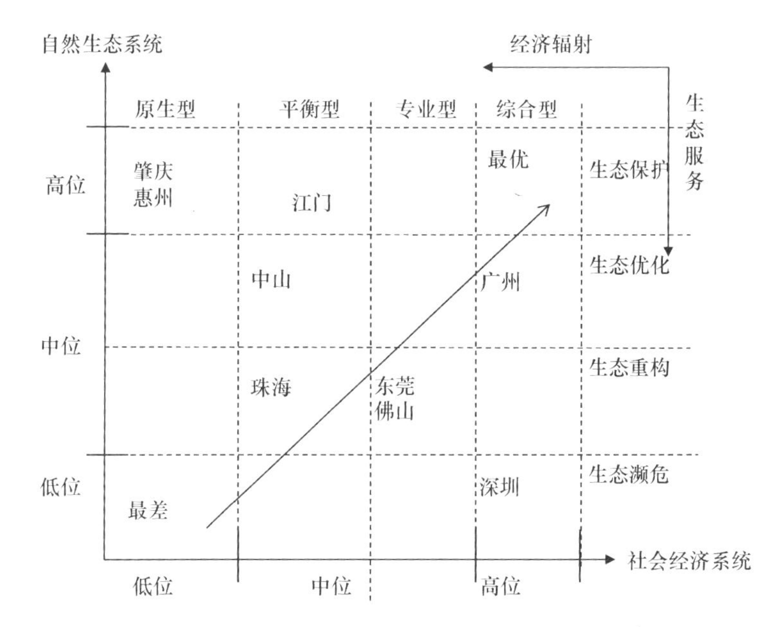

图5—1　珠三角城市群各城市在自然生态系统和社会经济系统中的生态位示意图

资料来源：笔者自绘。

2. 各城市在两个子系统中的物质流和生态流

通过对珠三角各城市自然生态系统空间结构和社会经济系统空间结构图的叠加，可以发现珠三角城市间的经济联系比生态联系要广泛和普遍。经济联系已经将各城市连接成强度不同的网络，生态联系还局限在空间临近的广佛肇（广州、佛山、肇庆）、珠中江（珠海、中山、江门）和深莞惠（深圳、东莞、惠州）这三个次区域内（图5—2）。

城市之间物质流和生态流的强度从一定程度上反映了社会经济系统和自然生态系统中不同生态位的城市之间经济联系和生态联系的强度，特别是高位城市对低位城市的经济辐射和生态服务。这一对关系即是城市之间的社会经济系统和物质生态系统的互馈关系。由于城市间的经济关系带来的收益相对显化，而生态服务带来的经济效益没有显化，所以应当重点考虑城市之间生态流强度大于经济流这种不匹配的情况。具体来说是这样一种情形：如果甲城市向乙

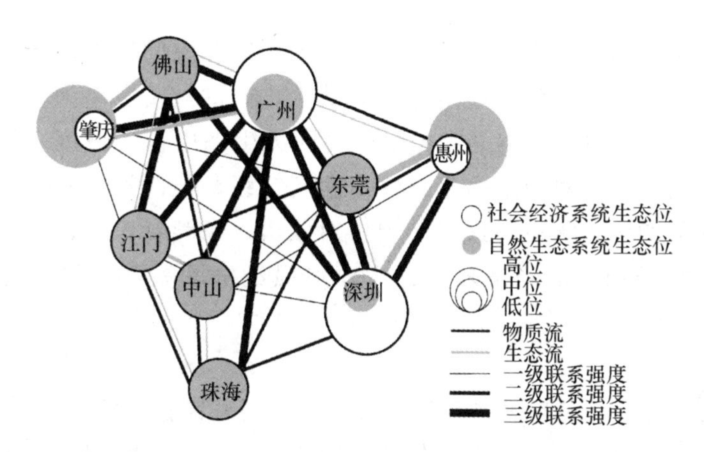

图 5—2　珠三角城市群自然生态系统和社会经济系统的空间互馈示意图

资料来源：笔者自绘。

城市提供的生态服务强度强于乙城市对甲城市的经济贡献，可用生态流的强度等级大于物质流的强度等级来表现，这种情况下即是城市间的互馈不匹配，说明甲城市提供了生态服务却没有得到较好的经济补偿。

通过珠三角两个子系统空间结构的叠加分析（图 5—2），可以发现这种空间互馈不匹配发生在肇庆与佛山、惠州与东莞、江门与中山这三对城市之间（图 5—3）。肇庆与佛山和惠州与东莞这两对

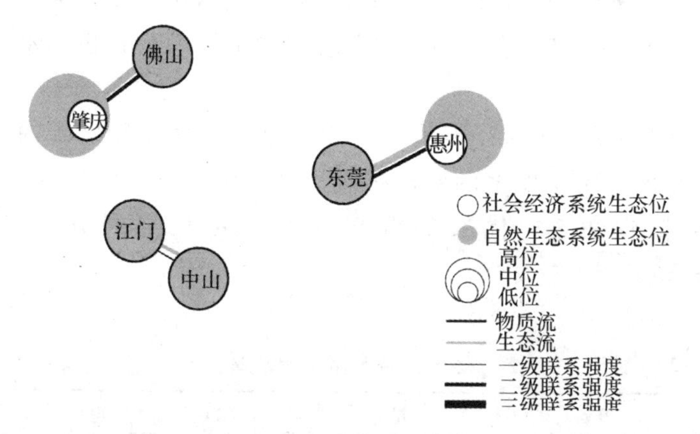

图 5—3　生态流大于物质流的城市空间互馈状态示意图

资料来源：笔者自绘。

城市是生态高位城市对生态中位城市各种生态流的输出，达到最高级别的生态联系强度；但是这两对城市之间的经济联系为二级，没有达到相应级别。江门与中山之间是同为生态中位的城市之间的生态流输出，江门对中山的生态输出达到二级，但两者之间的经济联系是最低的第三等级。这说明佛山对肇庆，东莞对惠州，中山对江门应当给予相应的经济输出，需要加强经济联系或直接进行生态补偿。

二　珠三角湾区城市群子系统间的空间互馈整体特征

依照前文分析，自然生态系统与社会经济系统的相互作用体现在资源供给与利用、环境净化和物质代谢、生态保育与干预等三个相对应的方面。

（一）资源供给与利用

从资源供给层面看，珠三角属于亚热带气候，气候条件适合动植物生长，自然生态系统能够提供丰富的生物产品，为珠三角在农耕时代的农业经济发展和现代工业时期的食品工业、轻工业发展提供了良好的支撑条件。珠三角能源矿藏资源较为贫乏，石油、煤炭及天然气的储量较低，难以支撑以传统资源为主导的产业发展。珠三角水资源总量充沛，为城镇发展提供了所需的淡水资源，是珠三角承载密集的劳动人口的关键条件。珠三角水网密集，为珠三角漕运时期的发展提供了良好的交通条件也形成了岭南特色的水乡社会和人文景观。

从资源利用层面看，珠三角社会经济发展对生物资源的粗放利用已经造成一定程度上的资源枯竭，水资源总量充沛但质量下降，出现结构性短缺，优质的淡水资源不足且空间分布不均衡（表5—2）。

表5—2　　珠三角各市水资源总量　　单位：亿立方米

城市	2000	2001	2002	2003	2004	2005	多年平均
广州	77	93	73		56		74.8
深圳	22.11	25.5	15.68	16.29	13.84		18.72

续表

城市	2000	2001	2002	2003	2004	2005	多年平均
珠海	15.5	22.24	18.02		12		17.97
惠州	137.14	160.55	108.37	85.12	66.81		123.72
东莞	24	27.4	19.75	16.44	15.91		20.76
中山	15.5	19.64	18.48	16.5	15.44		17.38
江门	100.5	141.7	110.6	111.2	89.65	109.52	120.04
佛山	25	36	36		22	28.01	29.40
肇庆	98	158	145		86		121.80
合计					378.77		554.79

资料来源：《广东省水资源公报2004》，以及各地水资源公报。

珠三角水资源的提供主要依赖珠江。珠江是珠三角城市群的主要水系，为西江、东江、北江及其合流的总称，大珠三角地区流域面积达11.1平方公里。该地区河涌交错，水网相连，大小河道324条，河道总长约1600公里，为放射状汊道河系①，河口岸线由东至西长450公里，构成独特的“诸河汇集，八口分流”的水系特征。水资源分布主要以东江、北江、西江等过境水系为主，本土水资源量少。西江是珠江的主干流，在珠江三角洲分成多支，贯穿肇庆市，经佛山进入珠江三角洲河网区，于珠江市注入南海。北江是珠江流域第二大水系，至三水市与西江汇流后进入珠江三角洲网河区，西江、北江与流溪河的支流互相灌注。东江也是珠江水系的主干流之一，水资源丰富，除供应本流域如惠州、东莞等地外，还通过调水工程供应深圳、香港以及广州市部分地区用水，香港每年所需的淡水80%来自东江。

（二）环境净化与物质代谢

从环境净化层面看，正如前文分析，珠三角的自然生态景观主要由林地、耕地和水域构成，且以林地为主要优势景观。林地生态系统有吸收污染物质、阻滞粉尘、杀灭病菌和降低噪声等作用，是

① 经虎门、蕉门、洪奇门、横门、磨刀门、鸡啼门、虎跳门及崖门八大口门汇入南海。

有强大环境净化服务价值的景观类型。

从物质代谢层面看，珠三角社会经济系统的代谢产品对环境的污染严重，土壤重金属超标，耕地也因为使用化肥过多造成严重面源污染。对土壤的污染会严重影响林地生态系统本身的生存，显著削弱林地其环境净化能力。

目前经官方公布，珠三角地区有28%的土壤重金属超标，汞超标最高，其次就是镉和砷。重金属污染还有一个特点就是复合污染少，单一污染多。从区域来说，佛山南海、江门新会、广州白云比较重，大概超标50%。番禺、增城、从化没有超标的比较多，九成符合要求。另外，珠三角土壤的面源污染（也是化肥农药等污染）中化肥污染比较严重。相关数据表明，全国的化肥占全世界的35%，全国人均化肥用量是21公斤，全世界是8公斤，广东省水稻用化肥是45公斤，珠三角的化肥污染非常严重。[①]

（三）生态保育与干预

从生态保育层面看，珠三角自然生态系统的空间面积占到全域面积的80%，林地、耕地和水域从总量上看具有强大的生态保育能力。

从生态干预层面看，珠三角社会经济系统的空间快速扩张，极大地干扰和侵蚀了原本自然生态条件较好的周边地区，林地、耕地、水域空间破碎化，质量下降。生态景观需要达到一定的规模才能够具有生态保育能力，在社会经济空间的生态干预下，在珠三角的经济发达地区，自然生态空间普遍破碎化，严重影响其生态服务功能。

2004年以来，珠三角所在的广东省城乡建设用地以每年新增150平方公里的速度快速扩张。2004年到2011年7年间，全省新增建设用地侵占的自然生态空间达1200平方公里。[②] 在发达的珠三角城市群建设用地扩张更为严重。深圳、东莞两市建设用地占市域总面积已达40%。建设用地扩张在侵蚀大片自然生态用地的同时也导致了自然生态空间的碎裂化，生物多样性骤减，严重威胁着生态

① 珠三角的资料和数据引自 http://news.nfdaily.cn/content/2013-07/11/content_73235403.htm。

② 卢轶：《“碳规”落实到城乡规划中》，《南方日报》2013年12月13日。

安全格局。

三　珠三角湾区城市群空间互馈存在的问题

（一）恶性竞争争夺资源，破坏生态格局完整性

1. 竞相填海

位于珠三角湾区的五市（广州、深圳、珠海、东莞、中山）由于无序填海用海已经带来生态问题。过去40年这里大城市用地增加，填海面积达到了622.24平方公里，河口伶仃洋西部浅滩扩大往东向南扩张①，造成西岸宽阔，深槽萎缩，磨刀门、黄茂海河口收缩和延伸到海②，上游来沙在新口门沉积形成一个新的滩坝，排洪泄洪不畅，河口水位升高，洪水灾害频发。③

表5—3　珠三角城市群湾区主要的已填或拟填的填海区　单位：公顷

城市	位置	面积	用途
广州	南沙龙穴岛	—	港口
深圳	机场综合岸段、前海湾生活岸段和深圳湾生活岸段	2400	扩建机场、建设前后海中心区
珠海	金鼎、唐家湾、横琴岛、鹤洲南、高栏港等	14800	中船项目、交通项目、旅游项目等
东莞	交椅湾长安新城等	—	居住、旅游、商服项目
中山	南朗、翠亨	—	居住、旅游、生态项目
香港	中环/湾仔、西九龙、启德、大屿山北	505.7	基础设施、公园、居住、旅游、文娱艺术、商业
澳门	澳门半岛东部和南部、氹仔北部（统称澳门新城镇海区）	350	基础设施、水岸公园、公共/社会设施

资料来源：根据珠三角五市各自的总体规划并汇总得出。

① 由于受西南向风浪与潮流的作用，伶仃洋内的泥沙堆积和运移主要发生在它的西部，逐渐往东南递减。

② 刘岳峰、韩慕康、邬伦、三村信男：《珠江三角洲口门区近期演变与围垦远景分析》，《地理学报》1998年第11期，第14页。

③ 引自水利部珠江水利委员会《珠江河口综合治理规划》。

由于湾区内能够进行城市建设的土地资源所剩无几，各市纷纷依托滩涂填海拓展发展用地，就珠三角这湾区五市而言，现有已规划的工业岸线已超过了总岸线的50%[①]，岸线资源利用不合理，许多生态岸线将会被硬化和破坏。[②] 湾区滨海临水一线的土地成为新一轮发展的重点地区，比如澳门新城镇海区、广州南沙、深圳前海、珠海高栏港、中山南朗、东莞长安等新兴重点发展地区都涉及填海工程，目前各市的填海计划宏伟却缺乏有效协调，填海计划线纷纷逼近甚至超越珠江治导线[③]，围填海每年新增的建设用地缺乏综合平衡（表5—3、图5—4）。港口、码头占用了大量的岸线资源，现状自然岸线保有率仅为34%，低于国家41%的要求，近岸海域海洋生态系统较为脆弱。[④]

2. 侵占森林湿地

在珠江三角洲森林生态系统主要分布在周边地区，肇庆和惠州森林覆盖率分别为67.4%和59.9%，而在南部的中山、佛山的森林覆盖率低于30%，在三角洲平原生态系统是单调的，森林覆盖比例小，农田和城市保护林不足，缺乏整体性和连续性。城市化的过程中，由于开发区的建设和房地产开发的兴起，土地不合理的开发，森林面积大幅减少，尤其是珠江三角洲旅游风景区，森林生态效益急剧减少。

受城市无序扩张以及填海造地等因素的影响，区域内的森林和湿地面积日趋减少，森林覆盖率（39%）低于世界著名宜居区域的平均水平（一般高于50%），原本成片的近海红树林在珠江

① 数据根据珠三角五市各自的总体规划并合汇总得出。

② 胡剑双、丁志刚：《区域治理背景下城市群外围圈层发展策略研究》，载《城乡治理与规划改革——2014中国城市规划年会论文集（13区域规划与城市经济）》。

③ 源自《珠江河口管理办法》：珠江河口整治规划治导线是珠江河口整治与开发工程建设的外缘控制线，未经充分科学论证并取得规划治导线原批准机关的同意，任何工程建设都不得外伸。香港特别行政区管辖的珠江河口水域以及珠江河口澳门附近水域不属珠江治导线管理范围。

④ 根据国家海洋局南海海洋工程勘察与环境研究院提供《珠三角地区海岸类型分布图》计算；源自《全国生态保护与建设规划（2011—2020年）》。

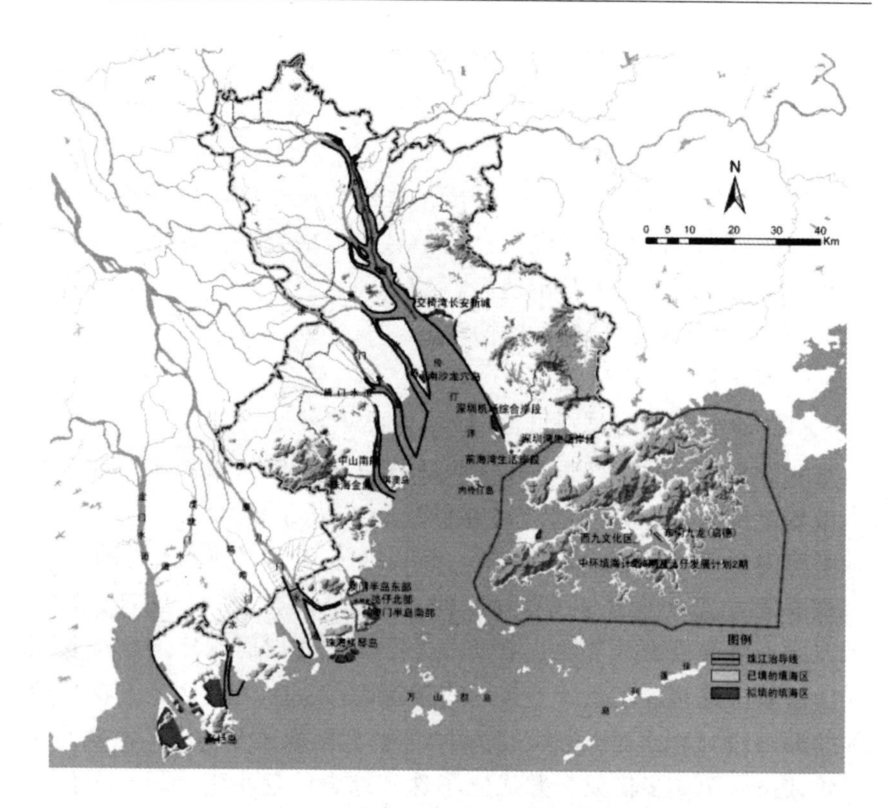

图 5—4　珠三角湾区城市群现状已填或拟填的填海区

资料来源：广东省住房和城乡建设厅、香港特区发展局/规划署、澳门特区运输工务司：《环珠江口宜居湾区建设重点行动计划研究（技术报告）》，2012 年 3 月。

口枯萎消失。[①] 导致的结果是珠江三角洲森林生态系统（自然丘陵生态系统），三角洲平原生态系统和海域生态系统生态过程与格局缺乏系统性和连续性，与区域生态系统还没有成为一个有机的整体。

（二）基础设施重复建设与交通不畅并存

一方面，珠三角湾区城市群区域性基础设施缺乏共建共享，对接不足。各城市基础设施建设过度考虑自身利益，各自为政建设，造成资源设施浪费。珠海机场、珠海高栏港的建设以及广州新机场

① 广东省住房和城乡建设厅、香港特区发展局/规划署、澳门特区运输工务司：《环珠江口宜居湾区建设重点行动计划研究（技术报告）》，2012 年 3 月。

的选址都缺乏区域统筹考虑。城市之间由于地方利益保护、建设时序等多种原因，断头路、垃圾处理厂在行政区边界布局等现象频现。[①]

另一方面，城际交通结构失衡，轨道交通建设滞后。珠三角城市群的高速公路网密度已经超过其他城市群的公路网密度，甚至高于东京、巴黎等世界大都市地区。[②]

（三）竞相排污，物质代谢率低

1. 流域污染

（1）珠三角湾区城市群流域污染的整体状况

虽然珠三角湾区城市群的城市污水处理率逐年增加，但处理城市污水的排放量也逐年增加，城市水污染从工业污染转向生活污染，因为大多数的城镇临江，城市河流受到不同程度的污染（表5—4）。2009年广东省海洋环境质量公报显示，珠江口近岸海域污染总体形势依然严峻，中度污染以上的海域面积比上年增长了16%，其中广州、东莞、中山三市近岸海域几乎全被污染，深圳西部海域、珠海部分近岸海域的污染尤为严重。[③] 自2002年以来，珠三角共投入500多亿元，并成立了珠江综合治理小组，但至今仍难彻底改善珠江水质。[④]

表5—4　　珠三角城市群跨界河流污染详情

河流名称	跨界区域	水质现状	污染类型
石马河	深圳、东莞、惠州	V类水质	混合污染，生活污水为主要污染源
淡水河	深圳、惠州	劣V类水质	1988年之前主要以工业污染为主，其后至今则以生活污染为主

---

① 住房和城乡建设部课题《优化开发区域城市群布局与形态》初稿，第7页。

② 同上。

③ 广东省住房和城乡建设厅、香港特区发展局/规划署、澳门特区运输工务司：《环珠江口宜居湾区建设重点行动计划研究（技术报告）》，2012年3月。

④ 邓新建：《广东投资500多亿元仍难彻底改善珠江水质　人大代表呼吁跨省区治理》，《法制日报》2011年7月4日第4版。

续表

河流名称	跨界区域	水质现状	污染类型
西南涌	佛山市三水区、南海区及广州边界	三水区为Ⅳ类水质，南海区以及广州边界为Ⅴ类水质以及劣Ⅴ类水质	在三水区主要是禽畜养殖类，南海区以及广州边界以生活污水和工业废水为主，生活污水比例稍大

资料来源：根据珠三角相关城市2008—2011年度《环境状况公报》内容整理而成。

除了江河水系外，在珠江三角洲整体生态系统中担负着保护三角洲平原生物多样性和生态环境安全，提升滨海城镇形象的重任，但由于长期以来忽略生态环境保护，沿河两岸、沿海港口的工厂产生的污染物大量直接排入河流和附近海域，使得珠江三角洲附近海域受到污染，赤潮也时有发生，生态景观质量下降。近年来由于过度捕捞和水质污染的影响，海洋生物资源快速下降，鱼类资源急剧减少，经济崩溃，潮间带生物贫乏，海洋的生态平衡遭受严重的威胁。

（2）珠三角湾区城市群流域污染的空间差异

导致珠江三角洲湾区城市群水环境污染的主要直接因素是废污水的排放。而且珠三角湾区城市群的废污水排放量在广东全省中占据极大的比重。根据2000—2004年《广东省水资源公报》数据，广州、深圳、佛山、东莞等城市的废污水排放问题尤为突出且有增长趋势，而珠海、中山、肇庆、惠州的排放量常年低于3亿吨/年，江门的情况居中。由此不难看出，污染源的地域分布特点是主要集中在江河下游且城市化、工业化水平较高的地区。

表5—5　珠三角湾区城市群各城市废污水排放量（2000—2004年）

单位：亿吨

城市	废污水排放量				
	2000	2001	2002	2003	2004
广州	24	37.86	38.79	44.49	42.1
深圳	8.5	8.97	9.56	9.8	10.2

续表

城市	废污水排放量				
	2000	2001	2002	2003	2004
珠海	2.4	<6	<3	<3	<10
佛山	13	6.17	6.69	9.77	<10
东莞	7.5	6.59	8.51	10.63	12.2
江门	7	<6	6.46	6.02	<10
肇庆	3	<6	3.13	<3	<10
中山	2.5	<6	<3	<3	<10
惠州	2.7	<6	<3	<3	<10

资料来源：2000—2004 年《广东省水资源公报》数据。

表 5—6　珠三角湾区城市群各城市工业废污水排放量（2002 年）

单位：万吨/年

地级城市	工业污水	城镇生活污水	农村生活污水	规模化禽畜养殖业污水
广州	21174.33	90938	15937	192.52
深圳	4177.38	36179	2044	40.77
珠海	1926.83	7343	5356	49.69
佛山	10196.76	21039	10420	114.86
江门	12768.26	13352	15401	53.22
东莞	25586.57	45460	7458	627.21
中山	5100.08	10010	6056	414.65
肇庆	3165.78	6574	17254	11.96
惠州	1866.96	10189	10454	129.72

资料来源：《广东省水污染防治规划研究报告》。

根据表 5—5、表 5—6 分析，可以看出：

珠江三角洲城市群水环境受城市化、工业化的影响显著，城镇生活污水和工业污水是其主要污染源。河流湖库污染情况下游要比上游严重、沿城镇河段比农业区严重、支流比干流严重。

污染最严重的城市为东莞和广州，说明污染物类型与产业类型密切相关，制造业集中地区工业污染更为严重。

东江流域下游地区东莞、深圳都是以水库作为主要饮用水载体。该区域人口多、工业相对集中，城市化对水系结果的破坏较为严重，流量偏小与污染严重有一定的联系，即河流作为城市纳污体的功能被滥用，而饮用、景观功能基本丧失。西、北江流域河网自然结构、功能还比较健全，水质问题在一定程度上还受自然因素（咸潮）的影响，而在相对发达地区（广州、佛山）则更多地受到城市化的影响。

2. 大气污染

大珠三角是许多大气污染源的汇集地，其中以新型复合型污染如灰霾等最为严重，主要来源于燃煤发电厂，以煤、石油、天然气为燃料或原料的工业或与它们有关的化学工业、在生产过程中产生挥发性有机化合物（VOCS）的制造业、含 VOCS 产品以及机动车排放。①

2007 年广东省平均年灰霾日数 75.2 天，为近 59 年来灰霾日最多的年份，全省约三分之一的县（市）年灰霾日数破当地历史最多纪录。② 2008 年广东省年均灰霾日数 64 天，相比 2007 年有所减少。③ 最近的数据则是 2017 年广东省平均灰霾日数为 30.5 天，其中珠三角为 39.6 天④，可见珠三角地区的大气污染更为严重。当然也说明了近几年来广东地区的大气污染在逐步防治下不断好转。

珠三角地区近年垃圾焚烧问题也是越来越严重。一方面，珠三角地区与全国其他地方一样，生活垃圾焚烧量快速增长（全国垃圾焚烧总量已从 2001 年的 170 万吨增加到了 2008 年的 1570 万吨）。另一方面，该地区 2008 年的人均垃圾焚烧量达 86 千克，大约是全

---

① 广东省住房和城乡建设厅、香港特区发展局/规划署、澳门特区运输工务司：《环珠江口宜居湾区建设重点行动计划研究（技术报告）》，2012 年 3 月。

② 《广东省气象年鉴 2008》，2013 年 10 月 21 日，广东省气象局网站（http://www.grmc.gov.cn/qxgk/qxnj/201310/t20131021_21620.html）。

③ 《广东省气象年鉴 2009》，2015 年 7 月 7 日，广东省气象局网站（http://www.grmc.gov.cn/qxgk/qxnj/201507/t20150707_23917.html）。

④ 《广东省气象年鉴 2018》，2018 年 6 月 7 日，广东省气象局网站（http://www.grmc.gov.cn/qxgk/qxnj/201806/t20180607_26188.html）。

国水平的8倍，其焚烧行业的发展强度要比其他地区更大。[①]

近年来，北京大学的大气化学研究的研究人员通过对珠江三角洲城市群居民健康和空气污染暴露相关关系进行跟踪和研究，系统获得珠江三角洲地区的空气污染造成的健康危害，复合的空气污染造成的综合健康风险。研究发现，光化学反应非常活跃的珠江三角洲地区，在大气颗粒物、大气光氧化物、臭氧、氮氧化物、一氧化碳浓度增加，与居民死亡的风险增加有显著相关性。即使在降水丰沛，臭氧水平下降的季节，臭氧暴露也存在严重的健康危害。这是我国第一时间对包括超级城市在内的区域性的空气污染问题进行的流行病学调查，并第一次从大尺度观察大气光化学污染物颗粒暴露与协同造成的健康风险。[②]

3. 土壤污染

珠三角湾区城市群耕地受周边企业的废物、农村生活污水和农药的影响，有严重污染性的有机污染、重金属、农药残留和降解污染增加。根据胡霓红等对珠三角主要城市工业区周边农田蔬菜产地的土壤进行调查与检测[③]，其中珠海和广州的污染情况较轻，重金属污染的区域主要集中在东莞，分析可能是由于东莞的轻工业比较发达，与珠三角其他城市相比，东莞轻工产业发展起步早，这些企业特别是电子和电器产品的企业和五金家具企业在成长的过程中向环境排出“三废”。加剧了东莞周边农田土壤重金属污染，对周边

① 《21%：垃圾焚烧为珠三角地区汞污染做出的“贡献”》，2011年12月13日，文中转载了华南理工大学学者Junyu Zheng、Jiamin Ou、Ziwei Mo和Shasha Yin发表于《总体环境科学》（*Science of the Total Environment*）（Volumes 412－413，15 December 2011）中文章的数据（http：//blog. sina. com. cn/s/blog_5fbaf32e0100yfxg. html）。

② 黄薇等：《珠三角大气复合型污染的健康危害研究获进展》，2012年5月28日，《环境健康展望》（http：//news. sciencenet. cn/htmlpaper/20125281645983924 418. shtm）。

③ 作者重点关注工业区周边菜地土壤的重金属污染状况，调查了5个城市：深圳、广州、东莞、惠州和珠海，调查得到珠三角主要工业区周边蔬菜产地土壤重金属污染情况较为严重，调查区域的菜地土壤中重金属的含量均高于广东省的土壤重金属背景值，特别是CD和HG，分别超出背景值的6. 25倍和1. 92倍。污染程度较集中在轻度污染，38. 35%的土壤受到不同程度污染，污染状况不容忽视，且不同地区的重金属污染程度差异较大。

的工业区生态环境形成破坏。[①] 作者特别提到其调查结果与其他学者有所不同的原因，可能是其调查选取区域较多，污染日益加重而调查数据更新等原因。[②]

笔者后来查询到，官方后来也有些公布的统计数据。珠三角地区三级和劣三级土壤占到整个地区总面积的22.8%，接近1/3，主要超标重金属元素为镉、汞、砷、氟，受污染土壤主要分布在广州、佛山及其周边地区。就在广东省国土资源厅公布上述土壤调查报告的同时，广东省农业部门也表示，农业部门从2002年开始调查珠三角的农田土壤污染问题，结果显示72%的土壤是符合要求的，28%的土壤超标。其中汞超标是最多的，其次是镉、砷。从重金属污染的区域来看，主要分布在广州—佛山及其周边经济较为发达的地区。[③]

（四）经济区无序蔓延与建成区紧凑度低并存

珠三角地区资源利用不集约、土地利用模式粗放，非农建设用地快速无序蔓延，1990年到2008年近20年间，珠三角城乡建设用地规模从1067平方公里扩张到8790平方公里，增长了8倍，年均增长11%。[④]

根据表5—7，2012年珠三角城市群单位土地GDP产出为0.91亿元/平方公里，而2010年的数据荷兰为1亿元/平方公里，东京都市圈10亿元/平方公里[⑤]，说明珠三角城市群土地集约利用效率仍偏低，节约土地的空间较大，新城和新区数量过多，利用效率不高。

---

① 胡霓红、文典、王富华、孙芳芳、王其枫、万凯：《珠三角主要工业区周边蔬菜产地土壤重金属污染调查分析》，《热带农业科学》2012年第4期，第5—9页。

② 同上。

③ 广东省环境保护厅公众网转载《农民日报》：《珠三角土壤污染三问》，2013年8月9日（http://www.gdep.gov.cn/news/hbxw/201308/t20130809_154410.html）。

④ 广东省住房和城乡建设厅、香港特区发展局/规划署、澳门特区运输工务司：《环珠江口宜居湾区建设重点行动计划研究（技术报告）》，2012年3月。需要说明的是，此处的珠三角地区是指原划定的珠三角经济区，即九市中的肇庆和惠州只包括部分地区，但不影响对问题的说明。

⑤ 住房和城乡建设部课题《优化开发区域城市群布局与形态》初稿，第6页。

表5—7　2012年珠三角城市群及各市人均产值和地均产值统计

	珠三角	广州	深圳	珠海	佛山	惠州	东莞	中山	江门	肇庆
人均产值（亿元/万人）	8.44	10.59	12.32	9.55	9.13	5.09	6.06	7.75	4.20	3.69
地均产值（亿元/平方公里）	0.91	1.93	6.83	1.00	1.82	0.22	2.08	1.46	0.21	0.10

资料来源：《广东统计年鉴2013》、广东省国土资源厅《2008年土地变更调查年末面积表》。

从珠三角湾区城市群的空间形成发展历程看，历史上珠江三角洲很多小城镇沿主要交通线线性膨胀，“马路城镇”现象很常见。珠江三角洲快速“自下而上”的城市化和工业化，极大地改变了原有的城镇格局。2005年左右，城市的郊区和城镇开发了大型住宅和别墅区，建成区面积迅速扩大，“郊区化”现象出现，但这种扩张缺乏有序性，不仅造成城市布局结构不合理，也导致城市用地功能紊乱，工业和住宅、城市和农村之间边界模糊，使得城市普遍出现“城中村”“握手楼”现象，城市景观非常不协调，城市环境比较杂乱，城市周边及城镇绿地隔离带建设滞后，居住生活环境差。交织穿插的城市和农村空间在城市边缘形成，“乡村不像乡村，城市不像城市”，未能从珠江三角洲地区总体空间格局进行城市群隔离带规划和建设。[①]

第二节　“和谐寄生”时期的空间演替

一　“一点独大”的社会经济系统空间格局

根据珠三角湾区城市群的发展历程（图5—5、表5—8）以及相关文献书籍分析，推断1990年以及之前的珠三角湾区城市群空

① 陈勇：《基于生态安全的珠三角城镇群生态空间格局》，载《2005年城市规划年会论文集》，第1387—1391页。

间格局特点为：以广州为核心的“一点独大”模式。在改革开放前由于政治等方面原因，内地与港澳间的交往被人为限制以至几乎隔绝[①]，港澳与珠三角之间的经济联系也出现明显的边界分割。由于是省会城市，广州“一枝独秀”，在城市发展各方面与周边其他地区都有很大差距，形成城—乡、工—农的二元体系，城市空间“一点独大”，呈现明显的中心—边缘结构，但城市之间功能联系微弱，关系松弛。中华人民共和国成立近30年间，珠三角城镇化水平由1949年的15.72%微升到1977年的16.26%，基本处于停滞状态。[②]

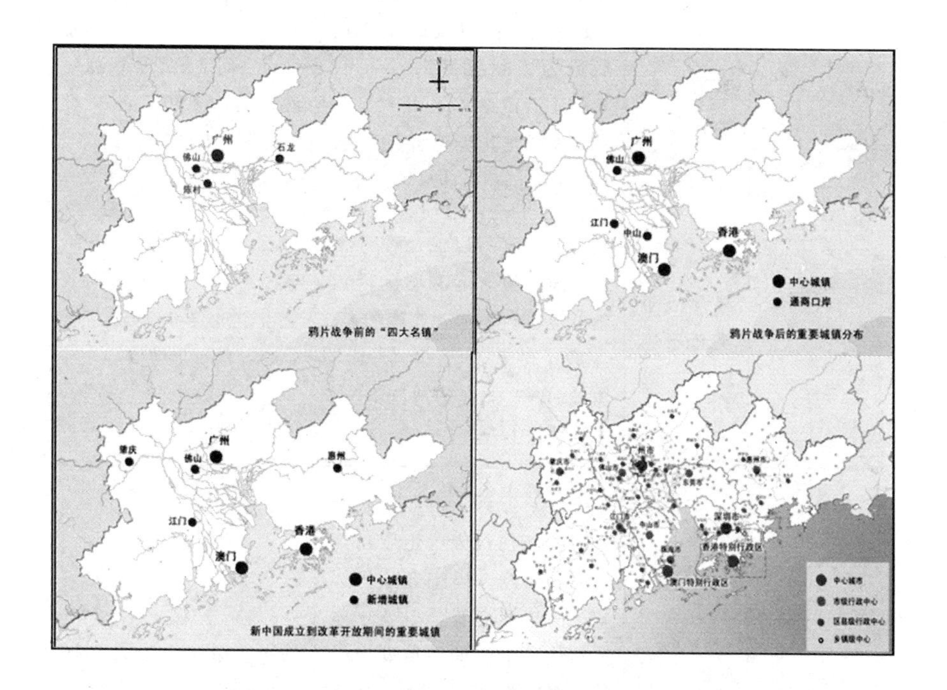

图5—5　不同时期珠三角主要城镇分布示意图

资料来源：大珠三角城镇群协调发展规划（2009—2020年），2009。

① 刘振新、安慰：《珠三角城市群的形成与发展》，《同济大学学报》（社会科学版）2004年第9期，第8—11页。

② 同上。

表 5—8　　　　　　珠三角城市群空间格局演变历程

空间演替特点	时期	发展演变	空间格局特点
独立发展	隋唐以前	中原大战，湖南，江西沿西江，北江移民进入广东，番禺（广州），端溪（肇庆）等西、北沿海的城镇发展	这一时期的城市空间结构，以广州为中心，沿西、北河航道辐射分布
	宋元时期	江南人口大规模南迁期间，在广东省沿江东，惠州东江沿线城镇发展，因此加强	这一时期的城市空间结构，以广州为中心，沿西、北、东三江辐射分布
	明清至鸦片战争	在广州的“一口通商”，澳门已成为国际贸易港，广州，澳门，沿两个中心相对。珠江口地区尤其是西部大受益，广、佛、陈、龙四城镇形态	城市空间结构形成以穗—澳作为主要中心的“双中心”T形结构
	鸦片战争至新中国成立	“五口通商”以来，香港割让，澳门的航运和国际港口地位转移到香港，“穗—港”经济主轴代替了“穗—澳”主轴，西、北江的地位下降，东岸地位上升	城市空间结构形成“双中心”的T形结构
中心初现，空间初步交流	1949—1977 年	由于政治原因，内地与香港和澳门交往被人为地限制几乎完全切断。国家开始了大规模的工业建设，但处于国防前线的沿海的城镇发展缓慢，在过去的 30 年中，珠江三角洲的城市化水平从 1949 年的 15.72% 到 1977 年的 16.26%，几乎处于停滞状态。这一阶段，香港、澳门和珠江三角洲的经济关系出现明显的边界分割	珠江三角洲内仍以广州为中心的城市空间结构，但分布功能下降、分布松散、联系不强

续表

空间演替特点	时期	发展演变	空间格局特点
单中心走向多极格局，区域空间融合	改革开放至珠三角经济区的划定	广东成为改革开放的先锋，深圳、珠海于1980年成立特区；1984广州市被确定为沿海开放城市	以广州和深圳为中心的城市群结构特点
	珠三角经济区的划定至今	1985年中央将珠江三角洲地区确立为"沿海经济开放区"，其中包括4市13县；1986年增加珠海市的部分县；1987扩大到7个城市和21个个县；1994年珠江三角洲经济区达23市、3县	形成了东（深莞惠）、中（广佛肇）、西（珠中江）三个城市群组，逐步发展为大珠江三角洲城市群多极格局

资料来源：参见刘振兴、安慰《珠三角城市群的形成与发展》表1，有修改。

而从改革开放到1990年，实际上仍然是广州独领风骚的时代。1980年开始国家陆续成立了深圳、珠海等经济特区，城市发展和经济增长开始作用于多个城市，深圳、珠海等经济特区经济发展速度开始超过广州，但由于路径依赖的作用，1990年前经济特区由于历史基础薄弱，其总体实力仍然不能跟广州同日而语。

二　高度连绵的自然生态系统空间格局

城市建设集中在广州及传统上具有经济优势的集镇。城市建成区面积较小，被近郊农田、远郊林地等自然生态空间包围。1990年珠三角城乡建设用地规模为1067平方公里，占珠三角总面积的2.5%[①]（图5—6）。珠三角大部分的区域都被林地覆盖，森林覆盖率高，尤其外围区域，以江门、惠州和肇庆最甚，林地资源丰富。

① 2011年05月15日搜狐网《珠三角的"绿道"：把最好的地方回馈给老百姓》，根据其表述"从1990年到2008年，珠三角城乡建设用地规模从1067平方公里扩张到8495平方公里，占珠三角土地总面积的20%"，反推算出。此处珠三角的具体范围未知，但不影响结果说明。http：//news.sohu.com/20110515/n307566482.shtml？qq-pf-to=pcqq.c2c。

城市建设较为突出的主要分别在以广佛为中心的城市区，以及东南部正处在建设中的经济特区深圳，其他地区的建设用地都只是零星分布。珠三角外围的山地森林植被，保障区域内生态安全发挥了极其重要的作用。

总体上看，由于跨界的交通基础设施如铁路、高速公路和国道都以广州为中心向外发散，外围地区的自然生态空间即使被交通廊道分隔，但得以楔形嵌入城市建成区，保持了高度连绵畅通的整体空间格局。在这种空间格局下，生态流可以在景观斑块、廊道和基质内顺畅流动。

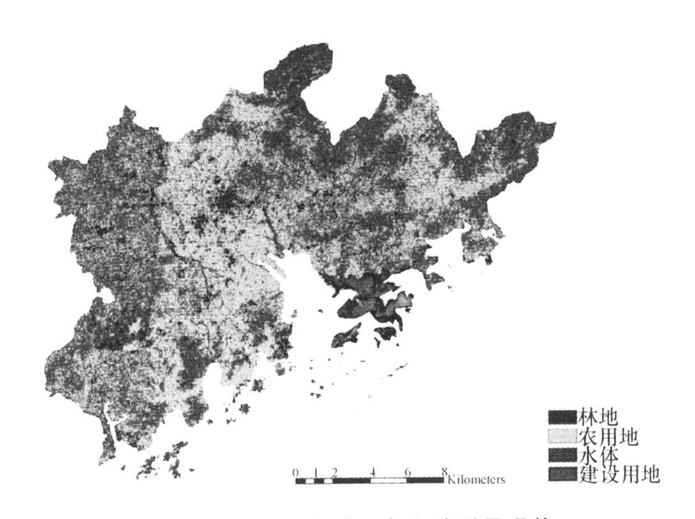

图 5—6　1990 年珠三角土地利用现状

资料来源：《大珠江三角洲城镇群协调发展规划研究：战略性环境影响评估》第四子专题《区域绿地规划研究报告》。

三　“和谐寄生”时期的珠三角城市群系统空间互馈特点

1990 年前的珠三角湾区城市群，长期受制于计划经济的作用，可以说珠三角城市群的城市生态位格局经历了 30 年的计划经济影响，由于路径依赖，在市场经济刚开始进入的时期也难以迅速挣脱以广州为中心的城镇体系，各城市在市场经济的启蒙下有所发展，但“一点独大”的珠三角城市群空间结构总体稳固。这一阶段珠三角湾区城市群的空间互馈核心特征是，社会经济系统空间对自然生态系统空间处于“和谐寄生”状态。城市群在自然生态本底上得以发育，城市建设选择良好的平地和低丘缓坡地段，并在原始村镇居民点基础上拓展，保留了岭南水系和山地的原生生态格局。

珠三角各个城市的社会经济发展都不发达，各城市的发展都相对封闭，城市之间还没有产生密切的联系和功能关系，城市群空间整体表现为以自然生态空间为主。正由于经济的不发达，城市的社会经济系统对自然资源的利用和占有也相对有限，自然生态资源相对丰富、生态服务功能较强，不仅能满足社会经济生产的资源需求，也能容纳和消耗社会经济系统造成的污染。因此，在此之前虽然社会经济系统与自然生态系统之间并不存在有意识的互馈，但社会经济系统对自然生态系统的极端负面影响和破坏也并不存在，自然生态系统的整体格局和生态服务功能依然保存完好。在这种情况下，城市之间也不存在恶性竞争，城市群的可持续发展问题并未凸显。

第三节　“无序竞争”时期的空间演替

一　“多点争鸣”的社会经济系统空间格局

改革开放以来，广东充分发挥毗邻港澳的优势，大力吸引外资，学习发达国家和地区的经验，引进先进技术和设备，乡镇企业成为工业经济发展的主要力量，1994 年省工业产值已经达到 7273.95 亿元，跃居全国省区第一，工业化的快速发展也推动区域城镇化。在这一时期，随着市场化改革的持续深入，城市经济呈现出由外国资本、私人资本和政府投资等多因素驱动的发展模式，从计划经济体制下“自上而下”的城市化模式转为“自下而上”和“自上而下”并存的发展格局，城市建设模式逐渐由计划经济下政府的单一投资转向政府和社会投资共存的局面，区域格局不再像 1990 年前广州“一点独大”，开始出现“多头并进、诸侯林立”的良好发展局面。

这一时期（图 5—7），广州、江门、佛山在制造业方面具有领先和比较优势，南海模式、顺德模式等开始风行，整个 20 世纪 90

年代是属于珠江西岸制造业的时代，以佛山的南海、顺德为代表的珠江西岸工业化模式饱受国内外关注；而生产性服务业则为广州、深圳、珠海等3个城市，除省会城市外，经济特区充分起到了在生产性服务业、高新技术产业、先进制造业等方面的先行先试作用；而肇庆、江门、东莞、中山则体现在生活性服务业方面的比较优势。所以，进入90年代以来，珠三角城市群开始由广州“一点独大”主导型空间结构开始走向深圳、佛山等“多点争鸣”的空间格局。

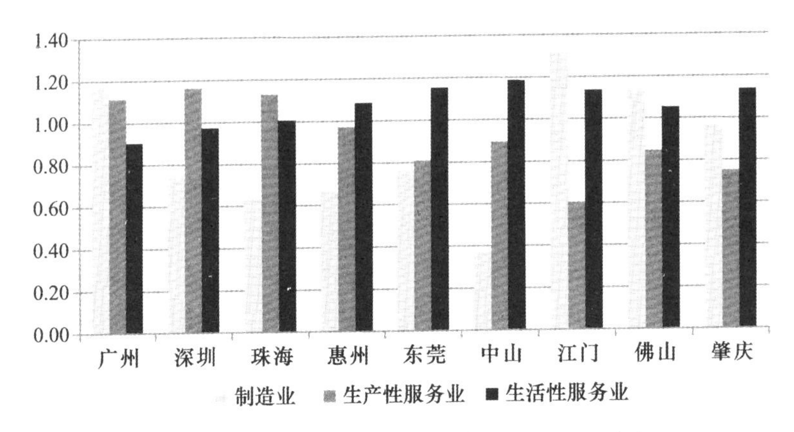

图5—7 珠三角城市群区位熵分析（2000年）

资料来源：《广东统计年鉴2001》。

原有城镇人口规模迅速扩大，中等城市数量迅速增加。随着工业化的推进，兴办各种类型的开发区推动城镇不断向农村地域扩展，城市发展呈现“多点争鸣”的局面。除广州这个大城市外，1978年广东省的中等城市只有佛山和汕头两市。1986年汕头达到大城市规模，湛江、韶关、深圳开始达到中等城市规模。1991年中等城市系列中又增加了江门、中山、东莞、肇庆、潮州等新设地级市。①

根据珠江三角洲城市群的功能层次结构及其发展现状，借鉴国内外城市群案例，将空间格局看作一个多中心模式，即主要和次要

① 珠三角不同时期的行政区划、各个城市人口，以及《城市规划法》中对城市规模的定义。

中心城市带动其他城市共同发展的格局。多中心模式下，有中心城市和次中心城市之间的差异，但没有本质的区别，辐射力差异不大。将多中心城市群和传统的单中心城市群（如武汉城市群，中原城市群）进行比较，主要是在城市群区域可以享受相对同样的中心城市的辐射带动作用，从而实现城市和工业化的快速平衡发展。[①]但这种模式导致的土地资源的消耗也是惊人的，1987 年广东城市建成区规模 547 平方公里，1992 年为 591 平方公里，1994 年猛然增加到 1037 平方公里。1992 年邓小平南方谈话后，仅仅两年时间就增加了 446 平方公里。[②]

二　濒临破碎的自然生态系统空间格局

快速发展过程中，由于片面追求经济利益，珠三角城市群的生态空间被强烈占有和破坏。2005 年，珠三角地区一个最凸显的趋势就是城市建设用地的大规模扩张，遍布了研究区域内各个地区。与之相应的是生态用地的急剧减少，外围的林地已呈块状分布，连绵不断的生态隔离带被破坏（图 5—8）。

尤其是在城市中心区，建设用地快速扩张并高度连绵，使得自然生态空间原有的廊道和缓冲区不复存在，生态流不畅，对天然植被构成极大的威胁，从而影响到整个区域的生态环境。

三　“无序竞争”时期的珠三角城市群系统空间互馈特点

正因为自然生态空间被随意侵蚀，造成各城市之间无序竞争，竞相以牺牲自然生态空间和环境的代价换取经济的短期快速发展，由此也导致城市群社会经济系统内部产生了混乱，使得珠三角各城市之间产业同构严重，基础设施重复建设，环境污染外部性相互转嫁，等等。

（一）产业同构严重

2009 年广东省情研究中心发布了《2009 广东省情调查报告》

---

① 朱政、郑伯红、贺清云：《珠三角城市群空间结构及影响研究》，《经济地理》2011 年第 3 期，第 404—408 页。

② 袁奇峰等：《改革开放的空间相应——广东城市发展 30 年》，广东人民出版社 2008 年版，第 49 页。

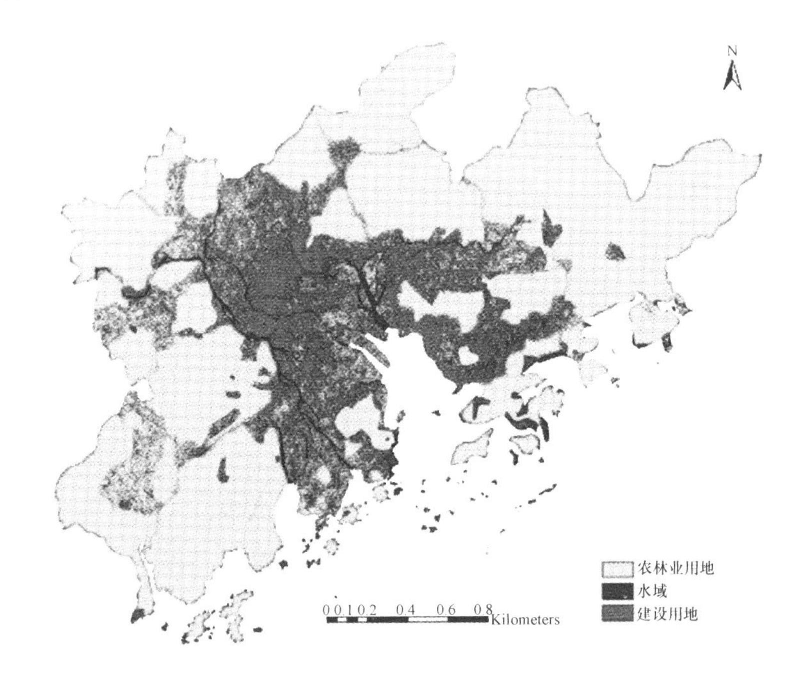

图 5—8　2005 年珠三角土地利用现状

资料来源：《大珠江三角洲城镇群协调发展规划研究：战略性环境影响评估》第四子专题《区域绿地规划研究报告》。

备注：深色代表建设用地。

“区域经济篇”之《珠三角地区城市间的产业分工与一体化发展研究》，该报告用“产业同构系数”[①] 这个工具针对 1998 年至 2007 年珠江三角洲 9 个城市规模以上制造业企业及服务业的增加值数据，采用同构系数计算了珠三角 9 个城市之间的产业同构系数（表 5—9）。由表 5—9 可以看出，此阶段珠三角城市群多数城市间产业同构较为严重。深圳和相邻城市惠州的产业同构系数一直高达 0.9 以上，深圳和东莞的产业同构系数从十年前的 0.84 上升到了 0.89；东莞和惠州的数据从十年前的 0.89 降为 0.85，说明莞惠两市对于中心城市深圳的产业资源争夺非常激烈。珠海和中山的产业同构系

① 产业同构系数是对产业相似程度的一种测度。如果两个地区的产业同构系数接近 1，这意味着两个地区的产业相似程度很高。如果两个地区的产业同构系数接近零，那么，这表明了两个地区的产业相似程度很低，而分工程度很高。

数从十年前的0.84上升到0.89，也说明了严重的产业同质竞争。"广佛肇"都市圈的内部产业同构相对较轻，但佛山与西岸相邻城市中山之间同构严重。其余同构严重的城市则集中在深莞惠和珠中江两个都市圈的城市之间。由此可见，最严重的产业同构城市集中在珠三角东岸的"深莞惠"都市圈和西岸的"珠中江"都市圈内部和这两个都市圈之间，广州由于行政中心的原因与这些城市的产业之间都存在相对较大的差异。这也反映了珠三角城市群对外开放后发展外源型经济的特点，使得各经济主体纷纷以承接外部转移产业为目的，而缺少内部城市之间的协调。

表5—9　1998年及2007年同构程度最高的前八名城市组合

1998年		2007年	
城市组合	同构系数	城市组合	同构系数
深圳—惠州	0.96	深圳—惠州	0.91
东莞—中山	0.94	佛山—中山	0.90
惠州—东莞	0.89	深圳—东莞	0.89
中山—江门	0.87	中山—珠海	0.89
珠海—中山	0.84	东莞—珠海	0.88
东莞—深圳	0.84	东莞—惠州	0.85
东莞—珠海	0.82	东莞—中山	0.84
惠州—中山	0.82	珠海—深圳	0.78

资料来源：《2009广东省情调查报告》（http：//gdsq.gov.cn/focus/text.asp？id=868）。

（二）基础设施重复建设

珠江三角洲等城镇密集的地区机场建设缺乏通盘部署，布局过密，使用效率不高。① 珠三角城市群内部已有深圳、珠海、广州三个机场，毗邻的香港和澳门还各有一个机场，即在大珠三角地区相

①《"十五"全国城镇发展布局规划》文本。

互之间的距离在200公里之内，分布着5家机场，结果每家机场利用率都不高，其中珠海机场的利用率还不到10%，最后只能被拍卖[①]（图5—9）。港口方面，目前有广州黄埔港、深圳盐田港、珠海高栏港、中山港、南沙港，无疑存在资源浪费[②]（图5—10）。

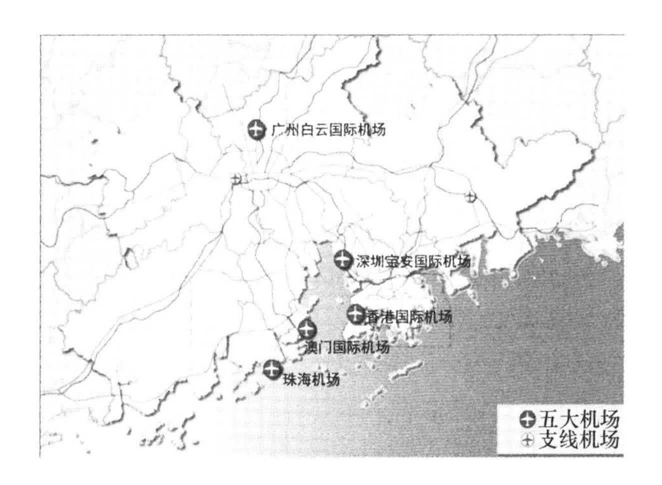

图5—9 大珠三角城市群密集的机场建设

资料来源：《大珠江三角洲城镇群协调发展规划研究》。

（三）环境污染外部性明显

根据广东省环境质量公报[③]：广东省万元GDP煤炭消费量是世界平均水平的119倍，万元GDP耗水量是世界平均水平的213倍，单位国内生产总值二氧化硫排放强度是OECD国家的3312倍，单位工业增加值的固体废物高出发达国家10倍。随着经济的快速发展，广东支付环境成本也十分惊人：2001年全省的环境损失为795亿元；2003年达到1673亿元；2005已经高达2066亿元，这些环境损失的95%集中在珠江三角洲地区。

① 唐伟、黄汉江：《我国基础设施建设中重复建设问题分析》，《现代商贸工业》2011年第11期，第3—4页。

② 《珠三角机场港口"无地界"合作》，广州日报（http://gzdaily.dayoo.com/html/2008-01/21/content_114860.htm）。

③ 袁奇峰、郭炎、黄光庆、肖华斌：《广东城市发展30年》，广东人民出版社2008年版，第45页。

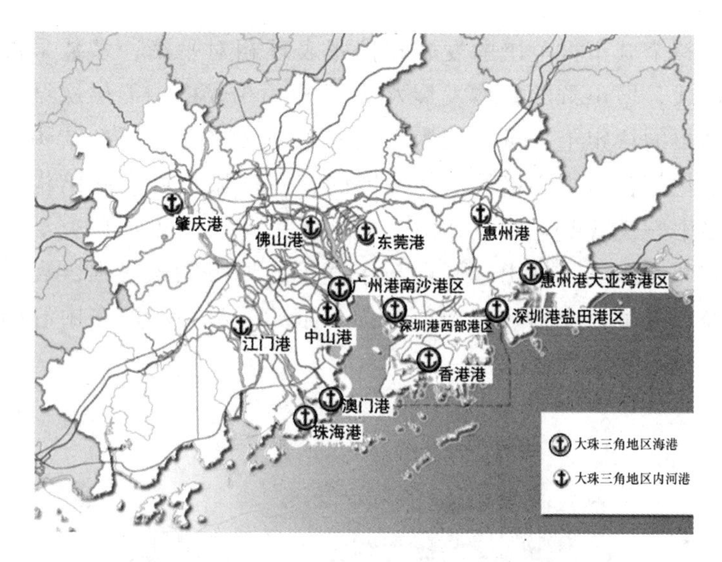

图 5—10　大珠三角城市群密集的港口建设

资料来源：《大珠江三角洲城镇群协调发展规划研究》。

这一时期的珠三家内部，由于广州不再“一家独大”，陷入“群龙无首”的珠三角城市群在经济利益和个体利益至上的前提下，纷纷以邻为壑，将环境污染转嫁给邻近城市。常见的是，将污水处理厂、垃圾处理厂等布置在市域边缘，珠江上游的城市不顾流域的生态安全，肆无忌惮的排污致使下游城市河流水质受到影响，有关区域治理、流域保护等问题经常成为市长们推诿扯皮的焦点。

第四节　“主动协调”时期的空间演替

一　多中心网络状的社会经济系统空间格局

珠三角湾区城市群经济的快速发展直接推动了城市化水平的提高。截至 2015 年底，珠三角湾区城市群城镇化率已达 84.59%①，已进入城镇化发展的成熟阶段。

珠江三角洲湾区城市群在经历了多中心城市激烈竞争的阶段后，

① 《广东省统计年鉴 2016》。

城市在整个城市群范围的发展和扩张表现相对平衡，多数采用飞地扩展模式，城市群的整体发展水平提升。在分析功能层次结构和营养级结果的认定上，可以认为珠江三角洲城市群在层次结构和空间结构演化符合多中心格局均衡发展的特点，城市群空间结构属于典型的多中心模式①（图5—11）。根据上一章重力模型研究结果，广州与东莞、深圳、佛山，深圳与东莞等的城市联系最强，表明珠三角已经形成了以广州、佛山、深圳、东莞等为中心的多中心网络状的城市群空间结构。

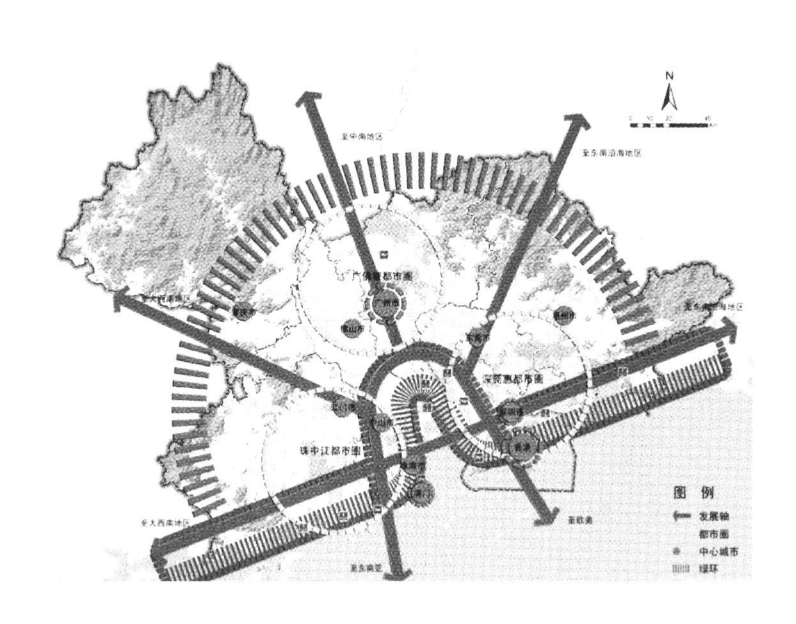

图5—11　珠三角湾区城市群空间结构关系

资料来源：珠江三角洲城乡一体化规划（2009—2020年），2009。

随着区域经济一体化的推进，珠三角湾区城市群已经形成深莞惠、广佛肇、珠中江三大都市圈的“三足鼎立”格局，并已得到广泛认可。在2010年12月21日国务院公布的中国首个《国家主体

① 叶玉瑶：《城市群空间演化动力机制初探——以珠江三角洲城市群为例》，《城市规划》2006年第1期，第61—66页。

功能区规划》中，珠三角被定位为国家级优化开发区。[①] 在发展空间上要求以广州、深圳、珠海为核心，以广州、佛山同城化为示范，积极推动广佛肇（广州、佛山、肇庆）、深莞惠（深圳、东莞、惠州）、珠中江（珠海、中山、江门）的建设，构建珠江三角洲一体化发展格局。[②]

并且在与香港和澳门的进一步融合发展过程中，珠三角湾区城市群已经形成多中心的“人”字形网络发展格局，即以香港和广州为发展极核，以深圳、澳门为联系中心，以珠海和佛山为副中心，以东莞、中山、江门、惠州、肇庆为地方集聚中心，以“穗—港”轴线为区域发展主轴，以“穗—澳”轴线为区域发展副轴的“人”字形空间发展格局[③]。基本朝着2004年原建设部组织的《珠江三角洲城镇群协调发展规划》所确定的珠三角城镇群落空间结构模式发展（图5—12）。

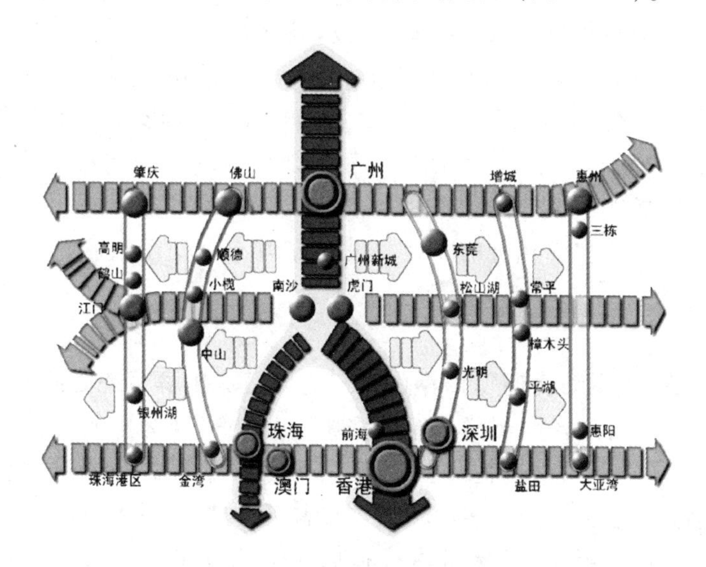

图5—12　珠三角多核心网络化的城镇群落空间结构

资料来源：《珠江三角洲城镇群协调发展规划（2004—2020）》说明书，2005年4月。

---

① 袁中友、杜继丰：《珠江三角洲地区2008—2020年耕地资源供需态势及对策分析》，《特区经济》2012年第1期，第23页。

② 王业强、武占云：《国家增长极体系与城镇化格局构想》，《开放导报》2013年第12期，第21页。

③ 叶玉瑶、张虹鸥、李斌：《珠江三角洲城市群空间结构研究》，《昆明理工大学学报》（理工版）2005年第3期，第83—87页。

二　极不均衡的自然生态系统空间格局

经历过社会经济粗放发展的珠三角湾区城市群，大部分的自然生态空间已经高度破碎化，根据表4—6（珠三角城市群各市经济建设空间与自然生态空间面积结构统计表），深圳、东莞近一半用地已被开发，其建设用地占比为：深圳47.84%、东莞42.88%。只有外围的惠州[①]、江门、肇庆等城市还保留有相对完整的自然生态本底空间，其建设用地占比仅为：惠州9.63%、肇庆4.96%、江门11.11%。胡志仁等学者对珠三角各市及城市群1978—2015年的生态安全状况进行综合评价，也得出惠州、江门、肇庆3个城市的生态安全总体变化趋势不明显的结论[②]。

在生态自觉意识慢慢苏醒和政策积极干预下，后发城市开始有意识地限制建设用地无序蔓延，放弃先污染后治理的低端制造业老路，开始谋求绿色、生态化的产业转型和城市发展。例如在国家生态文明战略出台之后，后工业化的典型地区东莞，开始尝试实行"减量规划"，通过水乡地区低效建设用地的复绿和对水体、林地的生态修复来重构自然生态系统空间。广东省开始推行绿道建设，在有生态价值和景观价值的地区设置绿道，有助于重新开启生态流的连接。

三　"主动协调"时期的珠三角湾区城市群系统空间互馈特点

珠三角湾区城市群现有的多中心主要表现为空间形态和城镇等级体系的多中心，以及近年来政府层面开始推进的协调合作发展的治理多中心，其与世界级城镇群以高端生产者服务业联系的功能多中心存在差距。[③] 虽然目前只是形式上达到了多中心网络状的城市群空间体系结构，环境污染、生态破坏等问题反映出来的城市化质

---

① 早在2014年，惠州市已被全国绿化委员会、国家林业局授予"国家森林城市"称号，是广东省内获此殊荣的首个地级市。

② 胡志仁等：《珠江三角洲城市群生态安全评价及态势分析》，《生态环境学报》2018年第2期。

③ 广东省住房和城乡建设厅、香港特别行政区政府发展局、澳门特别行政区政府运输工务司，2009年。

量还有很大差距，但系统空间互馈还是体现出了一些特点或者趋势。

一是城市功能差异化。“村村点火、户户冒烟”可以说是1990—2005年时期珠三角城市群发展模式的经典概括。城市间的无序、恶性竞争、同质化产业结构是珠三角改革开放以来经济发展最重要的特点之一，为有效应对这种地方政府间“打架”，作为更高一层的省级政府分别于2004年和2009年出台了《珠江三角洲城镇群协调发展规划（2004—2020）》和《珠江三角洲地区改革发展规划纲要（2008—2020年）》，从珠三角区域层面对境内9个城市的功能定位、产业发展、基础设施、环境保护、城乡建设等方面进行了宏观层面的引导。城市功能的差异化、特色化作为广东省政府协调珠三角城市发展的重要原则，已经开始起到了一定的效果。如珠三角的三大城市圈（广佛肇、深莞惠、珠中江）分别建立起了市长联席会议制度，广佛同城化也从实操阶段进入初见成效阶段，这一切，都标志着城市功能的差异化成为多中心网络状的珠三角城市群互馈的主要特点之一。

二是城市联系网络化。由于经济发展越来越快，人的、物质的和信息的流动也越来越频繁，越来越复杂。此外，随着技术手段的提高，以交通为代表的区域基础设施水平也在不断提升。在这个信息化和高铁化的时代，珠三角湾区城市群中各城市的距离在不断缩小，时空都被压缩。由此导致了珠三角各城市间联系和吸引力的强化，城市联系也由点状、线状走向网络化的方向。城市联系网络化的珠三角湾区城市群是“多点争鸣”特点的进一步深化，为珠三角区域一体化、实现区域整合奠定了重要基础。

三是区域一体化。珠三角湾区城市群在经历了以牺牲生态资源换取经济快速发展的粗放式发展模式后，生态资源的耗竭、环境恶化的严峻现实和人们对健康生活的不断追求迫使珠三角城市群正视自然生态系统和社会经济系统存在互馈不畅的问题，同时，空间竞争的区域化、城市间日益频繁的联系使得珠三角各城市由竞争为主转向共生，走向区域一体化，以寻求所依托的更大地域范围的整体竞争力。区域一体化，要求珠三角城市群自然生态系统与社会经济系统实现协调、促进两者的空间互馈。未来珠三角湾区城市群的空间演替要在区域一体化的目标下，以自然生态系统和社会经济系统的空间互馈为基础促进城市群的正向演替。

2005 年后，珠三角湾区城市群空间结构朝向多中心、网络化发展，是有其深刻的原因的，归纳起来，主要有以下两点原因：一是市场经济的规则打破了等级中心地体系。在市场经济的规则下，区位、资源禀赋、政策洼地等成为影响城市发展的最重要因素。由此形成了广州、深圳、东莞、佛山等中心节点城市，打破了中心地理论中等级中心体系，形成了多中心城市空间结构。二是网络化是各城市生态位发展的必然。多中心城市的生态位要求不同城市间要尽可能快、尽可能有效地发挥联系和功能作用，单一的线性传播难以达到前述效果，网络可以加快传播速度，增强城市联系，因此，网络化成为多个中心城市生态位发展的必然要求。

第六章　生态视角下的珠三角湾区城市群空间优化路径

第一节　生态视角下的珠三角湾区城市群的空间优化原理

正如前文所述，现阶段，珠三角湾区城市群的空间演替已经出现显著的危险信号。珠三角湾区城市群的自然生态系统已经处于向负向演替的衰败边缘，其社会经济系统也有从粗放的制造业向高端产业转型的迫切需求。更为重要的是，珠三角的自然生态系统与社会经济系统之间缺乏互馈的这一问题已经越发显化，社会经济系统对自然生态系统的掠夺和侵蚀已经相当严重，自然生态系统已经无法对社会经济系统提供足够的生态服务，甚至“自身难保”，连自身最基本的完整体系和自净功能都难以保证。因此，需要主动的干预和调整，促进城市群回归正向的演替。

在生态系统这一视角下，珠三角湾区城市群的空间优化，正是以解决目前面临的自然生态系统与社会经济系统之间缺乏互馈的问题为出发点，需以促进城市群类生态系统的正向演替为目标。为了实现这一目标，应当以促进城市群这一类生态系统实现良好的功能组织为主要内容。这也就是说，应当促进城市群类生态系统的要素完整、结构合理、功能顺畅。

正如前文分析，从要素层面看，城市群类生态系统包括社会经济系统和自然生态系统两个子系统，而城市群系统与生态系统在组分上最大的差异是缺乏天然的分解者。因此要格外注重在城市群中通过人为力量主动提供分解者这一角色。

从结构层面看，城市群的社会经济系统和自然生态系统都有自身的空间结构，并且有各自空间结构优化的逻辑。从社会经济系统的发展规律来看，其高级结构是多中心网络状结构，在这种结构中，各城市节点之间可以实现物质流更多元的互动与分工，有利于提升各自的发展机会，并且提升区域整体竞争力，以达到整体效益大于个体之和的效果。在这种结构中，城市节点间的关系类似于复杂生态系统中的共生互惠关系。自然生态系统的空间在受到社会经济系统空间显著影响时，保持其功能运行和生态流顺畅的结构应当是保持各种面积和规模的生态功能源点、生态功能斑块和廊道相互连接的网络状结构。

从功能层面看，城市群社会经济系统中的物质流和自然生态系统中的生态流都需要通畅的连接才能保障功能的有效发挥，城市群中各节点城市需要处在合适的生态位，维持空间结构的合理性，社会经济系统与自然生态系统之间需要良好的互馈才能促进城市群的正向演替。因此，城市群的空间优化，不仅要求从空间结构和功能流动性层面优化城市群社会经济系统和自然生态系统各自的功能组织，还应当促进两个系统之间的功能互动。

因此，城市群空间优化的路径主要包括：（1）促进社会经济和自然生态两个子系统各自的物质流、生态流通畅；（2）促进社会经济和自然生态两个子系统各自的空间结构优化；（3）促进社会经济和自然生态两个子系统之间的互馈。

第二节　促进珠三角湾区城市群的物质和生态流动

一　增强城市群的物质流通达性——灰色基础设施

随着珠三角城市之间以及与外部城市之间相互作用关系的加强，城市间的物质流、能量流等越来越密集，一方面强化了城市的联系，另一方面更要求有健全通畅的灰色基础设施保证这些物质流的正常运转。

所谓灰色基础设施，是指传统市政类的基础设施，传统意义上这类基础设施被定义为“由道路、桥梁、铁路以及其他确保工业化经济正常运作所必需的公共设施所组成的网络”[①]，包括市政管网等市政支持系统。灰色基础设施建设和城市群的水平是相辅相成的。灰色基础设施主要通过改变不同联系城市群对其空间秩序产生影响，城市群内部基础设施水平都具有相应的等级。基础设施既是一级水平城市群物质支持系统的，又是下一级城市群的发展的触媒，往往会形成一个城市群发展水平的集中地区，会从不同的流态对经济社会发展的重大影响，城市网络的每个节点被建设成基础设施高地，其目的是希望抓住大规模快速流动各种资源。[②] 这种抓资源和抓市场调控殊途同归，加速了城市群的形成和发展。

交通基础设施是城市群基础设施的主要组成部分，交通基础设施是促进城市群要素的流动的平台，是加强核心城市和边缘城市经济交流的桥梁。便捷高效的交通基础设施是实现城市群发展的必要条件，不仅可以促进要素的流动，提高城市群发展的整体水平，而且降低了城市之间、城市群之间交流联系的成本，有效改善城市群的发展环境。

在交通发展战略上，我们应该优先考虑的是公共交通系统的发展战略的实施，不断推动城市轨道运输和汽车运输系统的建设，逐步建立多层次的运输服务体系。同时，根据国际惯例采取对私家车鼓励购买限制使用的政策，对温室气体排放的严格限制。加快推进节能的汽车投入使用，采取税收优惠政策激励混合动力电动汽车的迅速使用。加快节能汽车替代高耗能汽车的使用，促进新能源汽车的更新使用[③]。

在交通方式上尽量选择轨道交通，统筹安排城际轨道交通和城内轨道交通，不仅能够提高出行安全系数，还能减少汽车拥堵和尾气排放。吴良镛院士指出建设轨道交通轴线可大大提高沿线城镇空间的可达性，而交通可达性对城市群空间形态的演化起着决定性的

---

① 百度百科：景观城市，2018 年 10 月 17 日（https：//baike. baidu. com/item/%E6%99%AF%E8%A7%82%E5%9F%8E%E5%B8%82/4085870）。

② 杨一帆：《论基础设施对城市群落空间秩序的影响》，《规划师》2006 年第 3 期，第 28 页。

③ 薛睿：《中国低碳经济发展的政策研究》，博士学位论文，中共中央党校，2011 年，第 65—66 页。

作用。[1] 城际轨道交通比其他交通方式节约用地，并可集约化利用城市群的土地资源。由于轨道交通沿线土地开发的廊道及辐射效应，形成城市用地沿轨道交通走廊向城市区域外延布局[2]，促进了城市之间的联系，并能构成城市群合理有序的空间形态。这是由于交通的可达性会促使土地布局形态的变化，从而促进城市群空间的演变。反之，城市群空间格局的变化也可以改变交通需求特点，促进交通系统规划的改进。

在珠三角城市群，已经高度发达的多中心网络格局下，城市之间的互动需求愈加紧密，因此，需要有更发达的城际轨道交通，对各城市中的功能节点进行连接。这种大运量、快速、公交化的轨道交通方式对城市之间以商旅、通勤为主要功能的人才流动有良好的支撑，有利于城市群的社会经济空间结构优化，促进其功能的转型提升。

二　增强城市群的生态流通达性——绿色基础设施

绿色基础设施是20世纪90年代以来西方国家提出的关于生态保护与城市建设方面的新概念。[3] 早在150年前，由奥姆斯特德公园等开放空间为居民使用的思路，生物学家建设生态保护和管理网络来减少栖息地破碎化的观念影响，美国的自然规划和保护运动已经包含绿色基础设施的想法。1984年，联合国教科文组织在《人与生物圈》的报告中首次提出和绿色基础设施相类似的生态基础设施。[4] 1990年后，随着可持续发展成为国家目标，绿色基础设施的规划和设计成为焦点。现在的许多保护组织绿道运动普遍存在开始由政府有关部门接受。[5]

---

① 李夏苗、曾明华、黄桂章：《基于交通系统与城市空间结构互馈机制的城际轨道交通走廊客流预测》，《中国铁道科学》2009年第4期，第118—123页。

② 陈峰、刘金玲、施仲衡：《轨道交通构建北京城市空间结构》，《城市规划》2006年第6期，第25页。

③ 徐本鑫：《论我国城市绿地系统规划制度的完善——基于绿色基础设施理论的思考》，《北京交通大学学报》（社会科学版）2013年第4期，第12页。

④ 刘海龙、李迪华、韩西丽：《生态基础设施概念及其研究进展综述》，《城市规划》2005年第9期，第69—75页。

⑤ 应君等：《城市绿色基础设施及其体系构建》，《浙江农林大学学报》2011年第5期，第805—809页。

绿色基础设施建设普遍开始于“绿脉”系统。1990年，美国马里兰州绿道运动和1997年精明增长和邻里保护法案，作为一个国家可持续发展的重要战略，1999年得到美国可持续发展总统顾问委员会认可，在其报告《走向一个可持续的美国》确认绿色基础设施是创建可持续社区发展的五大战略之一，其意义达到了“国家自然生命支持系统”的高度。[①] 关于GI的首个定义出现于1999年8月。在美国保护基金会（Conservation Fund）和农业部森林管理局（Usdaforest Service）的组织下，联合政府机构以及有关专家组成了“GI工作小组”（Green Infrastructure Work Group），旨在帮助社区及其合作伙伴将GI建设纳入地方、区域和州政府计划和政策体系中。这个工作组提出的GI定义为：GI是我们国家的自然生命支持系统（Nations Natural Life Support System）——一个由水道、湿地、森林、野生动物栖息地和其他自然区域，绿道、公园和其他保护区域，农场、牧场和森林、荒野和其他维持原生物种、自然生态过程和保护空气和水资源以及提高美国社区和人民生活质量的荒野和开敞空间所组成的相互连接的网络。[②] 绿色基础设施则将绿地系统视为和道路、排水系统等灰色基设施性质相似的东西，强调其生态系统服务功能。[③]

全球生物栖息地的丧失和破碎化带来了许多严重的问题，使人们逐渐认识到绿道对这种威胁的减缓和补偿作用。在欧美国家和地区，绿道规划已作为城市规划的前提和策略。目前，埃亨的绿道概念为大众所普遍接受，主要观点为：绿道是经过规划、设计、建设并进行后期管护的线性网状系统，这个系统具有涵盖生态、休憩、文化、景观等复合功能，是土地利用中的一种可持续方式。这个概念包含几层含义：具有明显的线性轮廓、完整的连通性、多功能、

① Benedict M. A., Mcmahon E. T., “Green Infrastructure: Smart Conservation for the 21st Century”, *Renew ResourJournal*, Vol. 20, No. 3, 2002, pp. 12－17.

② 吴伟、付喜娥：《绿色基础设施概念及其研究进展综述》，《国际城市规划》2009年第10期，第13页。

③ Ted Weber, Anne Sloan, John Wolf, “Mary-lands Green Infrastructure Assessment: Development of Comprehensive Approach to Land Conservation”, *Landscape and Urban Planning*, Vol. 77, No. 1－2, 2006, pp. 94－110.

满足可持续发展的要求等。《珠三角绿道网络规划纲要》为珠江三角洲城市群和中国的绿道建设揭开了序幕。

珠三角湾区城市群的区域绿道首先应强化区域生态系统的整体性，实现生态廊道的基础功能。依托自然水系、绿地布局，其建设体现生态化和“低冲击”原则，尊重现状自然资源条件和地方生态环境特征，通过加强重要自然生境之间的廊道建设，对人工破坏的保护地开展生态修复，建立保护乡土生境的“生态特区”，维护和恢复纳入保护地的水岸及湿地①等，保护自然环境、生态系统、动物迁徙通道及水、气流通廊道。其次绿道可发展为区域休闲廊道，结合自然景观和人文景观资源，设置供行人、骑车者进入使用的游憩路径，联系具有各地特色的风景地、历史古迹、公园、商业街、古村落等休闲活动场所，为居民在区内跨界休闲提供便利，提高绿道使用的综合效能。

本书在写作历程中，也见证了广东省在这方面的努力。2012年珠三角地区2372公里省立绿道已基本建成，社会评价很高，生态效益明显。为了推动珠三角绿道网向粤东西北地区延伸，逐步构建全省互联互通的绿道网，广东省编制了《广东省绿道网建设总体规划（2011—2015年）》，并大力推进实施。截至目前，全省绿道建设累计总里程超过12000公里，省域绿道网络架构基本成形。以此为基础，围绕绿道互联互通、功能完善复合，构建以省域公园体系为主体的、为生态流通达性提供载体的自然生态空间。

第三节　促进珠三角湾区城市群空间结构优化

一　通过城市群系统形成合理的城市生态位

基于类生态视角的城市群生态位思想可以为城市群空间结构中各城市的职能结构和定位予以启示。本书研究城市生态位的意义在

① 《东莞市城市化发展“十二五”规划》。

于，可以按照比较优势，科学规划城市群内大中小城市功能定位和产业布局，既发挥中心城市的集聚与极化作用，同时增强中小城市的活力和小城镇的特色发展，协调组织城镇空间布局，发挥中小城市连接大城市与中小城镇的功能[①]，使城市群中的城市种群多样化。根据前述分析，在城市群中不同营养级别的城市，其区域发展的竞争力和生态位各不相同，一般来说，城市的营养级别越高，区域竞争力越强，其生态位较显著地分布于城市群空间结构的“上层”（或顶端），因此城市群的空间结构逐渐呈现垂直分层的现象，典型地体现为城市群的规模等级结构。[②] 珠三角城市群各城市在长期的发展过程中也逐渐形成了个性较为突出的城市发展生态位[③]，使得城市群整体空间的垂直分层现象十分明显。具体表现为城市群各城市之间的职能分工现象。由此，针对不同职能分工的城市进行区域层面的规划时，以引导其向合理生态位发展有利于发挥各城市的资源禀赋，强化其在城市群中的作用和职能，以及各城市之间的产业功能错位关系，避免城市群内部的同质竞争和恶性竞争。

对于处于不同生态位的城市而言，其发展空间的规划调控思路和策略各有特点。本书将从珠三角城市群的社会经济生态位角度进行分类论述。

（一）社会经济生态位的高位城市——空间紧凑集约化

一般而言，位于城市群社会经济生态位高位的城市为城市群的中心或次中心城市，珠三角城市群社会经济生态位的高位城市，具体而言，是指广州和深圳两个城市。这类城市的特点是社会经济系统发达，社会经济功能完备且处于城市群产业链高端位置，人口规模和空间规模为城市群中最大，在城市群中发挥着主导和控制城市群整体发展实力和竞争力的作用。对于此类城市，由于自然生态系统空间已被大量占用，几乎没有可新增拓展的建设空间，其空间发

① 参见住房和城乡建设部课题《优化开发区域城市群布局与形态》初稿，第14页。

② 参见李浩《城镇群落自然演化规律初探》，博士学位论文，重庆大学，2008年，第65页。

③ 同上。

展应以紧凑集约化为指导方向，以发挥已有大规模空间的更大社会经济效率。

紧凑城市能够尽可能充分利用已存在城市空间，因而被认为是一种能够结束城市蔓延危害的一种方法。紧凑型城市的概念由西方学者 Dantzingg 和 Sattyt 在 1973 年提出①，紧凑城市发展概念在城市发展过程中越来越被视为可持续的城市发展模式，在西方的一些组织将紧凑城市理念作为解决城市问题的重要途径。② 随着我国城市问题大量出现，国内学者开始关注紧凑型城市相关概念的研究结果不断涌现。③ 仇保兴认为紧凑型城市是对生态环境干扰最小的城市化空间模式的必由之路，是一种着眼于区域和国家整体长远利益的“外向型”的可持续发展模式。④ 总体而言，国内外学者认为紧凑城市交通先导，高密度发展和土地空间的综合利用三个方面，是城市形态、功能的有效性、合理性充分发挥，是高质量高效率的城市开发的目标模式。⑤ 紧凑城市的本质即是已有规模较大的中心城市应率先改变土地粗放式增量扩张的建设模式，转向存量挖潜提质。在珠三角城市群，城市紧凑发展模式可通过广东省“三旧改造”政策，合理确定保护和更新策略，分类分期推进旧区改建，优先推动轨道站点周边地区的存量建设用地的改造更新，依据功能更新释放存量建设用地开发潜力，使空间紧凑发展，控制城市建设用地总量规模。对更新地区鼓励合理的土地混合使用，实现旧区改建与调整优化产业升级的结合。

---

① Dantzing C. , Satty T. , “Compact City: A Plan for a Livable City Environment”, Free and company, San Francisco, 1973.

② Mike Jenks, Elizabeth Burton, Katie Williams, *The Compact City: A Sustainable City Form*, London: E&FN Spon, 1996; Chris C. , Jay K. , “Controlling City Sprawl Some Experience from Liverpool Cities”, Vol. 23, No. 5, 2006, pp. 353 - 363.

③ 余颖、扈万泰：《紧凑城市——重庆都市区空间结构模式研究》，《城市发展研究》2004 年第 4 期，第 59—63 页；陈海燕、贾倍思：《“紧凑住区”——中国未来城郊住宅可持续发展的方向?》，《建筑师》2004 年第 2 期，第 128 页。

④ 仇保兴：《紧凑度和多样性——我国城市可持续发展的核心理念》，《城市规划汇刊》2006 年第 11 期，第 18—24 页。

⑤ 邢兰芹：《基于可持续发展的西安城市空间结构研究》，博士学位论文，西北大学，2012 年，第 55 页。

（二）社会经济生态位中位城市——空间均衡舒适化

位于社会经济生态位中位的城市，在珠三角城市群中主要指东莞、佛山、珠海、中山和江门5市。中位城市的自然生态空间与社会经济空间相对较为均衡，根据表4—6，其建设用地占比分别为：东莞42.88%、佛山34.26%、珠海32.60%、中山16.18%和江门11.11%。

中位城市作为生态位高位城市的外围新城和发展潜力地区，能够通过承接高位城市的低端生产功能、物流功能和过度集聚的居住、医疗、教育、管理等服务功能，降低高位城市人口压力，有效控制高位城市无序蔓延和规模扩张。同时，中位城市通过发展专业性的生产和服务功能，形成社会经济和自然生态均衡化的功能空间，能够吸引高素质人才、劳动力、企业、资金技术等物质流向这些中位城市（外围节点）转移，从而成为城市群增量发展的主要空间载体。

（三）社会经济生态位低位城市——空间自然生态化

珠三角湾区城市群的社会经济生态位低位城市是指惠州和肇庆。社会经济生态位低位城市的自然生态空间量较大，根据表4—6，其建设用地占比仅为：惠州9.63%、肇庆4.96%，还有大量未开发的自然生态空间。

一方面这些城市的地理位置偏远，人口分布较稀疏，经济发展落后，基础设施建设较差，经济发展的成本很高[①]，而且只能选择在低端产业寻求发展，或承接珠三角发达地区转移的高能耗、高排放行业，环境污染和生态破坏严重，经济活动的强度将大大超过当地资源和环境承载能力[②]，而重复较发达地区“先污染后治理”的道路。另一方面此类城市治理环境的能力和资金非常有限，很容易在选择以资源和环境为代价的粗放式开发后，进入自我恢复能力差、环境承载力变低的恶性循环，使得其开发后环境治理成本要数

---

① 贾若祥：《我国限制开发区域分类的政策研究》，《宏观经济管理》2006年第11期，第28—31页。

② 周丽：《珠三角限制开发区域生态发展路径研究》，《生态经济》（学术版）2011年第1期，第46—48页。

倍于开发的收益，得不偿失。

在这两个处于自然生态系统高位的城市中，一方面，需要坚持自然生态的保护修复，积极建设国土生态环境安全体系，继续实施重要水源补给生态功能区的生态保护，有效地协调生态功能区的居民或政府的经济利益，促进生态保护关系；另一方面，对于其提供的生态保育功能、生态流等，珠三角或广东省应从区域层面进行生态补偿（关于生态补偿后面有详述），或优化区域生产力布局，来统筹平衡整个区域发展和保护的关系。从而真正促进珠江三角洲可持续发展战略的全面实施。[①]

二　通过空间管制分区

空间管制分区已经成为城市群空间结构管控的重要手段。基于类生态视角，珠三角湾区城市群的空间管制分区可以结合社会经济系统和自然生态系统的空间结构完整性进行划分，将城乡建设用地增长边界和基本生态控制线作为两个系统空间结构的主要空间边界，对建设用地为主的城镇建设开发区和生态安全格局为主的生态功能区进行分区管控。

关于城乡建设开发区域的空间划定已经相当成熟，本部分重点探讨生态功能分区的制定。对于处于不同自然生态位城市的自然生态空间，可根据其位置特点和自然生态功能进行珠三角城市群自然生态系统的功能分区，以利于更好地从规划角度进行调控和协调。参考2004年版的《珠江三角洲城镇群协调发展规划（2004—2020）》，本书将珠三角城市群的自然生态空间划分为以下三类功能分区（图6—1）：

（一）外围山林生态屏障区

实施禁止开发、严格管制为主的策略，加快建设自然保护区、森林公园及风景名胜区等各类保护区，充分发挥其生态服务功能，确保珠三角城市群整体生态安全。[②]

---

① 《珠江三角洲地区改革发展规划纲要（2008—2020年）》。

② 《珠江三角洲城镇群协调发展规划（2004—2020）》。

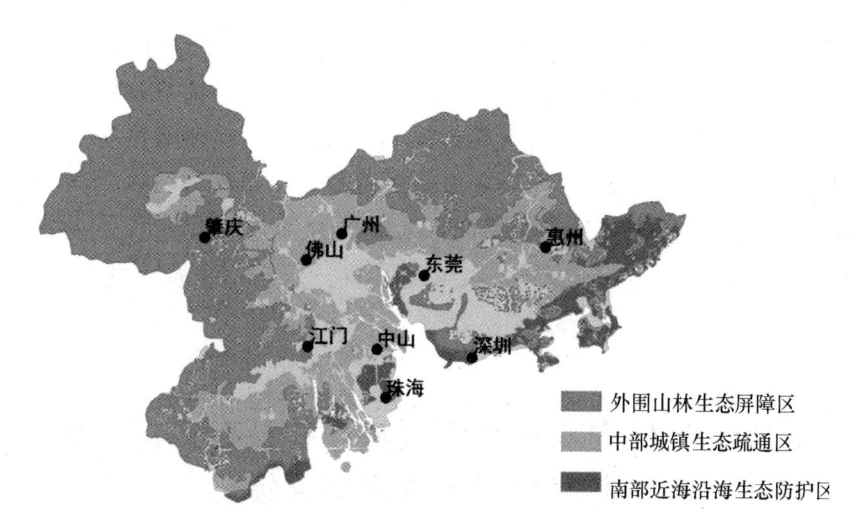

图 6—1　珠三角城市群空间管制分区示意图

资料来源：参考《珠江三角洲城镇群协调发展规划（2004—2020）》空间管制分区图、《珠江三角洲环境保护规划纲要（2004—2020 年）》生态控制性规划图绘制。

（二）中部城镇生态疏通区

重点保护、控制生态绿核，恢复并疏通城市群区域生态廊道，对于已破坏地区以建设与治理并重，开展污染综合治理，恢复生态流的廊道载体，加快设立城市群层面的“环城绿带”和“连城通廊”。

（三）南部近海沿海生态防护区

以严格保护海洋环境和海岛生态为宗旨，合理开发利用港口、岸线资源，处理好生态保护与城市建设、工业发展及旅游开发之间的矛盾，提高珠江沿海地带整体生态环境的治理力度，恢复其自然生态特性。

进一步结合山地、森林、水源的不同生态服务功能进行分区，应对珠三角湾区城市群最关键的流域水环境问题，应当进行水功能分区。水生态安全分区依据以下基本原则：（1）分区功能首先应考虑珠三角城市群自然生态系统的生态流方向，保证生态流输出地的生态安全格局；（2）与当地城市化水平和产业结构的现状及未来趋势相适应；（3）同时分区功能在区位上保证其连续性，并与各城市的责任义务相结合，例如重点考虑水源地保护和对港、澳供水水质的保障。根据这些基本原则，再结合珠三角城市群各市的城市化水平差异和在流域内的区位分布，在原有的流域和行政区划图上进一步细分出水源保护区、排污控制区、重点整治区等，对于对港、澳供水水库周边地区和重要的片区饮用水源地，以禁止建设区的形式作重点标注，最终在已有珠江三角洲水功能分区的基础之上得到初步的珠三角湾区城市群水生态安全分区[①]，同时也得到了珠三角城市群各市的主体发展功能导向。

第四节　促进珠三角湾区城市群社会经济系统和自然生态系统之间互馈

一　增加城市群系统的分解者

（一）以循环经济促进社会经济系统的自分解

循环经济是一种新型的经济发展方式，人类社会通过模仿自然生态系统中“生产者—消费者—分解者”的物质和能量转换方式，建立起经济系统的“食物网”和“食物链”，利用互利共生的经济网络，实现经济系统的物流的闭路再生循环和能量多级利用。[②] 循环经济系统通过网络实现自觉自我组织、自我调整，并与外界生物圈保持相协调。在循环经济系统网络中，一个企业的“废弃物”可以成为另一个企业的原材料，整个经济系统中的物质能量转换趋近于“零排放”的封闭式循环。其实质是通过提高自然资源的利用效率，优化人类社会与自然环境之间物质和能量转换方式，进而达到在维持区域生态平衡的基础上合理开发利用自然资源的目的，确保人类的生产和消费活动在生态系统所能承载的范围之内。[③]

借鉴循环经济原理，城市群系统的生态经济发展也需要在区域

---

① 分析参考《大珠江三角洲城镇群协调发展规划研究：区域资源利用与保护》第二子专题《大珠江三角洲地区水资源保护与利用研究报告》。

② 汪士果：《循环经济与生态城市建设：理念与实践》，《城市发展研究》2006年第5期，第15—18页。

③ 同上。

生态系统承载能力范围内，充分运用系统工程原理与符合自然生态规律的经济方法建立起具有非线性生产模式的高效产业循环体系、基础设施体系、生态保障体系，形成生态高效、产业协调和景观适宜的城市群发展环境。

城市建设和发展离不开对各类资源的利用，受资源有限性这一条件制约，如果城市群建设沿袭过去那种资源利用效率低下的建设模式，基本不可能实现城市群建设的目标，发展循环经济是在资源有限性的客观条件下城市群建设中的必然要求。随着城市群建设和发展逐步深入，城市群的污染问题也会日益暴露成为城市群发展必须面对的一个严峻问题，通过发展循环经济，可以将经济活动对自然资源的需求降低，实现生态环境的影响最小化，从而以较低的资源消耗、较少的环境代价实现城市群经济的可持续增长，确保从根本上解决多年以来城市群建设与环境保护之间过去看来是这种不可调和的矛盾，这样既实现了经济持续快速发展，又最大限度地利用和保护了现有自然资源和生态环境，将城市群经济发展与生态发展有机结合，达到了经济效益与环境效益的双赢。

（二）以城市更新促进社会经济空间的分解

城市更新是城市对其内部已经不适应现代社会生活的地区实施必要的有计划的改建、重建的活动。1858 年，在荷兰举行的首届城市更新研讨会上，对城市更新做了解释：生活在城市里的人，对居住的环境、旅游、购物、娱乐等活动有不同的期望或不满；对自己的住房进行改造修理，对绿色街道、公园和居住区环境改善要求尽快实施，对一个舒适的生活环境和美丽的环境怀有较大的希望。包括所有这些内容的城市建设活动都是城市更新。①

由此可见，城市更新追求的是全面的城市功能和活力再生，以替代原有效率低下或老化的城市物质环境，相当于消解了原有城市建成环境，在此基础上做出提升。因此，在一定程度上，城市更新充当了城市群系统“物质循环”的“分解者”。

城市快速发展过程中产生了很多城市问题，这些问题大多是由

① 徐北静、吴松涛：《德惠市城市更新研究》，《低温建筑技术》2007 年第 2 期，第 17 页。

于系统中缺乏分解者，不能产生循环所致，需要对现有物质空间载体进行“分解”，并使其投入新一轮的使用循环中。城市更新改造有利于促进可持续发展，为集约利用空间[①]、实现城市群的生态方向创造了契机。

（三）以低碳集约开发模式提高自然生态系统对社会经济系统的分解

所谓低碳集约开发模式，就是指低污染低排放和高效率的开发手段或模式。典型的集约开发模式包括低冲击开发模式、TOD 开发模式等。

1. 低冲击开发模式

此模式由 20 世纪 90 年代美国马里兰州首倡，最初是用于雨洪管理。目的是将目标区域恢复到土地开发前的自然水文状态。其主要方法是通过分散式的小规模控制技术控制雨水源头，综合利用当时各种先进技术，模仿自然水循环过程对雨水进行的收集、存储、渗透、蒸发和滞留等，以期解决传统由于落后的雨水管理方式所导致的各种城市环境问题。该理念已成为一种低碳生态的城市开发模式的代名词，即通过各种途径降低城市建设对生态环境的冲击和破坏。[②]

推行低冲击开发模式是城市规划的重大变革，其理念可延伸到城市建设的方方面面，如，减少城市对自然资源的索取和消耗、减少碳的排放、减少城市三废的排放、减少城市对周边环境的破坏，等等。从生态学的角度来看，低冲击开发最终的效果也就相当于对原本排入城市群环境的废弃物进行了一种在其产生过程中的“分解”。

2. TOD 开发模式

即以公共交通为导向的开发（transit-oriented development）模式，是规划一个居民区或者商业区时，使公共交通的使用最大化的

---

① 肖红娟、张翔、许险峰：《城市更新专项规划的作用与角色探讨》，载《生态文明视角下的城乡规划——2008 中国城市规划年会论文集》，2008 年。

② 温莉、彭灼、吴佩琪：《城市低冲击开发理念的应用与实践》，载《城市发展与规划国际大会论文集》，2010 年。

一种规划设计方式。TOD 的概念除了鼓励提高公共运输系统的使用率，可以定义为一种低碳生态发展模式[①]，它能有效地利用当地的土地，丰富建筑设计，而不是以土地细分规则单一使用。TOD 发展模式的意义是：土地混合使用，设施有效地利用，出行的距离缩短，减少能源消耗，因此理论上可以实现综合效益最佳。实行 TOD 开发，可以将社会经济系统中的物质流更高效地与其他地区进行连接，同时可以将社会经济系统所需的承载空间集中在相对小的区块，使周围可以留有更大面积的自然生态空间来支持社会经济系统的发展。这种集约化的发展模式无疑会促进自然生态系统对社会经济系统的分解作用。

二　建立城市群子系统间的互馈机制

建立生态补偿机制，实现社会经济系统空间为主的城市向自然生态空间为主的城市支付相应代价。在经济学中，解决外部性主要有三种手段：私下协商、政府干预与道德约束。[②] 第一种方法，私下协商，其直接的理论基础是科斯定理。科斯定理认为产权明晰时，如果交易成本为零，可以私下协商来解决外部性问题。但现在的关键问题是水资源、森林资源作为代表的生态资源产权不明确，但城市群内各个城市要在环境污染与环境保护的谈判中达成一致，谈判成本将是非常高的。从这两个角度来考虑第一种方法用于经济的外部性处理是不可行的。第三种道德约束，要依靠所有人的道德水平和自律程度，涉及主体众多，随着人们素质的不断提高，这方面的作用会不断增强，但经济利益的驱动下，仅依靠道德而没有其他约束还是不可行的。所以只有第二种方法，即政府干预。[③] 有许多的政府干预手段，包括污染物排放标准的制定，税（费）、补贴和颁发排污许可证等，归纳其本质而言，都属于生态补偿的范畴，

① 仇保兴：《笃行借鉴与变革——国内外城市化主要经验教训与中国城市规划变革》，中国建筑工业出版社 2012 年版，第 358 页。

② 张帆：《环境与自然资源经济学》，上海人民出版社 1998 年版，第 59 页。

③ 刘钊、周孝德、邵磊、周厚勇：《经济学视角下的我国水体污染治理》，《水资源与水工程学报》2009 年第 1 期，第 124—128 页。

因此，生态补偿的运行包括三方面的内容：明确提供的生态系统服务，向服务的使用者收取费用，向服务的提供者付费。

因此，为了保证生态补偿机制的有效实施，广东省应在省级层面乃至中央政府层面的统一协调下，在生态资源本底优质、经济实力雄厚的珠三角湾区城市群建立一套完整的环境价值评估和补偿机制，根据市场机制全面评估上游地区生物资源保护的环境价值，实施城市群污染物排放总量控制与排污权交易机制，开展平等高效的区域生态环境补偿机制试点。通过对生态位中下游地区征收一定的环境资源税（费），并返回相应的生态位上游保护区，建立上游的生态建设和资源保护机制，促进上游生物资源的保护，加大退耕还林和天然林保护区建设，为保障下游社会经济相对超前地区的发展提供良好的生态环境。

第七章　生态视角下的珠三角湾区城市群发展新模式

基于生态系统的视角，城市群的空间优化需要社会经济系统和自然生态系统的功能融合。只有在空间建设的各方面进行功能融合才能够促进两个子系统之间的互馈和正向演替，增强城市群系统的自组织性能，实现系统的平衡和可持续发展。基于这种思想，未来的城市群建设应当转向 Eco2（“生态经济”）模式，即“生态”（Ecologic）和“经济”（Economic）融合的模式。这要求发挥自然生态系统的经济效益，增加社会经济系统的生态功能，从而加强两个系统的互通融入城市建设和规划的各个方面。

珠三角湾区城市群是我国最发达的城市群，也是中国改革开放的先锋地区。如今，珠三角湾区城市群的发展肩负着引领中国发展模式转型的重任。以珠三角湾区城市群为试点，率先进行发展模式的转型，也是探索实现中国梦，建设新型城镇化，践行生态文明理念的重要战略。不仅如此，“生态经济模式”背后隐含着以人为本的思想，能够使人类的建设行为真正实现“天人合一”。

第一节　生态视角下的珠三角湾区城市群发展新模式展望

基于本书对城市群的界定以及新时代的发展要求，城市群的综合目标体现在六个方面（表 7—1）。对比一百年前的田园城市目标和 20 世纪末美国提出的精明增长目标，虽然时间相距整整一个世纪，但是我们仍可以发现这两者在许多方面是一致的，精明增长可谓是田园城市的翻版。[1]"精明增长"强调环境、社会和经济可持续共同发展，强调对现有社区的改建和对现有设施的利用，强调减少交通、能源需求以及环境污染来保证生活品质，是一种较为紧凑、集中、高效的发展模式。而与这两者相比，进入新时代，在大中小城市协同发展的城市群战略下，城市群发展目标在本质上也与这两者基本一致，只是更具时代特性、更加明确具体。

表7—1　　百年前后理想城市（群）目标对比分析

田园城市目标	精明增长目标	新时代城市群发展目标
(1) 城市控制在一定的规模	(1) 倡导紧凑式的城市空间，促进城市、郊区和城镇的繁荣	(1) 绿色低碳产业，促进城市群可持续发展
(2) 几个田园城市围绕一个中心组成系统，保持城市有机性	(2) 居住的舒适性、可承受和安全	(2) 分工明确、结构有序的城市群组，促进区域多目标协调发展
(3) 用绿带和其他开敞地将居住区隔开	(3) 更良好的可达性，土地混合使用，在社区内创造就业	(3) 紧凑高效的空间，促进各类资源的集约有效利用
(4) 合理的居住、工作、基础设施功能布局，就近就业	(4) 混合居住，利益共享	(4) 科学便捷的交通联系，促进要素的合理流动
(5) 各功能间有良好的交通连接	(5) 较低的开发成本和环境成本	(5) 生活低碳化，保障能源安全及应对气候变化
(6) 市民们可以便捷地与自然景观接触	(6) 保持开敞空间的开放性和自然特征	(6) 自然景观与人文景观的结合，舒适宜人的城市环境

资料来源：笔者根据仇保兴《面对全球化的我国城市发展战略》及本书研究整理。

---

① 仇保兴：《面对全球化的我国城市发展战略》，《城市规划》2003年第12期，第6页。

结合前述第三章生态视角下的城市群空间结构发展的理想模式（包括：合理的建设空间比例与紧凑集约的土地利用模式，合理的规模体系与多样化的群落空间结构，多核心、网络化的成长发展空间组织结构，便捷高效的综合交通运输支撑体系，无障碍流通的物质生态流循环体系），以及新时代城市群的综合目标，可以看出，新时代城市群的发展模式，应是“田园城市”模式和“精明增长”的结合。宏观上，或者城市群总体上呈现为自然生态环境良好的田园城市风光，微观上，或者城市内部体现为精明增长的空间利用模式，从而在整体上能够实现这种“生态”和“经济”融合的模式。

第二节　新时代珠三角湾区城市群 Eco2（“生态经济”）模式的基本特征

基于“生态经济”模式下的珠三角湾区城市群发展模式，其要求或特征包括五个方面：多样化的耗散结构、低碳的经济生产方式、合理的城市规模、紧凑集约的空间和可持续的发展方式。每一个特征都应该有具体的评估指标体系进行评判，限于研究重点和篇幅，本书仅对这些特征的必要性和具体内容进行定性描述。并且，这些特征不仅仅适用于珠三角湾区城市群，对于所有“生态经济”模式下的城市群来说，应该都是属于它们的共性特征。

一　多样化的耗散结构

根据前述研究，城市群是一个耗散结构，只要能够从外部环境得到足够的负熵流，只要内部的熵增加维持在一个比较低的水平，城市群将远离平衡态而表现出耗散结构系统的特征，朝着进化的方向发展。即城市群的可持续发展是城市群生态经济系统协调发展的整体涌现。

城市群作为一个耗散结构首先具有系统的开放性，系统在接纳周围环境的同时与其周围环境也是相互作用、相互影响的，它们相互之间不断交换着物质、能量、信息。城市群作为地球环境中的一个开放系统，在不断与外界交换物质、能量和信息中实现可持续发展。当城市与自然环境资源的交流条件达到一定阈值时，城市系统会从原有的无序状态转变为另一种在时间、空间或功能上的有序状态，形成新的有序结构，城市群达到了一定的稳定态，即城市群通过空间涨落达到结构有序，具体而言是指城市群范围内城市规模大小不一、密度适宜，空间结构组织有序、优化高效，且能够促进城市群经济社会健康持续发展的城市群空间结构。城市群体正是在这种不断调整、演化中保持着丰富多彩的姿态。

城市群作为一个多样化的耗散结构，根据耗散结构理论“非平衡是有序之源”以及耗散结构随机涨落的特征，城市群的生态发展势必选择一条不均衡发展之路。不均衡发展理论遵循了经济非均衡发展的规律，突出了重点产业和重点地区，有利于提高资源配置的效率。其实，不均衡发展从经济角度来体现，即是增长极理论：增长总是选择在条件较好的地区优先发展，它以不同强度首先出现在一些增长点或增长极上，然后通过不同的渠道向外扩散，并对整个经济产生不同的最终影响。

“世界上所有国家都不约而同地选择了不均衡发展的道路。我国改革开放20多年来所走的就是不均衡发展的道路。这个发展战略的选择，不是我们主观意愿所决定的，而是社会发展客观规律决定的。”① 回顾一下我国区域发展战略的历史可知，新中国成立后30年我国区域经济实施的均衡发展战略未能实现均衡发展；改革开放20多年实施的非均衡发展战略则使国民经济实现快速发展。

历史证明，发展中国家行之有效的发展战略是不均衡发展战略。这种战略使生产力首先会在地理空间的某一个点上进行突破，即选择增长极，并在此集聚生产力，使这个点快速发展，逐步连点成线，即点轴发展，线再形成网，即网络开发。城镇化发展符合不均衡发展的规律，生产力不断地在空间积聚与扩散。所以，推进城镇化的过程也可以说是经济持续发展的过程，是生产要素从点到线、

① 仇保兴：《我国城镇化的动力、特征与规划调控》，《城市发展研究》2003年第1期，第7页。

从线到面不断集聚和扩散的过程。[①]

不均衡发展战略大到我们国家，小到一个地区都是较适应的。国家层面，邓小平区域经济发展理论始终坚持“先富带动后富”、先有重点地不均衡发展再带动其他地区均衡协调发展的战略思路，强调要尊重经济规律，以不均衡发展为策略推动国民经济发展，进而实现共同富裕。其关于由不均衡发展到均衡协调发展的区域经济理论，在1992年南方谈话中，得到了最完备的表述：“走社会主义道路，就是要逐步实现共同富裕。其构想就是一部分地区有条件先发展起来，一部分地区发展慢点，先发展起来的地区带动后发展的地区，最终达到共同富裕。如果富的愈来愈富，穷的愈来愈穷，两极分化就会产生，而社会主义制度就应该而且能够避免两极分化。解决的办法之一，就是先富起来的地区多交点利税，支持贫困地区的发展。当然，太早这样办也不行，现在不能削弱发达地区的活力，也不能鼓励吃‘大锅饭’。什么时候突出地提出和解决这个问题，在什么基础上提出和解决这个问题，要研究。可以设想，在本世纪末达到小康水平的时候，就要突出地提出和解决这个问题。到那个时候，发达地区要继续发展，并通过多交利税和技术转让等方式大力支持不发达地区。”南方谈话初步提出了沿海帮助内地的一些措施，属于区域之间的不均衡发展战略，对于沿海乃至珠三角区域内部而言，这种思想的指导作用依然存在，体现的是各个城市之间发展的不均衡。这一理论在珠三角城市群的发展历程中得到了历史的检验和实践的证明。现在的“深莞惠”“广佛肇”“珠中江”三大都市圈，也都有一个核心城市作为经济圈的增长极，空间规模方面即形态上形成了这种大中小城市并存的城市群格局，而不是一味追求大规模，体现了其作为耗散结构的非均衡性。区域经济政策、生产力布局上也是有所倾向，而并非全面撒网、遍地开发，所谓的“集中力量办大事”，对于城市群发展全局来说，体现的应该也是这种理念。

① 仇保兴：《我国的城镇化与规划调控》，《城市规划》2002年第9期，第12页。

二 低碳的经济生产方式

城市群的经济发展是城市群可持续发展的前提。城市群经济系统的形成本身是一个自组织的过程，其发展主要源于市场自发力量的推动。但由于我国市场作用先天不足，行政力量参与地区经济的程度很深，由此，在行政区经济模式下，我国城市群的经济发展更多需要他组织的力量，来对系统整体进行方向性的引导，即政府的经济政策干预。

（一）构建低碳产业为主的高效经济结构

低碳产业是低碳城市群建设的基础。低碳产业是基于生态系统承载能力、按低碳经济原理组织起来的、具有高效的经济过程及和谐的生态功能的进化型产业。低碳产业的核心一是清洁能源利用，包括太阳能、风能、生物能、水电潮汐地热等及其延伸出来的清洁煤炭技术等；二是节能减排，主要是提高能源利用效率，减少排放。[①] 低碳产业注重改变生产工艺，合理选择生产模式，循环利用和清洁生产的模式能使生产过程中向环境排放的物质减少到最低限度，并实现资源、能源的综合利用、多级利用和高效产出，使资源、环境能够系统开发和持续利用，简而言之，这种产业的低碳性就是高效率和低排放。低碳产业结构转型，是城市群转变经济发展方式、实现可持续发展和生态的必由之路。

1. 形成“错位互补＋协同并进”的城市群内部产业

城市群的低碳产业发展应体现在两个方面，一是城市群之间以及城市群内各城市之间产业的错位互补，二是城市群内各城市产业本身的低碳性，其中前者是基础。部分学者认为我们国家的产业同构现象较为严重，但笔者认为这种观点不甚全面，由于每个城市群的经济体系相对较为独立以及最佳市场规模的存在，城市群之间的产业同构目前没有暴露出很严重的问题，或者说存在一定的合理性，但城市群内部各城市之间的产业则必须错位发展。一个城市群内各个城市发展产业重点应不同，否则同一市场内的产业同构造成

---

① 翟宝辉：《目前中国低碳产业发展方向》，《公关世界》2010年第8期，第30页。

每个城市都进行同质性的投入，导致恶性竞争、效益低下、浪费资源，不仅实现不了城市群的目标，反而与其背道而驰。因此，城市群中各城市产业战略选择应是基于城市群整体发展与自身资源配合的安排。

但城市产业的错位互补并不是绝对的，在保证资源最大化利用、避免重复建设的基础上，应保持适当的竞争，从而可以提高城市群的产业竞争力，快速壮大城市群的整体产业实力。一般而言，一些对地方经济有重大影响的投资较大的重大工业项目是城市群产业错位发展的调控重点，因为这些项目对本市和其他城市的影响比较大，如果与该城市群其他城市的重大项目重复，则会造成严重的资源浪费，给城市群的整体效益带来巨大的损失。因此，产业错位可以通过重大项目建设的协调共审来进行落实，使城市群内部实现产业互补，从而促进城市群的产业发展。

具体到珠三角湾区城市群，产业结构方面的低碳性，就是形成“错位互补 + 协同并进”的格局。过于强调产业结构的错位互补是不现实的，在珠三角这样的城市群尺度上，市场运输距离决定了某些产品尤其是生活必需品只能满足某种服务半径区域，因此城市间的产业同质性不可避免。对于这些基础性产业，就需要通过科技创新等手段，实现“协同并进”。

目前在珠三角湾区城市群内部，广佛肇经济圈产业定位为“国际性现代服务业中心和先进制造业基地”；深莞惠经济区产业定位为“全球重要的现代产业基地”；珠中江经济区产业定位为“具有国际竞争力的先进制造业和生产性服务业基地”。珠三角城市群的三大经济圈均将现代服务业和先进制造业作为重点发展产业，在此大类分类上，应结合各都市圈乃至城市的资源、地理等比较优势，明确细化的产业导向，充分发挥市场的选择和淘汰机制，由此形成相对错位包容、协同开放的产业分工合作体系，为城市群的耗散特性提供坚实的根基。

形成城市群内部错位产业结构的有效途径，应借助中心城市产业结构的不断优化升级和实行产业扩散转移之际，此时一些相对低端的产业会在城市群内实行横向转移，重新寻找发展空间。宏观决策层面应顺应这一发展趋势，强化以核心城市企业为主导的产业梯度转移，促进中心城市与周边城市产业错位局面的形成。如此，中心城市可以借助产业的转移来为其他产业拓展发展空间，周边城市可以接收产业的转移来扩充产业结构，达到经济发展的目的，最终推动各城市间产业的互补，形成城市群整体产业体系的发展。[①]

2. 选择与城市特性相结合的低碳产业

城市群内不同的城市选择不同的产业结构。珠三角城市群中各城市特性相对较为突出。例如深圳由于民营企业发展环境较好，高科技创新产业在珠三角城市群独树一帜。广州则是港口商业历史悠久，名医名校众多，又是省级行政中心所在地，各方面配套都非常完善。东莞则由传统的制造业起步发展而来，经过近几年转型升级，在第二产业方面仍具有较大优势。惠州受深圳辐射影响较大，佛山、肇庆受广州辐射影响较大。珠海有毗邻澳门的优势和非常优质的城市环境，中山有小榄镇这样有名的小企业集群聚集，江门作为著名侨都，文化旅游资源较为丰富，传统产业也有一定的发展。

对于这些特性各异的城市，虽然各自处于不同的发展阶段，但在产业发展的各个节点、环节都可以进行产业的低碳化。第一产业直接面向生态资源，除在肥料和除草剂等助农产品的使用上需相对谨慎外，第一产业的流程和产品本身也是低碳生态的；第二产业要以低碳能源的使用为工业的能源基础，走低碳工业化道路；第三产业则应注重流程的低碳化。对于不同的城市特性也有不同的低碳产业导向要求。例如对于旅游主导型城市，应当大力发展碳汇项目，尤其对于旅游主导型城市，应当大力发展造林和再造林项目、农林和土地利用项目，提高植被覆盖面积，增加森林和林木的净固碳含量；而对于综合性城市，要把碳排放指标作为标准，促进产业结构的整体转型。

3. 扶持以太阳能为代表的新能源产业

太阳能是世界上已知最优质的能源，太阳能产业具有巨大的发展潜力。在技术能够突破的条件下可在很大程度上取代日趋紧张的

---

① 王永刚：《中国城市群经济规模效应研究》，博士学位论文，辽宁大学，2008年，第76页。

传统能源，缓解甚至化解日趋严重的能源危机和气候危机；它还拥有很长的产业链，可吸纳大量劳动力；同时它可以成为民众喜见乐用的生产资料和生活资料。大力扶持以太阳能为代表的新能源产业，有利于化危机为转机，不仅使这个产业得到较快发展，而且能带动相关产业一起发展。[①]

美国自2009年奥巴马总统就任伊始大力发展新能源，主要内容是：通过政策和行政手段，全面推广屋顶太阳能发电计划，鼓励各地建设大型的荒漠、滩涂光伏电站，发展以太阳能电网补给燃料的复合式动力汽车来取代常规燃油汽车，大幅度提高可再生能源在发电和运输中的使用比例。美国的目标是，到2050年采用光伏技术为全国提供69%的电力和35%的总能量（包括交通工具耗能在内），同时使温室气体的总排放量比2005年降低62%。这一计划可为缓解能源与环境危机做出贡献，还可直接创造大量新的“绿色岗位”，预计总量为500万个。[②]

我国的太阳能资源也较为丰富[③]，并且也面临太阳能原材料降价、太阳能光电技术，以及光电建筑材料、光电建筑构件创新在多方面取得了技术突破等利好，为太阳能产业在我国的大规模发展铺平了道路。珠三角湾区城市群一年四季的太阳能资源都很丰富，科技创新能力又很强，完全有条件有能力发展和引领太阳能产业。

（二）发展城市群的有机循环经济

1. 循环经济的内容与原则

循环经济概念产生于20世纪60年代，启蒙于美国经济学家鲍丁提出的“宇宙飞船理论”。在该理论中他指出我们的地球只是茫茫太空中一艘小小的宇宙飞船，人口和经济的无序增长迟早会使船内有限的资源耗尽，而生产和消费过程中排出的废料将使飞船污染，毒害船内的乘客，到达一定程度飞船就会坠落，社会随之

① 仇保兴：《抓住当前太阳能产业发展良机》，《中华建设》2009年第9期，第24页。

② 同上。

③ 同上。我国与美国都是世界碳排放量最多的国家，若参照美国的做法，也完全可能在未来半个世纪中，把太阳能光伏发电的总装机容量在现有基础上大大提高，使绿色发电量达到4.6万亿度以上，预计可占全国总用电量的一半。

崩溃。[①] 为了避免出现这种结果，必须改变经济增长方式，物质利用要从“消耗型”改为“生态型”；从“开放式”转为“闭环式”。经济发展目标应以满足人类长久发展为主，而并非单纯地追求经济产量。这就是循环经济思想的源头。简而言之，循环经济是物质闭环流动型经济。

循环经济是针对日益遭受破坏的自然生态环境和人类自身发展的可持续性而提出来的。20 世纪 60 年代以来，社会普遍面临资源的短缺和生态环境问题，还有严重的污染已让人类感到不安，以“物质闭环流动”为特征的经济模式在学界被提了出来，并很快引起了社会共鸣，这就是循环经济，其初衷在于使资源环境在不退化甚至得到改善的情况下实现促进经济增长的战略目标。

工业化初期，人们面对的是看起来无限的资源，采取的是一种“资源—产品—污染排放”的线性单程经济模式，通过对地球上的物质和能源进行高强度的开采来获取资源，在生产加工和消费的过程中又把那一阶段的废物和污染大量地排放到环境中，这种传统经济发展方式对资源的利用基本是粗放的和一次性的。[②] 循环经济是对这种传统经济发展方式的革命，立足于从根本上消除环境与发展之间的矛盾，要求人们建立新的经济模式和行为准则，对资源做到“物尽其用”，包括废物的利用或回收，以不损害环境为底线。

循环经济的目的是通过资源循环利用来实现经济与环境的可持续发展，以“3R”即“减量化（Reduce）、再利用（Reuse）、再循环（Recycle）”为原则。其中减量化原则要求在源头上减少原料和能源投入来获取特定产品；再利用原则要求提高所有产品（包括包装）的品质，延长其使用寿命，降低更新率；再循环原则即是资源化原则，即物品在完成其使用功能后，能重新变成可利用的资源，投入下一轮使用中，而不是成为无用或对环境有负担

① 李欣广：《循环经济与我国经济现代化》，《广西财经学院学报》2010 年第 12 期，第 15 页。

② 王彦鑫：《生态城市建设：理论与实证》，中国致公出版社 2011 年版，第 61 页。

的垃圾。

循环经济以资源循环高效利用为目标，以能量梯次使用为特征，是依据生态系统物质循环方式运行的经济模式。可以说，循环经济是一种具有生态特性的经济，是一种人类社会模仿自然生态，自觉自我组织、自我调整以与外界生物圈相协调的一种经济发展方式。循环经济通过模拟自然生态系统建立经济系统中“生产者—消费者—分解者”的循环途径，建立生态经济系统的“食物链”和“食物网”，利用互利共生网络，实现物流的闭路再生循环和能量多级利用。在这样的经济系统中，一个企业的“废弃物”同时也是另一个企业的原材料，整个经济系统中的物质能量转换趋近于“零排放”的封闭式循环。循环经济实质上是通过提高自然资源的利用效率，实现人类社会与自然环境之间物质和能量转换的优化，从而达到在维护生态平衡的基础上合理开发自然资源，将人类的生产和消费方式限制在生态系统所能承载的范围之内的目的。[①]

2. 循环经济对城市群建设的指导

发展循环经济是社会资源有限性的必然要求。城市群发展建设离不开对资源的利用，在资源有限性的制约下，城市群建设如果继续沿袭传统的模式是不可能实现生态化发展的。随着城市群建设的深入，城市群的污染问题也日益严峻，只有通过发展循环经济，以最小的资源消耗、最小的环境代价实现经济的可持续增长，才能将经济活动对自然资源的需求和生态环境的影响降到最小程度，从根本上解决城市群建设与环境保护之间的矛盾，使城市群发展、工业发展与生态发展有机结合起来，实现经济与环境的双赢。

珠三角湾区城市群的建设就是要在生态系统承载能力的范围内，运用系统工程原理和符合自然生态规律的循环经济方法所建立的具有非线性生产模式的产业循环系统、基础设施系统以及生态保障系统作为基础，以具有高生态效益的循环经济产业来实现城市群的可持续发展。

---

① 王彦鑫：《生态城市建设：理论与实证》，中国致公出版社2011年版，第63页。

3. 循环经济与低碳经济的关系

循环经济与低碳经济有相似的发展理念。循环经济可以说为低碳经济提供了一定的经济学理论和政策基础。但低碳经济强调的是经济产业本身和经济过程整体的低污染低排放，而循环经济是通过资源循环利用来实现经济与环境的可持续发展，核心点是物质资源的循环高效利用，是对经济发展方式的一种要求。循环经济在这种对资源的高效利用过程中降低了资源的浪费和污染物的排放，可以说是实现低碳经济的有效途径。

（三）制定低碳导向的政策激励

当前城市群经济的发展很大程度上来源于内需的刺激，这种内需反映到城市生活中就是生活理念。我们应该倡导低碳的生活方式，引导人们健康环保的生活理念，也即需要刺激“好的内需”。

好的内需必须尽可能同时符合七个标准：第一，必须是有利于节约能源，中央财政不应补贴到不环保的汽车、烘干机或者热水洗碗机，因为这些都是耗能极高的产品；第二，有利于减少二氧化碳等污染物排放；第三，有利于改善人居环境；第四，有利于创造新的就业机会；第五，有利于壮大新兴战略产业；第六，有助于培养新的经济增长点；第七，有利于促进科技创新。如果这七个方面都符合了，才有资格享受财政补贴或优惠政策。从城市一级、省一级、中央一级，应该支持什么样的内需，需要有严格的标准，需要中央和省市财政加上补贴加以扶持。[①] 从而通过财政补贴或优惠政策等这些明确的政策导向，来引导城市群未来的发展理念，让每一个城市群发展的参与者都能作为自组织的个体，自觉地维护着系统沿着正确的方向走下去。

三　合理的城市规模

根据生态学原理，城市群生态体系的构建优于城市，在空间尺度上更大，腹地范围更广，系统更具完整性，区域整体承载力和竞

① 仇保兴：《我国绿色建筑发展和建筑节能的形势与任务》，《城市发展研究》2012年第5期，第5页。

争力更高。而城市群的生态化实现得益于城市群内部各城市的生态化，因此，城市群垂直结构内各类规模城市的生态发展便构成了城市群生态发展的内容体系。

根据王兴为等的研究，未来城市唯有步入低熵（即低无序度）社会，我们才有可能构建富有生机和活力的城市人居环境。[①] 城市成为低熵社会的路径可概括为以下几点：一是走可持续发展的道路，保护城市环境生态系统。二是要实现城市社会信息化，保证城市高速有效运转。三是要控制城市人口，合理发展城市规模。前面两点比较好理解，对于第三点，主要在于人口膨胀是导致城市耗散结构质变、生态危机的一个重要原因。由于城市建设速度的有限性和规模扩张的滞后性，城市人口急剧膨胀会导致一定时间地域内人口和环境的自然平衡遭到破坏，加上人的利益多元化和对欲望的无限追求，导致城市各种问题频发，例如物资短缺、交通拥挤、住房紧张、环境污染、能源不足等。一般说来，城市内部无序度的增加（熵增）与人口的数量成正比。城市人口越多，欲望越多，各种需求越大，熵增加的速度也就越快。从熵的角度来看，判断一个城市的规模是否合理，不能仅看规模经济效益，因为经济超过一定规模还存在效益递减的情况，还应该看城市系统内部结构是否能够形成一个有自组织能力的耗散结构。只要城市社会系统能够维持耗散结构，城市就有扩大规模的能力，这也是为什么城市社会系统的发展方式需要不断优化的原因；相反如果城市社会系统内部的熵增加超过负熵流，即无序度的增加大于消解这些无序度的支撑系统，城市规模与城市社会系统就已不相适应，耗散结构将被打破，城市将萎缩，并走向无序状态。当然，城市始终处在发展和动态之中，城市的内部结构和外部环境极其复杂，而且随着时间的推移，技术水平在不断提高，城市合理规模必然因时因地发生变化。

回忆新中国成立以来我国的城市化方针，可以看出在城市规模问题上的政策取向（表7—2）。

① 王兴为、王改为、王冠军：《系统视角下的生态城市建设》，《城市与减灾》2007年第4期，第14页。

表 7—2　　我国城市化方针（城市规模指导方针）历程

年份	城市发展方针（城市规模指导方针）	对大城市的政策
1953	城市太大了不好，要多搞小城镇	限制发展
1956	城市发展规模不宜过大，今后新建城市的规模一般控制在几万至十几万人口的范围内	
1965	大分散、小集中	
1978	大的城市规模一定要控制	
1980	控制大城市规模，合理发展中等城市，积极发展小城市	
1989	严格控制大城市规模，合理发展中等城市和小城市	
2000	大中小城市和小城镇协调发展	不限制发展
2002	坚持大中小城市和小城镇协调发展，走中国特色的城镇化道路	
2007	按照以大带小的原则，促进大中小城市和小城镇协调发展。以特大城市为依托，形成辐射作用大的城市群，培育新的经济增长极	鼓励发展
2012	要构建科学合理的城市格局，大中小城市和小城镇、城市群要科学布局，与区域经济发展和产业布局紧密衔接，与资源环境承载能力相适应	因地制宜
2017	以城市群为主体构建大中小城市和小城镇协调发展的城镇格局	因地制宜

资料来源：笔者整理。

早在新中国成立初期，国家最高领导人就曾明确指示“城市太大了不好”，要“多搞小城镇”①，这种主张对我国后来的城市化政策影响深远。1956 年 5 月国务院常务会议的决定指出：“根据工业不宜过分集中的情况，城市发展的规模也不宜过大。今后新建城市的规模，一般可以控制在几万至十几万人口的范围内。”② 1965 年

① 1953 年毛主席确认“城市太大了不好，要多搞小城镇”。

② 薛毅：《20 世纪中国煤矿城市发展述论》，《河南理工大学学报》（社会科学版）2013 年第 4 期，第 25 页。

后，国家进行“三线建设”，更是明确提出“大分散、小集中”，工厂布点要“靠山、分散、隐蔽”，这也成为新建城市的指导性方针。1978 年召开的第三次全国城市工作会议提出《关于加强城市建设工作的意见》：“大的城市规模一定要控制。今后，各城市都要有人口和用地规划的控制指标……50 万以上人口的城市要严格控制，切实防止膨胀成新的特大城市。中等城市要避免发展成为大城市。”1980 年，国务院批转的《全国城市规划工作会议纪要》中强调：“控制大城市规模，合理发展中等城市，积极发展小城市。”1989 年颁布的《城市规划法》把我国城市化方针变为“严格控制大城市规模，合理发展中等城市和小城市”。

在新中国成立后相当长一段时期内，我国执行的城市化政策基本以发展中小城市为主、限制大城市发展的城市化思路，这种状况直到 21 世纪初才有所改变。2000 年我国提出“大中小城市和小城镇协调发展的道路，将成为中国推进现代化进程中的一个新的动力源”。2002 年中共十六大报告提出“坚持大中小城市和小城镇协调发展，走中国特色的城镇化道路”。2007 年中共十七大报告提出“按照统筹城乡、布局合理、节约土地、功能完善、以大带小的原则，促进大中小城市和小城镇协调发展。以增强综合承载能力为重点，以特大城市为依托，形成辐射作用大的城市群，培育新的经济增长极”。2012 年中央经济工作会议更是把城镇化提到另一个高度，提出“要构建科学合理的城市格局，大中小城市和小城镇、城市群要科学布局，与区域经济发展和产业布局紧密衔接，与资源环境承载能力相适应。要把生态文明理念和原则全面融入城镇化全过程，走集约、智能、绿色、低碳的新型城镇化道路”。2017 年十九大报告更是提出了“以城市群为主体构建大中小城市和小城镇协调发展的城镇格局”的区域协调发展战略。

以上历程表明，我国在新中国成立后长期限制大城市发展的城市化方针限制了人口、产业和资源向大城市的集中，导致大城市的聚集经济和规模经济优势难以发挥，违反了大城市优先发展的城市化规律，制约了都市圈和城市群的发展演化；但随着我国城市化的发展和人们对于城市发展规律的认识逐步深入，城市规模政策得到了越来越科学的方针指引（表7—2）。

对于这一点，学界的讨论也较多。仇保兴就做过专门的研究和论述，其对于所谓的“最佳规模标准”也进行过比较，即什么样的城镇规模能够产生最佳的城市规模效益。研究表明各国经济学家给出的理论研究结果迥然不同：我国经济学家认为最佳的城市规模至少在100万人口以上，德国经济学家认为20万人口左右，而意大利的理论界则认为5万人口就可达到最佳城市规模。差别巨大的原因在于，不同性质的城镇，影响其合理规模的因素不同，一般来说至少有三类：一是产业性质——越高端的产业，其城镇合理规模越小。如瑞士的达沃斯小镇，虽只有几万人，但由于有国际会展业和旅游业的发展，已是经济活力非常强的城市；二是与大中城市的协同度——城镇与大中城市的协同与分工越紧密，专业性和配合性越强，其合理规模就越小；三是独特性——越具有独特性的产业、城镇风貌，其合理规模越小。如云南的丽江只是一个约十万人口的小城市，但由于传统的建筑和街区保存良好，形成了使人流连忘返的独特景观，全市GDP的80%来自旅游业的发展。[①]

因此城镇规模也没有一定的标准，不可一视同仁。既然影响最佳城市规模的因素众多，城市群规划就要着眼于保护和利用这些影响因素，才能确保群内大中小城市的协调发展。经济发展更要通过企业集群和大中小城市之间的功能互补，来达到优势产业共建的目的。[②]

四 紧凑集约的空间

从生态学和系统论的视角来看，城市群空间结构与城市群经济社会之间就是一种协同进化关系。城市群空间结构合理有序，有利于城市群生态环境改善，继而促进经济社会发展；经济社会可持续发展，有利于生产力合理布局，加大生态建设资金、技术投入，使

---

① 仇保兴：《小城镇发展的困境与出路——小城镇的六大功能》，《城乡建设》2006年第1期，第12页。

② 仇保兴：《转型期城市规划的变革》，《中国党政干部论坛》2007年第7期，第15页。

“三废”排放减少、“三废”处理率提高，污染在源头得以治理，生态环境得到进一步改善，最终使城市群空间结构更加合理有序。反之，城市群空间结构不合理，各城市之间交叉污染，生态环境日趋恶化，则会严重影响城市群经济社会的可持续发展；经济社会不能健康发展进一步导致城市群财力不足，严重制约着投入生态环境建设方面的人力、物力、财力，生态环境日趋恶化，生态空间结构更加杂乱无序，最终将形成恶性循环。因此，城市群生态空间结构是影响城市群区域生态环境承载能力的一个关键因素。通过宏观和微观措施不断调整城市群生态空间结构，使其合理有序，同时也能够纠正生产力布局中的不合理现象，使城市群发展能够不断适应自然生态环境，最终实现其协同进化的目标。

紧凑集约的空间结构就是指城市群空间按经济原则、生态原则、文化原则加以组合，形成合理秩序并集聚在某一地域范围，人与社会、自然、生态三位一体的有机联系的空间整体。[①] 这种城市群空间紧凑布局模式是立足于快速城市化和区域一体化的现状，注重社会经济发展与城市空间、社会人文、生态环境等的协调，并落实城市可持续发展的理念。

在城市保持集中还是分散发展的问题上，学界有过争议，但历史也还是给了我们很好的启示。

19 世纪的工业城市曾经暴露出严重的环境问题，城市拥挤不堪、空气污浊、污水横流、霍乱横行，人民贫困交加，饱受疾病折磨和生存威胁，寿命极短。正是这些危害迫使欧美国家做出工厂的外迁以及居民住区的外迁这一无可奈何的选择。“为了新鲜空气，人们付出了高昂的代价。”[②] 郊区化使原来城市空间急剧衰败，同时郊区居民既享受不到社会交往的便利，也享受不到幽静独处的好处，从它带来的负面影响中，人们渐渐明白，我们需要的不是一个从城市搬运到更郊外的计划，我们需要的是回到早先的市中心区

① 朱喜钢：《城市空间集中与分散论》，中国建筑工业出版社 2002 年版，第 97—98 页。

② ［美］刘易斯·芒福德：《城市发展史——起源、演变和前景》，中国建筑工业出版社 2005 年版，第 504 页。

去，用一种方法安排和分配大量城市人口，以便郊区的一些成就能在市中心区以一种更加合适更为持久的形式存在下去。这种觉醒促使发达国家将大量的人力、物力重新投入城市生态环境的重建和恢复中，在取得成效后出现了人口返回城市的再城市化趋势。

再城市化的进程表明，人们在追求自身经济利益的同时，如果能保护和积极改善生态环境，是完全有可能寻找到两者的结合点的，即在空间集中集约利用的同时达到经济效益与生态效益的协调一致。

科技的进步不断体现在社会发展中，污染严重的工业正逐渐从城市中消失；清洁的能源生产和环保公交系统以及先进的废弃物排放系统的出现，密集城市已经不再被视为对健康不利的代名词，反之可以增加能源的使用效率，减少资源消耗，减少污染，并且避免城市向乡村的蔓延，还能带来生态的利益。正是由于这些原因，使我们可以重新考虑紧凑布局的优越性。我们应该把可持续发展的城市理想寄希望于“紧凑型城市”（Compact city）。[①]

我国虽然幅员广阔，但可利用的土地资源有限，加之人口众多，所以人均土地占有量十分稀少。2007 年我国城市人均居住用地 34.31 平方米[②]，对比国家标准《城市用地分类与规划建设用地标准》（GB50137—2011）要求的人均居住用地面积约为 23—36（Ⅲ、Ⅳ、Ⅴ气候区）平方米和 28—38（Ⅰ、Ⅱ、Ⅵ、Ⅶ气候区）平方米，这个数据属于较高标准。尤其是我国城市群发展还处于起步阶段，近几年城市人口密度一直处于上升之中。城市群发展要求我们不能采用西方部分国家前期那种大规模城镇化模式，而必须选择紧凑型的城市化道路。城市发展保持一定的密度，长期坚持集约型的城镇建设用地增长模式，强调土地使用功能的适当混合，实行最严格的城市规划与最严格的耕地保护。只有这样，土地的利用才是充分和合理的，城市基础设施才能得以集约建设和高效利用，土地得

① M. Breheny, “Urban Compaction: Feasible and Acceptable”, *Cities*, Vol. 4, 1997, pp. 209 - 217.

② 李新阳：《人均居住用地控制指标研究》，载《转型与重构——2011 中国城市规划年会论文集》，2011 年。

以节约、生态平衡得以维护。

城市群作为一个有机的空间整体和功能整体，只有统筹协调各个城市使其有序紧凑布局、高效交流运行，才能实现有序竞争和生态发展的目标。具体而言，应包括以下几方面的内容：

1. 推行城市群紧凑型混合用地模式

根据前述研究，城市群的基本特征之一是存在合理的城市规模和结构，大城市和都市圈式的空间有利于规模效益和将运输成本内部消化，是一种比较理想的结果。但城市群内大小城市或城镇体系的分布应结合自然地形地貌和资源承载量等客观的限制条件，并根据这些条件和约束来确定它们的规模和分布，同时在规划过程中倡导紧凑的混合用地模式，提高土地资源的使用效率，严控城市空间的无序蔓延。

对于现有城市，新增的城市用地尽可能不占或者少占耕地，通过循序渐进的方式对现有空间进行改造，实现既有城市的生态更新；对于新建城市，应从生态城市的角度进行规划和建设，并采取规划管制的办法，使我国的山水城市理念能够在现代城市规划当中得到体现①，使生态城市思想能够自始至终得到实现。

这样做一方面能够以最小的代价来进行建设和管理，另一方面能够对自然环境造成最小的破坏。每个城市都有其独特的地理位置，反之，每片独特的地理区位适应建设和培育不同特点的城市。地理地貌决定了城市的空间结构和交通特征，而环境容量决定了城市的人口承载量和规模。各城市的发展应充分考虑这些外部条件，有利于节约城市建设成本，例如缺水地区如建设规模过大城市需要建设耗资和占地庞大的引水工程，丘陵地区建设城市需夷平很多山头，工程量大且完全破坏了原始的自然环境，这些都不是因地制宜的做法。

2. 建设便捷高效的生态交通系统

基础设施与城市群的影响层次是相辅相成的。基础设施主要通过改变不同层次的城市群空间结构来产生对空间秩序的影响力，同时城市群的层次也使内部基础设施被赋予了相应的等级特征。其

① 住建部副部长仇保兴：城市发展要紧凑多样低碳。2013 年 3 月 25 日，新浪财经（http：//finance. sina. com. cn/hy/20130325/105214941914. shtml）。

中，某一等级的基础设施既是该等级城市群落的物质支撑体系，又是下一等级城市群落的发展触媒，往往能够形成该等级城市群落中的集中发展区域，而这种影响力的根源，来自各种流态对经济、社会发展的巨大影响，城市网络中各节点竞相要建设成为该网络中的基础设施高地，其目的是希望抓住大规模、快速流动的各种资源。[①]而这种抓资源的动力与市场调控力的动力殊途同归，共同作用加速城市群的形成和发展。

交通基础设施是城市群基础设施的主要组成部分，交通基础设施是促进城市群要素的流动的平台，是加强核心城市和边缘城市经济交流的桥梁。便捷高效的交通基础设施是实现城市群发展的必要条件，不仅可以促进要素的流动，提高城市群发展的整体水平，而且降低了城市之间、城市群之间交流联系的成本，有效改善城市群的发展环境。

城市群的发展离不开生态的交通体系。所谓生态的交通体系，是指既方便快捷，又不对环境造成污染的交通体系。

一方面，生态交通应选择生态的交通方式。现有城市机动车耗费了大量能源并制造了大量尾气，治理城市交通的温室气体排放是一大难点。生态交通是低能耗、低排放、高效率的交通，在交通方式上尽量选择轨道交通，统筹安排城际轨道交通和城内轨道交通，不仅能够提高出行安全系数，还能减少汽车拥堵和尾气排放。

另一方面，生态交通应倡导生态的交通观念。在交通发展战略上，城市应当实施公交系统优先发展战略，不断推动城市化轨道交通和公交运输体系建设，逐步构建市内多层次交通运输服务体系。同时，对私人汽车实行鼓励拥有、限制使用的国际通用做法，严格限定私人汽车的温室气体排放。加快促进节能车辆使用，以税费优惠政策激励油电混合动力车、电动汽车的快速使用。加快节能汽车对高耗能汽车的替代使用，推动新能源汽车的更新使用。[②]

---

① 杨一帆：《论基础设施对城市群落空间秩序的影响》，《规划师》2006 年第 3 期，第 28 页。

② 薛睿：《中国低碳经济发展的政策研究》，博士学位论文，中共中央党校，2011 年，第 65—66 页。

3. 推广低碳排放的绿色建筑

在建筑层次上，全面推广绿色建筑（具有节能、节水、节材、节地，建筑全生命周期循环利用，室内环保性能优异的建筑）[①]，促进低碳建筑发展。

建筑排放占有城市温室气体排放量的很大比例，国际大都市均对建筑节能标准做出严格限定。我国城市群发展不断加快，建筑行业的能源需求也在不断增大，建筑低碳的要求也就越发迫切。

对于已有建筑，鼓励对其进行节能改造，引导节能建筑材料、工艺和技术的创新发展，推动建筑工业化进程，促进低碳建筑生产力发展。

对于新建建筑，应分类提出节能建设的要求。例如在住宅问题上[②]，要求目前应首先依据65%以上建筑节能标准进行建筑设计与施工；要求在房屋内配置实时的能源监控系统、实时的通信、高速度的宽带。在建筑材料上必须体现高标准的节能性。相关具体的要求包括：通过综合节能，在当地产生能源的低或零碳排放；通过开发和使用过程中低和零碳排放的供暖系统和供热计量等措施，实现在现有建筑标准基础上再至少减低70%的碳排放。住宅建设的另外一个具体要求是提供不低于全部住宅数量30%的低价、可负担住宅（包括社会保障性的廉租房、经济适用房和过渡性的出租房）。对公共建筑则实施严格管理，做到百分之百为绿色建筑。

同时需要在制度方面进行创新。一方面，设置城市建筑的能耗定额限制，对超过定额的部分进行额外收费。另一方面，推行建筑能效测评与绿色建筑标识，进行能耗统计、能效审计和出示制度。推行建筑能效测评与绿色建筑标识这一做法的意义在于[③]：一是能客观反映建筑的能耗和物耗的水平。二是有利于正确引导建筑业和房地产业发展的方向。必须通过节能、节地、节水、节材对环境最

---

① 仇保兴：《中国特色的城镇化模式之辩——“C模式”：超越“A模式”的诱惑和“B模式”的泥淖》，《城市发展研究》2009年第1期，第6页。

② 仇保兴：《从绿色建筑到低碳生态城》，《城市发展研究》2009年第7期，第8页。

③ 仇保兴：《专项检查、评价标识和组织结构——促进我国绿色建筑发展的管理三要素》，《住宅产业》2008年第4期，第12—13页。

少的干扰来维持城镇化的健康发展。我国的城镇化是世界上规模最大的城镇化，能不能以最小的环境代价来获得成功，实现绿色发展目标，不仅对中国的和平崛起有决定性的影响，对实现全球的可持续发展也有意义。三是有利于提高全社会对绿色建筑和建筑节能的认识和了解。只有全社会动员起来，只有广大人民群众思想观念得到转变，建筑节能才能进入快速发展的轨道。四是有利于加强建筑节能和绿色建筑的监管与实施激励机制。

4. 营造低碳健康的城市环境

生态理念不仅仅体现在城市环境方面，更应体现在市民的生活方式上。除了发展较低的工业排放和碳排放的低碳产业外，在城市配套设施上，要求建设可持续的社区，为居民的富裕、健康和愉快地生活提供有所帮助的设施。这些设施必须是高标准和高质量的，并与城市的发展规模相匹配，使之能够为居民提供健康环保的活动环境，创造低碳安全的生活氛围。

具体的配套设施要求包括：娱乐、健康和社会护理、教育、零售、艺术与文化、图书馆、体育和游玩以及社区志愿者相关的设施等。

五　可持续的发展方式

珠三角湾区城市群的发展一直是以可持续思想为指导的，至少在每个城市层面是这样的，这也是它做得比较好的一个方面。在步入城市群发展阶段，各个城市的共识就很容易达成。可持续的发展方式能够实现资源的合理配置，追求城市发展的长远利益，公平地满足现代与后代在发展和环境方面的需要，不会因为追求眼前利益而以不可持续的方式促进城市的短暂繁荣，保证城市群发展的健康、持续和协调。

城市群的可持续发展一方面要求自然、人、社会复合生态系统的和谐发展，不仅要求实现人与自然的和谐，还兼顾人与人、人与社会的和谐，使得城市群内自然、人、社会互促共进，形成一个互惠共生、不可分割的有机整体。不是单纯追求环境优美或经济繁荣，而是兼顾社会、经济和环境三者的整体效益，各部分形成互惠共生结构，在整体协调的新秩序下寻求发展。另一方面要求最大限度减少对自然资源的消耗与浪费，把非物质财富的发展作为城市一个新的经济增长点，实现城市资源的高效利用；与传统城市高消耗、低产出相比，可持续方式的运行机制是提高资源的利用效率，实现物尽其用、地尽其利、人尽其才，物质、能量得到多层次分级利用，废弃物得到循环再生。这也是目前珠三角湾区城市群相关规划，包括最热点的粤港澳大湾区规划的理念导向。

第三节　相关保障

对于生态视角下的珠三角湾区城市群的空间优化路径，不管是通过灰色基础设施和绿色基础设施增强物质流和生态流的通畅，还是从结构层面形成各城市的合理生态位和各功能的空间管制分区，抑或是通过城市更新和低碳集约开发模式，从要素层面提供分解者来促进两个系统间的交流互馈，都离不开制度、政策的支持和规划的保障。结合前述对城市群发展过程中政府基本职能的界定，即创造良好的城市运行环境、弥补市场失效和负责配置城市空间结构，对应提出以下保障措施：应对创造良好城市运行环境的城市群制度保障、应对弥补市场失效的区域经济政策、应对负责配置城市空间结构的规划手段，以此保障城市群向着生态化顺利发展。

一　制度保障

（一）制度对城市群发展的保障作用

制度是为了决定人们的相互关系而人为设定的一些制约，是由非正式约束、正式规则及其实施机制组成的规范体系。其中非正式约束包括文化、风俗、习惯、伦理道德规范、意识形态等；正式规则包括宪法和各种法律、法规；实施机制指法院、仲裁机构等。制度分为两个层次，其中宪法层次是基础制度，这是制定规则的规则；另一个是集体行动层次的运动规则，它是在宪法层次框架内创立的各种操作规则。

制度经济学主张制度对于国家经济的增长是决定性的，有效率的制度安排是经济增长的关键，无效率的制度阻碍生产力的发展。诺斯和托马斯说：有效率的经济组织是经济增长的关键，它需要在制度上做出安排和确立所有权以便造成一种刺激，将个人的经济努力变成私人收益率接近社会收益率的活动，如果社会上个人没有去从事能引起经济增长的那些活动，便会导致停滞状态，如果一个社会没有经济增长，那是因为没有经济创新提供刺激。[①] 新制度经济学认为，对经济增长起决定作用的是制度因素而非技术因素，强调制度分析应处于经济学的核心地位，认为有效率的经济组织是经济增长的关键。新制度经济学的代表人物科斯指出，制度是经济增长的关键因素，一种能够提供个人刺激的有效率的制度是使经济增长的决定性因素，并指出在诸多因素中产权的作用最为突出。

我国学者史晋川、谢瑞平认为，区域经济增长与制度变迁是一种互动关系。[②] 一方面，制度变迁通过调整制度安排的效率来影响经济增长，恰当的制度安排是经济增长的必要条件。制度变迁通过一系列机制影响经济增长表现为：（1）制度变迁改变制度安排的激励机制和效率，从而影响经济发展的速度和质量；（2）制度变迁改变贸易和专业化的范围，使组织经济活动的途径和方式改变，从而影响经济发展的广度和深度；（3）制度变迁扩大了允许人们寻求并抓住经济机会的自由程度。另一方面，经济增长又会反过来影响制度安排的效率，进而产生制度变迁的必然性：（1）经济增长产生了新的稀缺性，需要新的制度安排来配置资源，以尽可能消除这种稀缺性所带来的经济和社会损失；（2）经济增长产生了新的技术性机会，需要新的制度安排来使机会最有效地转变为经济效益；（3）经济增长产生了对收入或财富的新的再分配的要求，需要新的制度安排加以调整，等等。

可见，制度在城市的经济发展中起到至关重要的作用。制度影响经济发展，而都市圈和城市群的形成正是区域经济发展到一定阶

---

① ［美］诺斯、托马斯.《西方世界的兴起》，华夏出版社 1988 年版，第 6 页。

② 史晋川、谢瑞平：《江浙沪区域发展模式与经济制度变迁》，《学术月刊》2002 年第 5 期，第 2 页。

段的产物，所以，制度通过影响区域经济发展而影响城市群的发展。2003 年 8 月 30 日《经济日报》经济时评认为："发展都市圈经济，应构筑好区域合作新机制，机制营造在先，制度创新在先，统筹规划在先。"① 制度保障是基于"他组织"的作用对城市群的发展产生影响，主要体现在政府的决策安排和行为引导上。在城市群的自然、经济、社会子目标中，自然和经济目标的实现是基础，社会目标的实现是实现城市群的关键，而制度安排又是实现社会目标的至关重要的因素。

区域经济的制度观包括三个方面的内容：限定政府权力的宪政制度、契约自由制度（保证要素的充分流动）和界定公民财产权利的产权制度（激励作用）。对于城市群发展来说，制度的主要作用应体现在对区域经济的促进上，即应该是通过建立一个人们相互作用的制度结构来减少经济交易中的不确定性、降低交易成本和稳定行为的预期。具体说来，有以下三个方面的表现：一是降低预期的不确定性，划定人们参与经济活动的规则；二是界定并约束政府的权力，防止对经济的过度干预；三是界定经济参与人的权利并形成激励。综合起来就是降低交易费用。

区域的制度安排差异会影响城市群形成和发展的速度与质量。盲目的、随大流的制度安排常会使地区经济走入困境，反之，遵循区域经济发展实际，发挥地区文化、资源、资金、技术等潜在优势的制度会推动都市圈的发展，例如苏南和浙北地区在改革之初的乡镇企业和私营企业的兴起就源于地方制度安排适应了当时区域经济发展需要。新中国成立后，我国实行计划经济制度，并且按照严格的户籍制度管理人口，极大地限制了农村人口流动，减缓了城市化的进程；同时，经济策略上采取重工业优先发展的方针，致使轻工业发展不足，降低了城市吸收农村剩余劳动力的能力，也导致了城市化的进展缓慢。计划经济下的经济模式建立在行政区划的基础上，以相对封闭的地域范围来组织经济，客观上减少了城市之间的经济交流与合作，阻碍了经济要素间的自由流动，弱化了区域之间

① 《都市圈经济也不要过热》，《经济日报》2003 年 8 月 30 日第 5 版。

的经济联系，是制度产生不良作用的典型案例。

（二）构建节能减排的低碳产业制度

低碳产业的支撑是城市群持续发展的基础。现有高污染、高能耗的城市产业是我国选择粗放经济发展方式的结果，城市之间的产业同构也是我国经济转轨过程中形成的特有现象，是地方政府对经济干预过多形成的。城市政府的产业制度协调就是通过产业制度的整合，实现城市群产业结构的低碳化和合理化以及资源配置的效率化，使各个城市在产业结构调整、主导产业选择、跨区投资、贸易、金融跨区业务等方面形成有利于低碳产业发展的一体化政策。

1. 城市群的低碳产业制度

城市群的低碳产业制度应体现在以下几个方面：

（1）保障产业的城市协同

产业的城市间协同是保证城市群之间以及城市群内部产业错位发展、有序竞争的基础。区域经济关系的一条基本原则就是产业集群错位或异构。[①] 由于主导产业都具有延伸产业链的“连锁效应”，各城市间可依据主导产业的前向、后向和旁侧关联效应发展相关配套产业，通过城市间产业的梯度对接实现城市群整体的产业互补。

（2）保障产业本身的低碳性

主要体现在建立城市群产业发展的市场准入制度。通过市场准入制度提高高碳产业准入的市场门槛，限制高碳产业的发展，达到调整产业结构、发展低碳产业的目的。

2. 产业发展市场准入制度应提到国家乃至全球层面

需要说明的是，产业发展的市场准入不是仅仅针对我国一个或几个城市群而言，而应是从国家战略高度对所有城市群和城市进行统一设定和建立，否则，会导致高碳产业从一个城市出来后迅速在另一个城市生根发芽，继续低效使用或消耗资源，继续制造污染。对于迁出城市所在的城市群来说可能确实实现了产业结构调整，实

---

① 董水生：《京津廊都市区产业协同发展对策研究》，载《京津冀城市集群发展与廊坊市域经济定位的延伸研究——2011 年第五届环渤海·环首都·京津冀协同发展论坛学术会议论文集》，第 243 页。

现了生态发展目标，但这种做法是以造成另一个（发展较为落后或者说生态条件可能较为优越的）城市或城市群作为替代牺牲品为代价的，这种做法得不偿失，不值得提倡。

珠三角湾区城市群的经济发展水平位于全国前列，近十来年一直都处于产业转型升级的过程，其淘汰的落后产能转向周边地区，确实能在短时间带动周边地区的发展。如果这些产业只是要素投入型或占地大、污染程度不严重，那就问题不太大，如果属于高污染产业，那就相当于是污染的区域转移。

因此，基于生态环境的区域性，应构建国家乃至全球层面的产业发展市场准入制度，使国家各个城市群各个城市对于产业的发展和接纳统一标准。遏制高碳产业"打一枪换一个地方"的毒害多个城市有限资源和生态环境的行为。

（三）构建行之有效的城市协调制度

1. 多层面的城市协调制度

协调制度是城市群实现的"桥梁"。城市群内各级利益主体通过协调形成网络化的伙伴关系，实现彼此利益的博弈。城市群的城市间协调制度包括以下几个层面。①

（1）城市政府之间（行政区之间）的协调与合作。（2）管理部门之间的协商合作。应建立相关部门，如环保、工业、农业、林业、工商、城建等部门的环保联席会议制度、建立合作框架协议等。（3）政府与环保非政府组织之间的协商合作。可建立相关专家为主体的咨询委员会、跨地区的生态环保联盟，共同制定生态建设规划，同时建立政府间组织与非政府组织之间的对话协商制度，定期组织各种生态环境保护区域论坛、研讨会等。（4）此外，城市群协调制度还包括政府与企业之间、企业与非政府组织之间、政府与公众之间等各个层面的协调。

2. 城市协调制度的核心——政府管理制度

受计划经济体制的影响，我国城市体系的形成过程有严重的国家行政管理级别主导的痕迹。我国设立不同等级的城市和城市体系

---

① 李蔚：《城市群生态环境问题制度成因及管理创新》，《湘潭大学学报》（哲学社会科学版）2008 年第 4 期，第 48 页。

的主要依据是行政管理级别的大小，由此造成了我国城市群体系具有鲜明的行政层次性，带有浓厚的政治色彩，体现着经济发展与政治管理的高度统一。并且我国在各省市中的城镇等级规模体系存在着明显的区域差异。一般而言，经济越发达的区域，城镇等级规模体系相对比较完整，而在经济不发达地区，城镇系列的发育还比较滞后，没有形成明显的城镇体系。总体来看，我国城市群内部城市的经济发展水平参差不一，多以中小城市为主，中心城市较少，城市等级体系建设不完善，由于城市规模与行政管理级别密切相关，导致不少的地方政府为了自己的所谓政绩，争相向中心城市的方向发展，从而造成建设规划的混乱无序。

我国城市的这种较为独特的行政体系建设除了导致经济的分割、建设的无序外，其不利于城市群发展的方面还体现在对环境的破坏。由于外部性和“市场失灵”等原因，市场机制尚不能完全配置基础资源，城市群发展的行政区划模式仍然占据主导地位，个别地区为谋发展而不惜损害其他地区利益的地方保护主义现象时有发生。基于对最大化利益的追求，各个城市都制定了保护自身利益的政府管理制度，这些城市之间管理制度的差异引诱政府、企业或个人作为市场主体产生投资行为，引发城市间利益争端，一方面使得各城市无限制地开发和消耗自身的资源，另一方面使其毫无顾忌地向周边排放污染物，妨碍了城市群向着生态的方向发展。

在当前社会转型阶段，生态建设必须依靠政府的强势推动。政府管理制度的协调就是在城市群的发展指引下，建构城市群政府管理制度基本框架，使各个城市的管理制度能够遵从生态化的原则并相互沟通，为城市群的资源流动、企业集群整合、空间拓展等扫除各种障碍。同时，必须构建相应的领导考核机制，实行经济和生态指标的“双重考核”，将生态指标完成情况作为政府部门年度目标考核的重要内容，从而能够有力强化基层各级政府、部门的生态建设责任。

对于城市群政府管理制度的建立，目前比较多的建议包括：

（1）设立跨区域的更高级别的管理部门

英国和法国有此先例。1964 年，英国创建了“大伦敦议会”，专门负责大伦敦城市群的管理与发展问题。1990 年后，大伦敦地区又先后引入了战略规划指引（Strategie planning guidanee，SPG），使得整个城市群战略规划趋于一致和协调。法国巴黎城市群也是在政府的推动下发展起来的。1958 年巴黎制定了地区规划，并于 1961 年建立了“地区整顿委员会”（PADOG），1965 年制定的“巴黎地区战略规划”，采用了“保护旧市区，重建副中心，发展新城镇，爱护自然村”的方针，摈弃在一个地区内修建一个单一的大中心的传统做法，代之以规划一个新的多中心布局的区域，把巴黎的发展纳入新的轨道，法国巴黎—鲁昂—勒阿弗尔城市群就逐渐发展起来。[①]

（2）直接对行政区进行合并

这种做法在我国一直都存在。为了整合后更有效地发展，或者在发展难以突破行政分割的情况下，许多地区将会实现各个级别的行政区重组。

（3）协调会议或联席会议

如建立市长联席会议制度、城市环保部门的联席会议制度等，定期举行生态环境保护合作联席会议，研究商定区域生态环境保护合作重大事项，定期通报和交流区域生态环境保护工作情况。还可建立由各市派员共同组成的区域生态环境管理协调机构，平等商议，集中决策，并对区域内生态环境保护进行监督，以强化协调管理。[②]

在这些制度措施都还不够健全和完善的情况下，很难说选取其中哪一种比较合适，或者集中选取进行优化组合。但不可否认的是，城市群政府管理制度是城市群实现的有效保障。

（四）构建科学合理的利益分配制度

城市群的发展涉及不同的利益主体——城市的上级政府、各个城市政府、企业集群中的各企业，不同的利益主体有不同的利益诉

① 刘天东：《城市交通引导下的城市群空间组织研究》，博士学位论文，中南大学，2007 年，第 16 页。

② 李蔚：《城市群生态环境问题制度成因及管理创新》，《湘潭大学学报》（哲学社会科学版）2008 年第 4 期，第 48 页。

求，利益分配是否合理成为城市群能否良性发展的关键。城市群内各城市的利益是一种相对关系，对于城市群整体而言这种利益具有一致性，即城市群利益的最大化；但在城市群内部各城市之间则存在一种竞争关系，例如对城市地位的确定、重大项目的安置、基础设施的选址等就会有一番争夺，都力图使自己获利最大。因此，城市群必须确立各利益主体的利益分配比例并使其制度化，利益分配才能够得到有效执行。

一般而言，利益的分配由贡献的大小来决定较为合适，但对于城市群来说，这个贡献不应只是经济方面的，还应加入环境因素。城市群在发展过程中首先应科学合理设计利益分配制度，在制度设计中贯彻和体现生态发展的思想。

具体思路是在效率优先原则的基础上适当兼顾公平，并建立合理的利益补偿机制，将“排污需付费、治污能赚钱”的市场化运作机制广泛运用到环境保护和生态建设中，通过出台政策性文件予以落实和保证。一般而言，城市群的发展必然要有功能区规划，在工业项目的统筹配置上必然有所取舍。某些城市环境承载力弱，不宜引进工业项目，存在利益损失需要经济补偿；某些城市环境承载力强，适合发展工业项目，获得较大收益，就要拿出部分收益补贴其他不适宜发展工业的城市。即对有利于环境保护甚至没有破坏环境的做法实行适度的政策倾斜，使一些在城市群发展中实际利益受损的城市得到一定的补偿，并在重大项目的投资上给予实力弱小的城市一定的照顾，使所有城市的经济都能得到发展，城市群内各城市经济发展能够保持均衡，避免差距过大。

（五）构建多方共赢的环境合作制度

环境合作制度对于城市群的保障作用在于[①]：首先，建立环境合作制度是为了从根本上解决城市群内部的生态环境问题，通过转变观念，实现互利合作，保护区域整体环境利益。其次，环境合作制度的建立可以有效地平衡发展与保护之间的矛盾，通过制度约束，互相监督，遏制城市群内部个别城市为了争夺有限的资源而只

---

① 郑斌：《中国城市群环境合作机制构建研究》，博士学位论文，中国海洋大学，2008年，第6页。

求发展，不求保护的做法。最后，由于城市群往往是我国人口经济的聚集区，对于我国的整体发展有着十分重大的战略意义，环境的正外部性使得有着优良环境管理体制的城市群对周边地区的发展带来正面影响，这对于我国实现整体可持续发展，建设节约型社会必然起到推动作用。

国外很多发达城市开展城市群环境综合管理较早，虽然政治体制不同，但是有很多成功经验值得我们借鉴。如城市群资源收费制度、环境管理委员会制度、环境补偿制度等，能够在当地取得很好的效果。我国目前的环境跨区域管理重心多放在某一种环境问题的协调治理上，如我国对于单一跨区域环境问题特别是水污染问题设立了很多协调机构。我国目前的七大水系都成立了水利委员会，但是由于法律地位、机构性质等方面的制约，现行工作多局限于水资源分配利用和水利工程建设管理，对于资源和环境保护等方面的工作开展得比较少。还有国家环保总局联合沿海各省、市、自治区开展的海洋环境保护的“碧海行动”① 计划等都取得了一定的效果，但也存在着许多不足。

环境合作制度的构建是为了形成我国城市群在环境保护方面的预先介入机制和共同治理机制。我国城市群环境问题的产生并不是简单的单个城市环境问题的相加，除了自然条件的影响外，缺乏有效的环境合作是环境问题恶化的主要原因，因此必须构建起完整有效的环境合作机制才能从根本上解决城市群环境问题。构建城市群环境合作机制主要有以下几个方面的行动：设立长效的可以对城市群总体环境进行监管协调的机构；签订城市间环境合作协定作为合作的法律基础；编制合理科学的城市群环境规划作为合作的目标；在此基础上，转变政府观念、定期召开联席会议、加强信息交流与信息公开，运用市场化手段加大环境保护投入、加强环境影响评价制度、建立生态补偿制度等方面对机制运行予以保障，并完善舆论监督、公众和非政府组织参与等后续监管制度。

---

① 2004 年世界环境日中国主题：碧海行动，我们对海洋的承诺。

（六）构建监管有力的公众参与制度

城市群的发展应有相应的动态监测和空间管制，并需在制度层面加以解决。目前，我国针对主要生态系统及其变化的监测能力仍很有限，尚缺少对城市群大尺度、长时间的动态监测；生态系统服务与管理的科学研究缺乏向政策、决策和实践转化的有效渠道，导致城市群生态系统缺乏生态空间管制。

公众参与是发挥社会力量建设城市群的重要途径。作为生态环境最主要的利益相关者，公众是区域生态管制最基本的主体要素。广泛的公众参与不仅有利于增强公众自身的环境素养，而且有利于克服环境治理的信息不完全、减少公共决策中的不对称利益与成本问题，从而提高生态环境治理绩效。目前由于受传统文化等因素的影响，公众参与生态环境治理的积极性较低，参与途径不多不畅，参与效果不明显。

建立健全公众参与制度，体现在以下几个方面：首先应加强对公众关于科学发展观与和谐社会理念的宣传与教育，积极宣传市民的公民精神，培养他们主动参与城市群发展的现代意识。其次创造良好的公众参与环境，如完善环保听证制度等；加强电子政务建设，促进生态环境信息的披露与反馈处理机制，建立城市群发展的公众参与平台，包括居委会平台、高校平台、企业平台和其他民间平台等，这些平台既可以交流，使群众建言献策，同时还可以方便地举报问题并有反馈程序为公众参与提供信息渠道支持。最后建立健全的公众监督机制，进一步完善政务公开制度，增加信息透明度，改变目前监督主要以上级对下级监督和部门的自我监督为主、缺乏有效外部监督机制的局面。

对于我国来说，公众参与不仅仅针对普通群众，还应增强政府公务员的公共行政意识。一方面，这些公务人员本身应是社会各项事务的管理参与者；另一方面，作为行政人员，由传统的“行政”转变为“管理”和“治理”，提供回应性服务，提高管理水平和服务质量，满足公众（顾客）的要求和愿望，这样是对公众参与的最大支持和引导，在提升自身参与意识的基础上建立政府与公众的政策对话平台，为构建生态社会提供坚实的群众基础。

二　区域经济政策保障

（一）区域经济政策的必要性

在第三章所述生态视角下的城市群空间优化路径中，就有经济财政政策路径，其政策本质属于区域经济政策，亦称区域政策、区域发展政策、地区发展政策，是指通过各种调控手段使国家各经济区域的经济有效、快速、健康发展，以达到国民经济健康发展的目的。区域经济政策对城市群发展的影响主要通过国家投资在不同地区的倾斜、具体的产业布局规划等方面来实现的。

由于生产要素和商品的不完全流动性以及经济活动的不完全可分性，区域经济政策便有存在的必要。其作用体现在解决社会经济发展过程中区域之间差异问题或不平衡发展问题，以及由此引发的区域矛盾与冲突。

（二）区域经济政策的目标

区域经济政策根据其功能可以分为：区域经济发展政策，是侧重对某一区域经济发展激励和结构调整；区域经济协调政策，主要是解决和协调区域之间不平衡发展的利益和冲突。其总目标就是实现区域经济的可持续发展以及区域之间的平衡协调发展，即经济的可持续增长与社会公平，本质也是效率与公平。①

区域经济政策的子目标一般可分为：

经济目标：实现生产力的合理布局，促进落后地区经济增长，萧条地区的复兴，化解地区经济增长的矛盾，缩小区域间经济水平的差异，实现区域经济的可持续发展。

社会目标：提高社会保障程度，缩小社会成员之间生活质量的差异和区域之间社会发展水平的差异，促进社会公平，建设和谐社会。

环境目标：一方面前置干预机制是促进人口与资源、环境的协调发展，实现人与自然的和谐相处，另一方面后置处理机制是解决区域生态环境问题。

---

①　梁吉义：《区域经济通论》，科学出版社2009年版，第538页。

对于城市群的发展而言，区域经济政策通过建立和完善生态导向的法规政策体系，清理和修订现有法规中不符合生态转型要求的内容，并进行立法保障，从政策上鼓励和支持循环经济、生态产业等新的发展模式，同时制定生态环境补偿和资源有偿使用的政策，使不同区域的环境和资源都能体现其价值，从而得到珍惜和保护。[①]

（三）城市群发展的区域经济政策工具

城市群发展需要一个完整的政策体系支撑，其中主要的区域经济政策手段包括：财政政策、货币政策、产业政策、贸易政策等。我国城市群发展的政策尚未形成一个完整体系，财政政策、金融市场政策和产业政策等目前还处于初期阶段。

1. 区域财政政策

国家区域财政政策的核心内容是通过政府财政部门调整国家财政收入和支出的区域范围，通过税收、政府支出和公债的运转，以预定的方式影响各个区域的经济活动，并通过干预公共部门和私人部门之间的资源配置及使用，达到包括区域经济目标在内的宏观经济目标。

（1）财政补贴政策

国家向城市群内特定区域（主要是经济贫困落后地区和边远山区）的地方政府给予财政补贴，以支持这些地区的经济发展，缩小区域差异，促进城市群的平衡发展。

（2）财政平衡政策

中央政府和地方政府通过一定的手段（预算政策和财政收入政策等）来平衡各地区的财政力量，从而达到保障各地区生活水平相对平衡的目标。

（3）税收优惠政策

通过减免税收、税收返还等手段对特定区域内的企业和个人的特定经济活动应纳的税收予以减少或全部免征，支持这一地区的发展。

① 程春满、王如松、翟宝辉：《区域发展生态转型的理论与实践》，《城市发展研究》2006年第4期，第86页。

2. 区域金融政策

区域金融政策主要是通过调控区域之间货币和资本的供给与流通状况，来影响区域经济发展的空间格局。金融是现代经济的核心，是促进区域经济增长和发展的"助推器"，金融政策是国家进行区域经济调控的重要工具之一，对促进区域经济发展有着重要作用。①

综合分析发达国家的区域金融政策有四种②，除了较为常规的优惠贷款和政府对区域开发贷款提供担保外，还有以下两种：

（1）建立完善的金融体系促进区域经济的开发

为了促进区域经济的开发，一些发达国家在构建其金融体系时，根据区域经济的结构相应地调整金融体系的结构，使其适应并能促进区域经济的发展。例如设置专门服务于特定区域开发目标的区域性政策金融机构，或设立非营利性的向重点产业倾斜的开发银行。

（2）将金融政策区域化

即针对不同发展阶段的城市群区域采取差别化的金融政策。包括贴现率、存款准备金率和利率的区域化。例如美国银行在1937年根据经济发展水平不同的三类地区，确定中央储备城市的活期存款准备金率为26%，储备城市为20%，其他地区为14%，显然，这种准备金率的确有利于落后地区的开发。

3. 区域产业政策

区域产业政策是由国家根据区域分工和整个国民经济发展的需要所采取的调节和控制产业的空间结构配置的方式和手段，是运用一定的政策手段，引导和影响产业的区域分工与协作，使资源在空间上合理配置的一套政策体系。

区域产业政策在掌握各个区域的区情、经济发展水平和所处的发展阶段的基础上，规划每一个区域产业结构逐步演进提高的目标和对策，确定各阶段重点发展的主导产业，实现区域资源的重点分配和合理配置，从而引导区域经济不断向新的深度和广度发展。

---

① 石海峰：《区域金融政策与区域经济发展研究》，《河南金融管理干部学院学报》2008年第2期，第99—102页。

② 梁吉义：《区域经济通论》，科学出版社2009年版，第543页。

区域产业政策主要包括区域产业结构政策和主导产业发展政策，它对区域经济发展有着重要作用与意义。

区域产业结构政策主要是通过供给结构的调整来达到区域产业结构调整的目的。资源供给结构不同，其支持的产业结构也不同，因此采取一定的资源供给结构，可以促使区域产业结构向规划目标变动。同时，供给结构也可以通过分配结构变化趋势的预测和收入弹性分析，与未来需求结构相适应，增强市场需求对区域产业结构的引导作用。区域产业结构政策可以使落后产业得到及时淘汰。

主导产业发展政策是根据区域比较优势、产业的创新能力、产业的规模效益、产业的关联度等选择出主导产业，并利用相应政策，培植其发展。主导产业是区域产业结构的核心，区域产业结构政策是通过主导产业部门的选择，采取培植发展壮大的措施，进而调整区域产业结构的。主导产业发展应以市场配置资源为基础、以高新技术为支撑、以城市群的实现为目标。

总体而言，区域产业政策的主要内容是选择区域发展的主导产业和建立科学合理的产业结构。从全国生产力布局总体出发，合理配置或布局区域产业，建立分工合理、布局优化、高效生态的产业分布空间格局，促进区域经济的可持续发展，是实现我国城市群向生态化迈进的重要保障。

三　规划保障

在第三章所述生态视角下的城市群空间优化路径中，最重要的一条就是规划路径。但规划的公共政策属性也决定了它同时也是重要的政策保障。现实中，规划分很多种类和层级，传统与空间相关的有城市规划（区域规划）、土地利用规划两大体系，未来在自然资源部的统筹下，应该会合并为更大范围的国土空间规划体系，这是非常值得期待的，对于城市群尺度下的“山、水、林、田、湖、草、城”将会进行真正意义上的统筹安排。在保障层面所指的规划在本质上也是指的这种针对城市群整体区域层面的规划，也即历史上所称的“区域规划”。随着未来规划体系的明确，这个名称也许会有调整，但本质内涵应是相通的。

（一）区域规划与城市群发展的关系

区域规划是城市规划在区域层面的体现，是基于区域整体利益和公共利益，实现一定区域内社会、经济、环境的综合效益而提供的关于区域的未来空间发展战略，使得区域空间资源能够得到科学合理配置的实践方法。由此可见，区域规划的这种定位本身就是将城市群作为发展目的来管理和调控城市发展的，可以说是手段和目的的关系。

城镇是各类信息汇集、处理、利用和辐射的集结地。城镇生态系统信息流的基本作用是维持城镇的生存和发展，是城镇功能发挥作用的基础条件之一。城镇调控各子系统的方式虽然多种多样，但最核心和最有效的方式是通过信息辐射来指导各子系统的运作。在城镇生态系统中，正是因为有了信息流的串结，系统中各种成分和因素，才能被组织成纵横交错、立体交叉的多维网络体，不断地演替、升级、进化和飞跃。

从信息流的角度认识，区域规划也是一种信息的采集、处理、利用和反馈过程。能够有效指导城镇低碳及可持续发展的规划，必然需要对各种生态流深入了解、有效组织和高效反馈。[①] 规划具有极强的政策性，在市场经济条件下，城市规划（区域规划）要综合协调多元化的主体利益关系，寻求社会、经济和环境的相互适应和协调发展，以保障社会公众利益[②]，因此，一般被视为公共政策的组成部分，政策最主要的特征就是充当人们处理社会问题，进行社会控制以及调整人们关系特别是利益关系的工具或手段。[③]

区域规划的本质是以人类的理性安排克服市场的失败，即利用有限的资源满足人类无限的需求，目前市场的失败主要表现之一就

---

① 王富平：《低碳城镇发展及其规划路经研究》，博士学位论文，清华大学，2010 年，第 84 页。

② 建设部城乡规划司编：《城市规划决策概论》，中国建筑工业出版社 2004 年版，第 144—146 页。

③ 陈振明主编：《政策科学——公共政策分析导论》，中国人民大学出版社 2004 年版，第 57 页。

是环境污染，这在我国表现得越来越严重。[1] 通过规划一方面能够控制可建设用地的开发和不可建设用地的保护，另一方面能够从源头对城市各类产业发展的空间布局进行统筹安排。

（二）我国区域规划的历史作用

我国的区域规划始于20世纪50年代，是为了安排大批苏联援建的工业项目而在联合选厂的基础上发展起来的。在1956年国务院《关于加强新工业区和新工业城市建设工作几个问题的决定》中提出要推行区域规划，接着国家设委员会（简称国家建委）公布了《区域规划编制和审批暂行办法（草案）》，曾在茂名、兰州、包头等地进行了区域规划实践。[2] 其后由于受“大跃进”等政治事件和形势的影响而中断。

直到改革开放后，区域规划也迎来了发展的春天，由于一直没有对区域性综合协调的空间规划进行规范化，出现了多种类型，包括国土规划、城镇体系规划，都市圈规划、城镇群规划，城乡一体化规划等，名目众多，层次各异，但本质上都是区域规划，甚至跨省市的江河湖海的流域规划其实也是区域规划的一种。其中城镇体系规划最具代表性。

1984年颁布的《城市规划工作条例》首次提出直辖市和市的总体规划应当把行政区域作为一个整体，合理布置城镇体系；1985年山东济宁等城市率先编制了市域城镇体系规划；1989年全国人大常委会通过的《中华人民共和国城市规划法》正式将城镇体系规划纳入城市规划编制。[3] 国外有城镇体系研究但没有专门的城镇体系规划，仇保兴认为城镇体系规划是具有中国特色、符合中国国情的区域规划，“建设部门推行的城镇体系规划，本质上是一种区域规划”[4]。胡序威也认为城镇体系规划应该算是我国主创。

由于深受计划经济体制的影响，我国的城镇体系规划指令色彩

---

① 仇保兴：《论五个统筹与城镇体系规划》，《城市规划》2004年第1期，第11页。

② 胡序威：《中国区域规划的演变与展望》，《地理学报》2006年第6期，第585页。

③ 同上书，第586页。

④ 仇保兴：《论五个统筹与城镇体系规划》，《城市规划》2004年第1期，第10页。

较浓，随着规划编制和实施的深入，存在的问题不断暴露。表现为规划方案可操作性不强，宏观战略和概念层面过多，特别是各层次规划衔接不力，高层次规划没有在低层次规划的编制和实施中得到贯彻和体现，从而影响了其在国民经济中应有的重要地位。

但不可否认的是，客观上城镇体系规划起到了提醒人们从区域的角度来思考规划问题的作用，强化了各级决策部门的战略意识，在一定程度上填补了我国区域规划的空白。随着规划理论体系的不断完善和规划方法的不断改进，我国的区域规划也应该有着明确的法定地位和科学的方法理论，并在现实的社会发展中发挥相应的作用。

（三）区域规划对城市群的保障作用

区域规划着眼于空间布局、区域差异和区际协调平衡，注重经济发展及与其依赖的自然资源条件的关系，从而注重人与自然、资源、环境的协调。区域规划改变了传统计划经济形态下只注重经济增长，忽略经济发展与资源合理开发利用、环境保护、生态建设、人口增长以及社会事业发展关系协调的状况。区域规划工作的开展，正是从自然资源和社会资源状况的调查入手，并特别强调从宏观、长远和统筹的视角，在初步评价区域发展资源环境基础上进行统筹布局，为国家层面的总体空间布局发挥了导向作用，促进了可持续发展战略的实施。[①]

在存在多个决策中心的城市群区域，由于城市群内的城市组成并不与行政区划的省对应，一般不存在统一的区域政府实体，城市之间难以合作成为推行区域规划政策的主要障碍。随着市场力量的壮大和公民社会的发育，改变了公共事务管理中的政府一元主导模式，区域规划作为在更大空间范围内实现资源优化配置的公共政策，需要整合区域多个城市利益和回应多元社会利益的要求。[②]

在我国城市群的发展过程中，实现区域协调发展，就需要在更

---

① 周毅仁：《“十一五”期间我国区域规划有关问题的思考和建议》，《地域研究与开发》2005 年第 3 期，第 2 页。

② 谷海洪：《基于网络状主体的城市群区域规划政策研究》，博士学位论文，同济大学，2006 年，第 41 页。

广阔的空间范围、更长的发展周期来统筹安排城乡、城市、城市（镇）群区域各种资源要素。在区域规划过程中，运用现代生态学技术改造和重组经济结构空间，把产业活动对自然资源的消耗和环境的影响置于大生态系统物质、能量的总交换过程中来进行考虑，平衡生态系统中的自然总供给能力和人类总需求，实现整体生态系统的良性循环和可持续发展。[①] 这就要求区域规划要比过去更讲究刚性与柔性的结合，避免城市之间的竞争日趋白热化、基础设施建设重复化、产业结构同构化、环境污染交叉化等问题。

以城市群为目标的区域规划在国际经验借鉴方面参考了英国等欧洲国家的做法。这些国家在城市化过程中，曾划定三类保护性地区，一类是生态、自然文化遗产保护，就是划定生态保护区、国家公园的地界；二类是基本农田、永久性基本农田；三是重要的港口资源、矿产资源。其他都是允许城镇化发展的区域。对后一类区域，则由充满弹性的提纲性规划来引导工业区、开发区和新城镇建设。[②] 我国现在则划定了“三区三线”，即城镇、农业、生态空间及生态保护红线、永久基本农田、城镇开发边界。

---

① 王洪海、范海荣：《可持续发展理念与区域规划》，《兰州学刊》2003 年第 6 期，第 143—144 页。

② 仇保兴：《实现我国有序城镇化的难点与对策选择》，《城乡建设》2007 年第 9 期，第 12 页。

第八章　结论

一　基本结论

第一，城市群系统诞生于自然生态系统，正因为这种根源性关系的存在，使得城市群系统与自然生态系统存在着很多相似性，包括链网形式的营养结构、物质和能量流动的系统功能、互馈和演替的系统运行原理等。因此将城市群系统视为一个特殊的生态系统，与自然生态系统进行类比研究便有了可靠的基础，同时也具有深刻的意义。“类比”的根本出发点在于“以人为本”理念的落实，可以使人们重新发现和认识城市群系统的自然发展规律，并遵从和顺应这种规律，从而因势利导地制定政策措施和进行改造建设，使人类生产经济活动对自然环境进行“精明利用”，即以最小的成本和代价换取最大的福利收益，获得与自然环境的和谐相处以及人类生活环境质量的改善提高。

第二，类比生态系统的构成与结构、功能和运行原理，可以建立生态视角下的城市群空间组织分析框架，对城市群的空间结构、空间互馈和空间演替形成有力的解释。在类生态视角下，城市群的空间结构是社会经济系统和自然生态系统这两个子系统物质流和生态流空间结构关系的表现。城市之间，由于处在不同的生态位，形成类似自然生态系统之间的竞争、捕食、寄生、共生等种间关系。城市群的空间互馈是不同城市之间自然生态系统和社会经济系统相互作用的结果。城市群的空间演替，正是空间互馈在经历时间的演化过程中形成的结果，良好的互馈能够促进城市群的正向演替，预防城市群的衰败。在生态系统中，以食物链形式反映的营养结构是生态系统实现物质循环和能量流动等基本功能的基础，而这种基本功能是生态系统的内部运行机制，系统运行的整体发展机制（或称外部运行机制）则是实现了生态系统演替。类似地，在城市群系统中，基于产业链为主的“营养结构”形成了城市群在自然生态系统和社会经济系统两个子系统中的空间结构并体现于各城市的城市生态位之中，实现了物质能量流动的基本功能，即基于空间结构的系统互馈功能，这种空间内部互馈功能最终促进了城市群系统空间的整体演替。

第三，在城市群系统中，城市间、社会经济系统与自然生态系统间的空间相互作用，是由于空间之间存在不同的联系强度和性质的结构关系而形成的，其实质是经济、社会功能的相互作用；但城市群系统的功能都是以一定的空间为载体的，最终体现为空间相互作用。因此，本书对于城市群空间互馈的机理研究，是以探寻空间作用的根源为出发点，研究城市群不同功能主体之间在功能上的相互作用。城市群系统在本书的研究视角下，是由自然生态系统和社会经济系统两大子系统组成，这两大子系统在功能上相互作用，在空间上此消彼长、互补共生，空间互馈形式正是由这两个互补的系统之间的作用体现，而其功能主体或影响这种功能作用和空间互馈的作用主体则是各个城市，正是以体现和行使人类意志，并以行政边界为划分的城市承担了作用主体角色。

第四，在生态视角下，城市群生态系统的演替为在各城市对各种资源利用过程之中的竞争、捕食、寄生和共生机制作用下，实现城市群的形成、发展、兴盛、衰亡的整个过程，在空间演替上表现为城市群生态系统空间的形成、城市群生态系统空间的演替，以及在此基础上各城市生态位的形成。并且“空间演替”和“空间演变”的区别在于，“空间演替”虽也是一种演变过程，但强调城市群体功能性转换与提升的状态改变的一种结果，如果将城市个体的空间扩展视为量变过程，城市群的空间演替则是集合所有个体城市空间变化的质变过程。“空间演变”则是指空间的整个发展过程，无论有没有达到一种结果或变换为另一种状态。空间演变的结果一定导致空间演替。

第五，城市群生态系统空间的演替方向取决于城市生态位发展格局的方向。城市形态由简单到复杂、功能由低级到高级发展，城市在城市群产业链中的地位和作用不断改变，形成城市群不同的等级结构和空间结构，城市生态位也在城市群中不断进行调整。城市群演替在本质上具有城市群整体进化和城市个体进化的双重特征，且整体进化是个体进化的涌现特征，城市空间的演替是基础。城市群空间演替的过程从本质上反映了各城市产业聚散和功能变迁的过程，也即城市群各功能空间的互相作用或称互馈过程。而城市生态位反映的是个体城市在城市群中的时空位置及功能关系，所以生态位决定了互馈的内容和形式，也就决定了空间演替。即城市群生态系统空间演替的实质是城市生态位调整的过程。

第六，城市群中各城市在自然生态系统和社会经济系统中都有其生态位，并按照其高低等级分别有生态保护型、生态优化型、生态重构型和生态濒危型四种类型和综合型、专业型、平衡型与原生型四种类型。城市群中各城市的综合生态位是在这两个系统中的对应生态位的共同结果。各城市应当努力谋求同时在自然生态系统与社会经济系统中的高位发展，城市在这两个系统中的生态位应当匹配，不能相差过大，避免牺牲自然生态系统中的生态位来提升社会经济系统中的生态位的行为。

第七，珠三角湾区城市群的空间发展经历了从广州“一点独大”到各城市“多点争鸣”，再到如今多中心网络格局的空间演替过程，其自然生态系统与社会经济系统相互作用总体表现为社会经济空间对自然生态空间的不断吞噬和破坏，从“和谐寄生”到“无序竞争”再到“主动协调”。在“和谐寄生”的空间结构阶段，虽然自然生态系统和社会经济系统之间没有建立起良好的互馈机制，但由于社会经济系统的弱小式微，并没有对自然生态系统产生过大的压力和破坏；在“无序竞争”的空间格局阶段，社会经济系统对自然生态系统的负作用日益凸显，空间互馈的不完善使得物质能量流动的效率低下，表现为恶性争夺发展资源、基础设施重复建设、污染严重、空间无须蔓延导致空间利用效率低等问题，因此，在如今“主动协调”的多中心网络格局空间结构阶段，区域一体化和城市网络化要求维持系统正向演替和平衡发展必须保证有效的空间互馈功能，保证自然生态系统和社会经济系统内部和系统之间畅通的

（物质能量流动的）功能作用。

第八，虽然目前已经有不少城市生态建设和生态规划的理念和方法被提出，对城市群内部各城市之间的生态资源保护与经济发展建立协调机制和补偿机制也成为共识，但是这些理念、方法和共识背后缺少系统的原理和逻辑。生态系统的视角为城市群的空间结构、空间互馈和空间演替提供了分析框架的逻辑出发点。通过空间分析，其空间优化，首先，促进城市在空间结构中保持良好的生态位，城市应努力向社会经济系统和自然生态系统的高位努力，达到综合生态位最优。并且，城市在两个子系统中的生态位应相匹配，不能相差过大，避免牺牲自然生态系统中的生态位来提升在社会经济系统中的生态位。其次，为了促进系统中的物质流和生态流的顺畅流动，提升区域整体社会经济效应和自然生态效应，应当促进区域性的灰色基础设施和绿色基础设施的建设。再次，促进城市间的正向空间互馈，两个城市之间的物质流和生态流应当相互匹配，如果物质流远低于生态流，说明城市之间的生态服务没有得到相应的经济反馈，需要加强经济联系或建立补偿机制。最后，为了促进城市群空间演替方向的优化，不仅要注意调整城市间的生态位关系和物质生态流的关系，促进正向空间互馈，还应从城市类生态系统的内在特质出发寻求出路。从生态视角来看，城市系统最大的问题是缺乏天然的分解者，因此需要人为的手段主动促进系统的分解。具体包括以循环经济促进社会经济系统的自分解，以城市更新方式促进社会经济空间的分解，以低碳集约开发模式提高自然生态系统对社会经济系统的分解。这也就是说，只有促进各城市社会经济系统和自然生态系统自身的空间转型，发展生态经济（Eco2）共生的空间模式，才能更有效彻底地促进城市群空间的可持续发展。结合前述理论与实证研究基础，这些城市群规划路径结论的得出为“城市群规划理论”提供了生态视角下的理论支撑，也在一定程度上达到了本书研究的初始目的。

第九，在生态视角下，本书对于城市群社会经济系统和自然生态系统之间互馈原理的研究，也为城市群内部位于不同生态位城市间的生态补偿机制提供了理论依据。即在区域一体化发展背景下，位于自然生态位高位的城市为城市群提供了保证城市群整体可持续发展的生态流，位于经济生态位高位的城市直接获得了这种生态服务功能或至少共享了这种生态“外部性”，或其产生的环境负效应被自然生态位高位城市消解，因此，在自然生态资源产权无法明确和供应无法量化的情况下，不同生态位城市间有必要建立生态补偿机制，以协调城市群整体空间互馈，促进城市群整体对于生态资源和环境的保护意识和作用，维持城市群系统可持续发展和演替。

二　创新之处

（一）研究视角与方法的创新

在生态学对于城市研究的应用方面，现有生态视角已用于城市小尺度的研究，例如生态社区、生态城市等，但在对于城市群的研究中，基于生态系统整体在更宏观层面的城市群方面的研究还鲜有论著，或生态系统的整体层次还未被运用于城市群的研究中，这也是本书试图从研究视角上进行的突破和创新。运用“类生态视角”的“类比”方法进行系统的研究比较少见，目前多见诸城市个体的研究中。通过中国期刊网（www. cnki. com）核心期刊目录的检索，篇名中包含“城市群和生态系统”或“城镇群和生态系统”或“城市群”的文章分别有25篇、0篇和1篇，篇名中包含有“生态城市”和“城市生态系统”的文章分别有3929篇和532篇。[①] 说明目前从生态视角的研究主要还是针对城市个体的，有关城市群的生态性研究还不足，以生态视角来研究城市群的工作开展较少。

因此本书采用类比研究方法，是对于城市群研究在方法论上的一种创新。这种类比方法论的运用是基于“以人为本”的出发点，人是自然生态系统的一部分，人类活动和创造的城市群空间也是基于自然生态系统形成演替的，因此对于城市群的研究应回归到“以人为本”的本质规律的探讨。城市群是人类创造和人类独有的一种聚居空间形态，以自然生态系统为载体生长，以人类的活动为承载内容，是以人为中心的有机生态系统，人和生物的同一性和本质上

① 查询截止时间：2015年5月13日。

的一致性，保证了从“自然生态系统”向“城市群系统”进行类比研究的可靠性。

同时，本书还运用系统学的方法分析了城市群系统的空间结构和运行演化机理。以系统论的自组织理论和他组织理论为基础，分析得出城市群是自组织系统（能够发展演化）和他组织系统（例如需要来自太阳的能量维持、需要自然地理的支撑等）的集合体，同时城市群内部也包含了很多个自组织系统和他组织系统。“自组织”和“他组织”两种力量相互交织、相互影响，因此通过影响“他组织”的作用可以改变城市群耗散结构的“自组织”条件和作用。在此基础上，针对我国城市群处于初始阶段的发展特征，自我有序发展的能力较弱，需要相当力量的“他组织”的作用，指出将生态思想贯穿于“他组织”的制定设计中，把生态作为发展方向和指导思路制定城市群的发展策略、政策、实施机制等，从而使城市群发展从一开始就能够步入科学发展的良性轨道。

（二）研究内容与观点的创新

1. 用类生态系统的视角和理论方法，构建了城市群的空间结构和空间组织模式，并以珠三角城市群为实证进行研究

本书从系统的构成、结构、功能组织（互馈）、运行原理（演替）等方面对生态系统与城市群系统进行了详细的解构和类比，挖掘其结构和演化规律的相似性，提炼生态视角下的城市群空间结构组织的基本范式，作为后续研究中将城市群视为类生态系统的基础支撑。以各城市在自然生态系统和社会经济系统两个子系统中的城市生态位及其之间的物质生态流为基础，形成城市群系统的空间结构，进一步研究类生态系统的城市群空间组织（空间互馈与演替）机理，从生态视角下提出城市群的自然生态系统和社会经济系统的空间相互作用（即空间互馈）是城市群演替的内部运行机制，两个系统之间空间互馈不畅是生态环境问题和城市群可持续发展问题出现的根源。建立城市群空间相互作用关系、作用原理，作为优化方向的基础。

此创新具体体现在以下三个方面。

在城市群空间结构方面：传统的城市群空间结构分析，关注的

是城市化地区和建成空间的经济、社会属性，其分析结果是城市间基于社会经济规模和职能形成的规模结构、职能结构和建设用地空间布局结构。生态视角下，城市群是一个社会经济系统和自然生态系统融合的系统。生态视角下的城市群空间结构分析采用城市生态位概念，反映城市分别在社会经济系统和自然生态系统中的规模结构和职能结构。这种全域规划，比传统的城市空间分析能够更完整地反映城市群作为社会经济系统和自然生态系统整体的空间结构特点。

在城市群内部空间相互作用方面：传统城市群对于内部空间联系的研究同样是关注城市之间的社会经济联系，反映的是城市间基于社会经济规模和职能分工产生的相互关系。这种联系主要表现为城市之间的资金、货物、人才等物质流动。相应地，传统城市群分析揭示的城市间关系是经济发展和经济资源利用的竞争和合作关系。生态视角下城市群内部空间的相互作用称为空间互馈。在生态视角下，城市群内部各城市之间不仅有物质流联系，还有生态流联系，城市之间不仅有经济资源和服务的生产、消费等分工还有自然生态资源和服务的生产、消费、分解等分工。城市在自然生态系统和社会经济系统这两个子系统中运行，由于这两个子系统存在相互影响，会产生空间互馈，表现为不同生态位的城市之间物质流和生态流的强弱状态。根据空间互馈的具体状态，不同生态位的城市之间也会形成类似生态系统的竞争、捕食、寄生和共生关系。

在城市群的空间演替方面：传统的城市群空间演进分析主要揭示的是城市建成区（也即社会经济空间）的演化，由于生态视角为城市群提供了自然生态子系统和社会经济子系统相互影响、空间互馈的分析框架，在城市群的空间演进方面，由于社会经济系统和自然生态系统伴随时间发展会各自演化，其相互影响即空间互馈的状态也会发生变化，各城市只有在两个子系统中都保持合理的生态位，并且城市间的物质流和生态流匹配才能促进正向的空间互馈，进而促成正向的空间演替。同时，从对于城市群的类生态系统分析，提出城市群空间演替的实质是各城市生态位的改变过程；城市群空间演替在本质上具有城市群整体进化和城市个体进化的双重特征，且城市个体空间的演替是基础，整体进化是个体进化的涌现；城市群空间演替的过程从本质上反映了各城市产业聚散和功能变迁的过程，也即各城市在城市群中的城市生态位调整的过程。

本书将城市群的演化分为自然和社会这两大系统的演化，并提出社会系统的五种作用因素：产业集群系统、基础设施系统、实体空间系统、历史文化系统和社会创新系统。在此基础上，分别研究了这两大系统六种作用因素对城市群演化的具体作用机制，分别是：自然系统的限定作用、产业集群系统的推动作用、基础设施系统的促进作用、实体空间系统的实现作用、历史文化系统的制约作用、社会创新系统的优化作用。这对现有理论是有一定突破的。

2. 依据此理论方法，解释了珠三角城市群发展过程中自然生态系统和社会经济系统出现的各种特征以及面临的问题

基于类生态系统的研究视角和方法，研究了珠三角城市群的互馈以及各历史阶段的演替历程，包括各阶段自然生态系统和社会经济系统两个子系统的空间格局与相应的互馈特点、存在的问题等，解释了珠三角城市群发展过程中自然生态系统和社会经济系统出现的各种特征以及面临的问题。并在对比传统城市发展的“田园城市”模式和“精明增长”模式的基础上，提出了珠三角城市群未来发展的“生态经济新模式”。即新时代城市群的发展模式，应是这两种模式的结合。宏观上，或者城市群总体上呈现为自然生态环境良好的田园城市风光；微观上，或者城市内部体现为精明增长的空间利用模式，从而在整体上能够实现这种“生态”（Ecologic）和“经济”（Economic）融合的、可持续的发展。

3. 依据此理论方法，提出解决这些问题的方法、措施等

立足于解决空间问题的直接手段，从形成良好城市群空间结构、促进城市群内部空间顺畅的相互作用（即互馈）、促进城市群空间正向演替方面，提出了包括形成生态安全的空间格局、促进物质流和生态流顺畅流动的规划路径，以及通过循环经济、低碳路径、城市更新等方式形成城市群系统的“类分解者”来促进空间演替等观点，从规划角度提出促进城市群社会经济系统和自然生态系统能够顺畅互馈和正向演替的方法。

此外，提出城市群发展的三阶段论。普遍的城市群发展阶段理论将城市的形成到城市群的形成这个过程，是结合弗里德曼的工业化进程划分为四个阶段。在研究城市发展演化规律的基础上，笔者提出对于城市自身的演化来说，可根据城市发展的形态将城市群的发展演化划分为以下三个阶段：单个城市发展阶段、都市圈形成阶段和城市群形成阶段，并认为根据城市群规模和范围的大小不同，后两个阶段可能重复出现，即单个城市发展阶段—小的都市圈形成阶段—小的城市群形成阶段—大的都市圈形成阶段—大的城市群形成阶段。这是因为，笔者通过研究认为，都市圈强调了城市之间刚刚发生联系和作用时核心城市对周边城市的辐射带动作用，是城市群形成的初始特征。真正意义上的城市群，即能够真正产生群聚效应具有整体影响力的城市群，应是都市圈发展到已经超越了单个核心城市发挥经济辐射功能带动周边小城市发展，转而为众多城市形成相互整合的整体发展单元，城市之间相互产生影响，能够在社会经济发展上发挥群域整体效应的城市群体。

三　不足之处

第一，系统的互馈和演替是一个复杂的过程，需用更复杂的系统论的方法来解释和研究，涉及多种学科、多方面知识，但本书基于规划的背景和落脚点，采用物质生态流的分析来研究问题将其简单化、直观化了。

第二，生态系统的运行机制是基于功能的，而不是基于范围或行政区划，本书受相关资料收集的限制，采用珠三角城市群中的各城市作为类生态系统的运行主体，相应地以城市行政边界作为空间划分单元。如果以生态功能地域来进行空间划分，空间节点可能是跨城市边界或城市内部的某一区域。

第三，城市群的生态发展研究还处于城市群相关研究的起步阶段，即使是在城市群发展较为发达的欧美国家，关于城市群生态发展的系统性研究也相对较少。在城市群发展的理论探索过程中，也涉及一些更加具体的研究问题，比如城市群的产业整合与产业集聚效应、资源配置效应、要素流动规律、空间相互作用、城市群政府合作创新等相关理论，都可以作为单独的研究课题进行更加深入的探讨，笔者在涉及此类问题时紧紧围绕论文主题选取相关部分对论文观点进行实证解释，以期能够对本书提供一些思路和指引，研究深度有限，充其量就是起到抛砖引玉的作用，以引起大家对这个问题的关注，还有很多的工作需要深入。

笔者在写作过程中日益感到所选题材内涵甚为广阔，涉及生态学、经济学、系统学、协同学、物理学等科学领域，受制于自身知识背景和能力，笔者的思想和观点难免偏颇。自选题以来，尽管全力以赴，仍感力不从心，目前所完成的，必然还只能是阶段性成果，恳请各位专家批评指正，借此继续充实和提高。

行文至后期，不停听到关于珠三角湾区城市群的利好消息：

2016 年 12 月 9 日中国新闻网报道《发改委：2017 年拟启动珠三角湾区等多个跨省域城市群规划编制》①，2018 年 3 月 7 日习主席在参加十三届全国人大一次会议广东代表团的审议讲话中提到，“要抓住建设粤港澳大湾区重大机遇，携手港澳加快推进相关工作，打造国际一流湾区和世界级城市群”。

珠三角湾区城市群诞生于改革春风吹遍的南粤大地，未来也将继续发扬改革精神、传承改革基因，在中国特色社会主义城市群发展上先行先试、继续探路，为我国城市群的发展做出典范、提供样板！

① 国家发改委办公厅近日发布《关于加快城市群规划编制工作的通知》。该《通知》对加快城市群规划编制工作做出总体安排。跨省级行政区城市群规划，由国家发展改革委会同有关部门负责编制，并报国务院批准后实施。2017 年拟启动珠三角湾区城市群、海峡西岸城市群、关中平原城市群、兰州—西宁城市群、呼包鄂榆城市群等跨省域城市群规划编制。

参考文献

[1] 安筱鹏、韩增林:《城市区域协调发展的制度变迁与组织创新》,经济科学出版社 2006 年版。

[2] 曹扶生:《上海的崛起需要长江三角洲城市群的发展》,《探讨与争鸣》1995 年第 4 期。

[3] 曹宏苓:《长三角经济一体化的现状、困惑与制度机制的创新》,《南京社会科学》2008 年第 5 期。

[4] 陈淮:《城市化战略与城市经济再认识》,《长江建设》2004 年第 4 期。

[5] 陈淮:《国际大都市建设与住房管理》,中国发展出版社 2007 年版。

[6] 陈美玲:《城市群相关概念的研究探讨》,《城市发展研究》2011 年第 3 期。

[7] 陈明:《协同论与人类文化》,《系统辩证学学报》2005 年第 2 期。

[8] 陈群元、宋玉祥:《基于层次和因子法的东北资源环境可持续发展能力评价》,《国土与自然资源研究》2005 年第 4 期。

[9] 陈群元:《中国及各省区市的工业化进程》,《中国国情国力》2003 年第 9 期。

[10] 陈为邦:《以科学发展观指导城市规划》,《城市规划》2004 年第 4 期。

[11] 陈湘满、刘君德:《长株潭城市群的形成及其行政组织与管理模式研究》,《邵阳师范高等专科学校学报》2000 年第 10 期。

[12] 程春满、王如松、翟宝辉:《区域发展生态转型的理论与实践》,《城市发展研究》2006 年第 4 期。

[13] 崔功豪、魏清泉、陈宗兴：《区域分析与规划》，高等教育出版社 2004 年版。
[14] 代合治：《中国城市群的界定及其分布研究》，《地域研究与开发》1998 年第 2 期。
[15] 丁洪俊、宁越敏：《城市地理概论》，安徽科学出版社 1983 年版。
[16] 冯君、张晓青：《城市群综合竞争力动力机制研究》，《山东师范大学学报》（自然科学版）2006 年第 3 期。
[17] 冯之浚：《树立科学发展观实现可持续发展》，《中国软科学》2004 年第 1 期。
[18] 高汝熹、罗明义：《城市圈域经济论》，云南大学出版社 1998 年版。
[19] 谷人旭、李广斌：《区域规划中利益协调初探》，《城市规划》2006 年第 8 期。
[20] 顾朝林：《经济全球化与中国城市发展》，商务印书馆 1999 年版。
[21] 广东省建委等编著：《珠江三角洲经济区城市群规划——协调与发展》，中国建筑工业出版社 1996 年版。
[22] 郭万达：《低碳经济：未来四十年我国面临的机遇与挑战》，《开放导报》2009 年第 8 期。
[23] 郭万达：《对建设粤港澳大湾区的五点建议》，《经济参考报》2018 年 6 月 13 日。
[24] 胡序威、周一星、顾朝林等：《中国沿海城镇密集地区空间集聚与扩散研究》，科学出版社 2000 年版。
[25] 黄继忠：《区域内经济不平衡增长论》，经济管理出版社 2001 年版。
[26] 黄丽：《国外大都市区治理模式》，东南大学出版社 2003 年版。
[27] 李罗力：《透视深港发展与大珠江三角洲融合 2004—2005》，中国经济出版社 2005 年版。
[28] 李学鑫、苗长虹：《城市群产业结构与分工的测度研究》，《人

文地理》2006 年第 4 期。
[29] 李迅:《国内外生态城市研究》,《建设科技》2009 年第 15 期。
[30] 刘静玉、王发曾:《我国城市群经济整合的理论与实践》,《城市发展研究》2005 年第 4 期。
[31] 陆大道:《关于“点—轴”空间结构系统的形成机理分析》,《地理科学》2002 年第 1 期。
[32] 陆大道:《区域发展及其空间结构》,科学出版社 1995 年版。
[33] 马世骏、王如松:《社会—经济—自然复合生态系统》,《生态学报》1984 年第 1 期。
[34] [美] 刘易斯·芒福德:《城市发展史——起源、演变和前景》,宋俊岭、倪文彦译,中国建筑工业出版社 2005 年版。
[35] 宁越敏、旋倩、查志强:《长江三角洲都市连绵区形成机制与跨区域规划研究》,《城市规划》1998 年第 1 期。
[36] 仇保兴:《产权制度改革的理论探索及应用》,浙江大学出版社 1998 年版。
[37] 仇保兴:《城镇化与城乡统筹发展》,中国城市出版社 2012 年版。
[38] 仇保兴:《从绿色建筑到低碳生态城》,《城市发展研究》2009 年第 7 期。
[39] 仇保兴:《地区形象理论及应用》,中国经济文化研究院 1996 年版。
[40] 仇保兴:《笃行借鉴与变革——国内外城市化主要经验教训与中国城市规划变革》,中国建筑工业出版社 2012 年版。
[41] 仇保兴:《和谐与创新——快速城镇化进程中的问题、危机与对策》,中国建筑工业出版社 2006 年版。
[42] 仇保兴:《华夏文明振兴之路》,人民出版社 1995 年版。
[43] 仇保兴:《兼顾理想与现实——中国低碳生态城市指标体系构建与实践示范初探》,中国建筑工业出版社 2012 年版。
[44] 仇保兴:《让权力在阳光下运行》,红旗出版社 2000 年版。
[45] 仇保兴:《我国三大城市群如何均衡发展》,《城市开发》2003

年第3期。

[46] 仇保兴:《西方公用行业管制模式演变历程及启示》,《城市发展研究》2004年第2期。

[47] 仇保兴:《小企业集群研究》,复旦大学出版社1999年版。

[48] 仇保兴:《应对机遇与挑战——中国城镇化战略研究主要问题与对策》,中国建筑工业出版社2009年版。

[49] 仇保兴:《中国城市化进程中的城市规划变革》,同济大学出版社2005年版。

[50] 仇保兴:《追求繁荣与舒适——中国典型城市规划、建设与管理的策略》(第二版),中国建筑工业出版社2007年版。

[51] 仇保兴:《追求繁荣与舒适——转型期间城市规划、建设与管理的若干策略》,中国建筑工业出版社2002年版。

[52] 陶希东、黄丽:《美国大都市区规划管理经验及启示》,《城市问题》2005年第1期。

[53] 王发曾、郭志富、刘晓丽、赵威:《基于城市群整合发展的中原地区城市体系结构优化》,《地理研究》2007年第4期。

[54] 王乃静:《国外城市群的发展模式及经验新探》,《技术经济与管理研究》2005年第2期。

[55] 王如松:《高效·和谐:城市生态调控原则与方法》,湖南教育出版社1988年版。

[56] 王如松:《建设生态城市急需系统转型》,"2009国际生态城市建设论坛发布宣言"发言,《中国环境报》2009年6月11日第2版。

[57] 谢守红、宁越敏:《都市区:长株潭一体化的必由之路》,《经济地理》2005年第6期。

[58] 熊剑平、刘承良、袁俊:《国外城市群经济联系空间研究进展》,《世界地理研究》2006年第1期。

[59] 许学强、周一星、宁越敏:《城市地理学》,高等教育出版社1998年版。

[60] 阎小培、方远平:《全球化时代城镇体系规划理论与模式探新》,《城市规划》2002年第6期。

[61] 阎小培、郭建国、胡宇冰:《穗港澳都市连绵区的形成机制研究》,《地理研究》1997 年第 6 期。
[62] 杨保军:《区域协调发展析论》,《城市规划》2004 年第 5 期。
[63] 姚士谋、朱英明、陈振光:《中国城市群》,中国科学技术大学出版社 2001 年版。
[64] [英] 亚当·斯密:《国民财富的性质和原因的研究》,郭大力、王亚南译,商务印书馆 1972 年版。
[65] 郁鸿胜:《崛起之路:城市群发展与制度创新》,湖南人民出版社 2005 年版。
[66] 郁鸿胜:《欧洲城市群发展的基本特点》,《上海综合经济》2003 年第 6 期。
[67] 翟宝辉:《建设生态城市需要理念先导和方法创新》,《中华建设》2008 年第 9 期。
[68] 翟宝辉:《目前中国低碳产业发展方向》,《公关世界》2010 年第 8 期。
[69] 翟宝辉、王如松、陈亮:《中国生态城市发展面临的主要问题与对策》,《中国建材》2005 年第 7 期。
[70] 张京祥:《城镇群体空间组合》,东南大学出版社 2000 年版。
[71] 张培刚、张建华:《发展经济学》,北京大学出版社 2009 年版。
[72] 张勤:《新时期城镇体系规划理论与方法》,《城市规划汇刊》1997 年第 2 期。
[73] 赵路兴:《住房保障,责任先行》,《中国建设信息》2012 年第 3 期。
[74] 赵勇、白永秀:《城市群国内研究文献综述》,《城市问题》2007 年第 7 期。
[75] 钟海燕:《成渝城市群研究》,博士学位论文,四川大学,2006 年。
[76] 周一星:《城市地理学》,商务印书馆 1995 年版。
[77] 朱英明:《我国城市群区域联系的理论与实证研究》,博士学位论文,中国科学院,2000 年。

[78] 朱英明:《我国城市群区域联系的理论与实证研究》，博士学位论文，中国科学院，2000 年。

[79] 诸大建:《把长江三角洲建设成为国际性大都市带的思考》，《城市规划汇刊》2003 年第 1 期。

[80] 邹兵、施源:《建立和完善我国城镇密集地区协调发展的调控机制——构建珠江三角洲区域协调机制的设想和建议》,《城市规划汇刊》2004 年第 3 期。

[81] Frideman J. R. , "The World City Hypothesis: Development & Change", *Urban Studies*, Vol. 23, No. 2, 1986.

[82] Frideman J. R. *Urbanization, Planning and National Development*, London: Sage Publication, 1973.

[83] Gottman J. , *Megalopolis: the Urbanization of the Northeastern Seaboard of the United States*, Cambridge: MA: MIT Press, 1961.

[84] Gottman J. & Robert A. Harper, *Since Megalopolis*, The Johns Hopkins University Press, 1990.

[85] Haggett P. , Cliff A. D. , *Locational Models*, London: Edward Amold Ltd. , 1977.

[86] Hall P. , *Spatial Structure of Metropolitan England and Wale*, Cambridge, England: University of Cambridge Press, 1971.

[87] Jerry Patchell, Kaleidoscope, "Economies: The Processes of Cooperation, Competition, and Controlin Regional Economic Development", *AAAG*, Vol. 86, No. 3, 1996.

[88] Kenneth E. , "Corey. Intelligent Corridors: Outcomes of Electronic Space Policies", *Journal of UrbanTechnology*, Vol. 7, No. 2, 2000.

[89] Kunzmann K. R. , Wegener M. , "The Pattern of Urbanization in Western Europe", *Ekistics*, Vol. 50, No. 2, 1991.

[90] Lazonick, *Competitive Advantage on the Shop Floor Cambridge*, Ma Harvard University Press, 1990.

[91] Lynch K. , *Good City Form*, Boston: University of Harvard

Press, 1980.

[92] McGee T. G. , *The Emergence of Desakota Regions in Asia: Expanding a Hypothesis*, Honolulu: University of Hawail Press, 1991.

[93] Qiu Baoxing, *Urban Planning Reform in China's Urbanization Process*, China Architecture & Building Press, 2011.

[94] Simcon Djankov, "Caroline Freund Trade Flows in the Former Soviet Union, 1987 to 1996", *Journal of Comparative Economics*, Vol. 30, No. 1, 2002.

[95] Ullman E. L. , *American Commodity Flow*, Seattle: University of Washington Press, 1957.

[96] Wackernagel M. , *How Big Is Our Ecological Foot Print*, UBC, 1992.

[97] Wackernagel M. , Ress W. E. , *Our Ecological Footprint—Reducing Human Impact on the Earth*, British Columbia: New Society Publishers, 1996.

[98] Warf Barney, "Telecommunications and the changing geographies of knowledge transmission in the late 20th century", *Urban Studies*, Vol. 32, No. 2, 1995.

后　记

本书是在我博士学位论文基础上的进一步研究探讨，是在我导师仇保兴博士的悉心指导下完成的。仇老师多年来一直致力于对城乡发展的各类问题进行持续性研究，其卓识远见、国际化的广阔视野和丰富的城市管理经验，指引着我在国土空间规划领域不断前行。感谢仇老师在学习、科研和工作等方面对我的殷切关怀和谆谆教导，其渊博的知识学问、严谨的治学态度、不懈的研究精神使我受益良多，更重要的是仇老师高尚的人品和宽厚仁慈的胸怀深深感染着我。一生中能碰到仇老师这样的导师是我极大的幸事！师恩如山，永世难忘！

感谢中国社会科学院陈淮教授、秦虹教授、翟宝辉教授、赵路兴教授、刘波教授、周江教授、刘美芝副教授、郝卫卫老师等，国务院发展研究中心王微教授，中国人民大学许光建教授，中国城市规划设计研究院杨保军院长、刘仁根（前）副院长，中国城市规划设计研究院深圳分院范仲铭副院长，住房和城乡建设部陈勇处长、梁锋副处长，北京大学（深圳）规划设计研究中心顾正江总规划师，北京大学深圳研究生院仝德副教授、刘青同学、刘涛学弟，哈尔滨工业大学深圳研究生院林姚宇副教授，中南大学经济与贸易系祝平衡副主任，广州市增城区国土资源和房屋管理局向俊波（前）局长，深圳市综合开发研究院郭万达副院长、王东升同学，以及我的同门王云师妹、陈志端师妹、方敏师弟、张延吉师弟等，他（她）们在本书的写作过程中给予了我很多的指导和帮助。

感谢深圳市规划和自然资源局的领导同事们，在我求学路上也给予了很多关照和指导，时隔几年他（她）们或已退休或已转岗，但对于曾经的相遇和缘分我唯有感恩。他（她）们有（部门根据本人工作经历先后排序）：深圳市规划和自然资源局王幼鹏局长、刘世会副局长、詹有力副巡视员、张一成（前）副总师、陈一新副总师，原房地产业处李玉泽、杨卫军、程澜、李书韵等处领导，坪山管理局姚早兴、肖奇志、席天海、李辉、陈挺、陈晓龙等局领导，办公室李大洋主任、刘玲伶副主任；深圳市城市更新和土地整备局谢晖晖局长、黄超副局长、王海江副局长以及钟卫红、曾勇、薛洪军、魏山、胡剑雄、汪亮、张红宇、余奕鹏、罗志华、祝向涛等处领导；深圳市房地产研究中心龚四海（前）主任、王锋主任、孟庆昇（前）所长，原深圳市房地产评估发展中心耿继进主任，以及以上所有部门的其他领导、同事，特别是规划和自然资源局办公室的艾衍慧同学和更新整备局的李萍、旷宁、邹燕茹、黄秋君等同事。还有其他部门或单位的领导也给过我很多帮助，他（她）们有：深圳市规划和自然资源局海洋资源和规划处弓梅处长，深圳市坪山区规划国土事务中心戴小平主任、赖伟胜副主任，深圳市坪山区重点片区规划建设管理中心王向明副主任等。正是在这些领导和同事的支持、帮助下，我才得以在兼顾工作的同时完成本书的出版。

本书出版的道路上还遇到了不少其他的老师、同学、同事和朋友，尤其是深圳市社会科学院（深圳市社会科学联合会）、中国社会科学出版社的专家、老师，在此就不一一列举了，他们都曾给过我很多指导和帮助，我一直对他们深怀感激之情！

最后，感谢我家人的无私奉献和全力支持，尤其感谢我的母亲，几十年来求学路上一直有她的相伴和支持，在面对任何困难任何问题时她都能给我无限动力；还有我的婆婆，不遗余力地帮我带两个孩子，任劳任怨，在此向她们致以深深的谢意。感谢我的先生，这几年他担起了家庭的全部责任，并给予了我最大的精神支持，帮我渡过了一个又一个难关。感谢我的两个可爱的宝贝，让我感觉到，再辛苦也是幸福的。

陈美玲

2019 年 5 月 17 日于深圳